QuEChERS技术及应用

主编　边照阳　邓惠敏

中国轻工业出版社

图书在版编目（CIP）数据

QuEChERS技术及应用/边照阳，邓惠敏主编. —北京：中国轻工业出版社，2017. 11
ISBN 978-7-5184-1494-9

Ⅰ. ①Q… Ⅱ. ①边… ②邓… Ⅲ. ①化学分析 Ⅳ. ①Q65

中国版本图书馆CIP数据核字（2017）第162236号

责任编辑：张　靓　　责任终审：张乃柬　　封面设计：锋尚设计
版式设计：王超男　　责任校对：吴大鹏　　责任监印：张　可

出版发行：中国轻工业出版社（北京东长安街6号，邮编：100740）
印　　刷：三河市万龙印装有限公司
经　　销：各地新华书店
版　　次：2017年11月第1版第1次印刷
开　　本：720×1000　1/16　印张：17.5
字　　数：350千字
书　　号：ISBN 978-7-5184-1494-9　　定价：64.00元
邮购电话：010-65241695
发行电话：010-85119835　传真：85113293
网　　址：http：//www.chlip.com.cn
Email：club@chlip.com.cn

161126K1X101ZBW

《QuEChERS 技术及应用》编委会

主　编：边照阳　邓惠敏

副主编：李中皓　杨　飞　陈晓水

编　委：王　颖　刘珊珊　朱书秀　刘泽春

范子彦　张建平　楼小华　张　燕

陈　丹　张　峰　蒋佳磊　汤晓东

陆明华

主　审：唐纲岭

前　言

PREFACE

QuEChERS 是 Quick（快速）、Easy（简单）、Cheap（便宜）、Effective（有效）、Rugged（可靠/耐用）和 Safe（安全）的缩写，是一种被广泛应用的样品前处理技术，其实质是振荡法萃取、液液萃取法初步净化、基质分散固相萃取净化相组合所形成的一种样品前处理方法。QuEChERS 自 2003 年公开发布以来，很快得到广泛的认可和应用，目前该方法已经发展成一系列针对各种农作物、农产品、土壤等基质的方法，是一种发展潜力巨大的样品前处理技术。

本书共分为七章。第一章简要介绍了 QuEChERS 技术；第二章介绍了 QuEChERS 技术的基础知识；第三章至第七章详细介绍了 QuEChERS 技术在农药残留、兽药、真菌霉素、添加剂、光引发剂等检测领域的应用情况。在内容编排上，本书突出说明了针对不同基体样品、不同结构和性质的目标物检测时，QuEChERS 技术的适应性改进情况，以便读者进一步理解和应用 QuEChERS 技术。

本书内容丰富，技术说明详尽，具有较强的科学性、知识性和实用性，是正确理解和掌握 QuEChERS 技术的工具书。本书在编写过程中参考了大量的国内外相关领域的研究成果和文献，在此谨表谢意。

国家烟草质量监督检验中心、浙江中烟工业有限责任公司、福建中烟工业有限责任公司、贵州省烟草质量监督检测站、云南省烟草质量监督检测站的科技人员为有关文献材料的收集、整理做了大量的工作，在此一并表示衷心的感谢。

由于时间仓促及编者水平所限，本书难免有不当之处，恳请读者批评指正。

编者

2017 年 10 月

目 录

CONTENTS

第一章

QuEChERS 技术简介

第一节

QuEChERS 概况

QuEChERS 是 Quick（快速）、Easy（简单）、Cheap（便宜）、Effective（有效）、Rugged（可靠/耐用）和 Safe（安全）的缩写，是一种集以上优势于一身的样品前处理技术。此技术由美国农业部 Anastassiades 等人在 2002 年第四届欧洲农药残留研讨会上首次提出，并于 2003 年公开发表。随后，Lehotay 等人验证了该技术在气相/液相色谱-质谱法检测果蔬中 229 种农药残留方面的应用。原始 QuEChERS 技术的基本流程是将样品经乙腈提取后，采用无水硫酸镁和氯化钠盐析分层，利用分散固相萃取剂 *N*-丙基乙二胺（PSA）净化，其实质就是振荡法萃取、液液萃取法初步净化、基质分散固相萃取净化相组成所形成的一种样品前处理方法。

QuEChERS 自发布以来，很快得到广泛的认可和应用，美国分析化学家协会（Association of Official Analytical Chemists，AOAC）和欧洲标准化委员会先后发布了基于 QuEChERS 的方法标准 AOAC 2007.01 和 EN15662：2008，美国 Agilent、Waters 等多个公司也推出了基于以上两个标准的试剂盒产品。此外，该方法的创始人 Anastassiades 也建立了网站平台以介绍和推广 QuEChERS 技术，为世界各地的科研工作者提供了交流平台。目前，该方法已经发展成一系列针对各种农作物、农产品、土壤等基质的方法，是一种发展潜力巨大的样品前处理技术。截至 2016 年 12 月，来自 Web of Science 的报告显示有关 QuEChERS 的出版文献数逐年增加（图 1-1）。

传统的样品前处理技术，如沉淀分离、液相萃取、离子交换萃取、固相萃

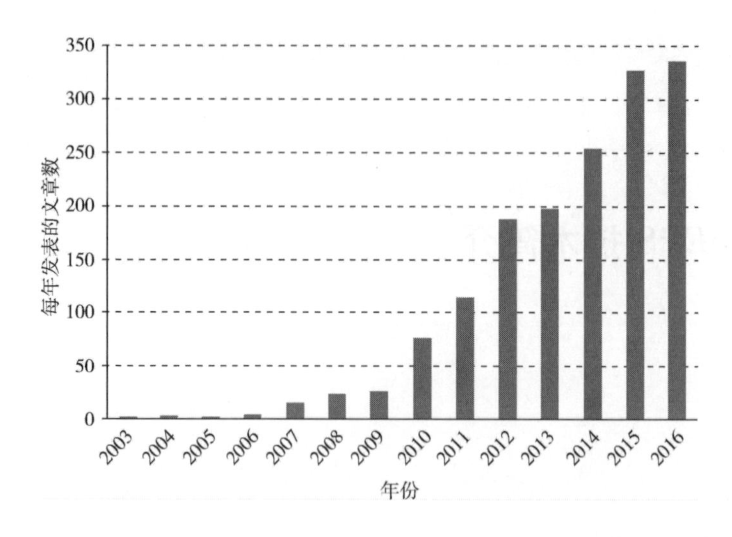

图1－1　Web of Science 检索结果中每年 QuEChERS 相关文章的发表数量

取、固相微萃取等，通常包含多个阶段的操作过程，需要很大的样品量以及一次或多次净化步骤，因而具有冗繁、耗时、劳动强度大、昂贵等缺点。相比之下，QuEChERS 技术仅需几步就能完成对样品的前处理过程，这对于分析行业来说意义重大，因为每增加一步不但会使分析过程复杂化，而且也会带来潜在的系统误差和随机误差。随着气相色谱（GC）、液相色谱（LC）、气相色谱－质谱（GC－MS）和液相色谱－质谱（LC－MS）联用仪器的不断研发改进，QuEChERS 前处理方法结合上述仪器高效的分离能力和定性鉴定能力，可在短时间内实现对几十种甚至上百种化合物的分离、定性和定量。QuEChERS 技术与检测技术相结合的显著优点主要有：①回收率高，对大量极性及挥发性农药的加标回收率均大于 85%；②精密度和准确度高，采用内标法进行校正；③快速、高通量，能在 30 ～ 40min 内完成 10 ～ 20 个预先称重样品的萃取；④绿色环保，溶剂使用量少，不使用含氯溶剂，污染小；⑤操作简便，无需良好训练和较高技能便可很好地完成；⑥价格低廉，仅需简单的实验设备。

第二节

QuEChERS 技术的建立

在 QuEChERS 中，样品的前处理过程（图 1－2）主要由两部分组成：

①萃取：以有机溶剂乙腈或含 1%（体积分数）乙酸的乙腈作为萃取液，振摇后加入 $MgSO_4$、NaCl 作为盐析剂，促使待测物从水相转移到有机相，也可选择性地加入醋酸钠或柠檬酸钠来调节萃取环境的 pH；②净化：萃取体系经振摇、离心使得萃取液与样品基质分层，将萃取液经基质分散固相（dispersive solid phase extraction，d－SPE）萃取净化，加入 $MgSO_4$ 以除去多余的水分，加入 PSA 以除去基质中的多数干扰成分。

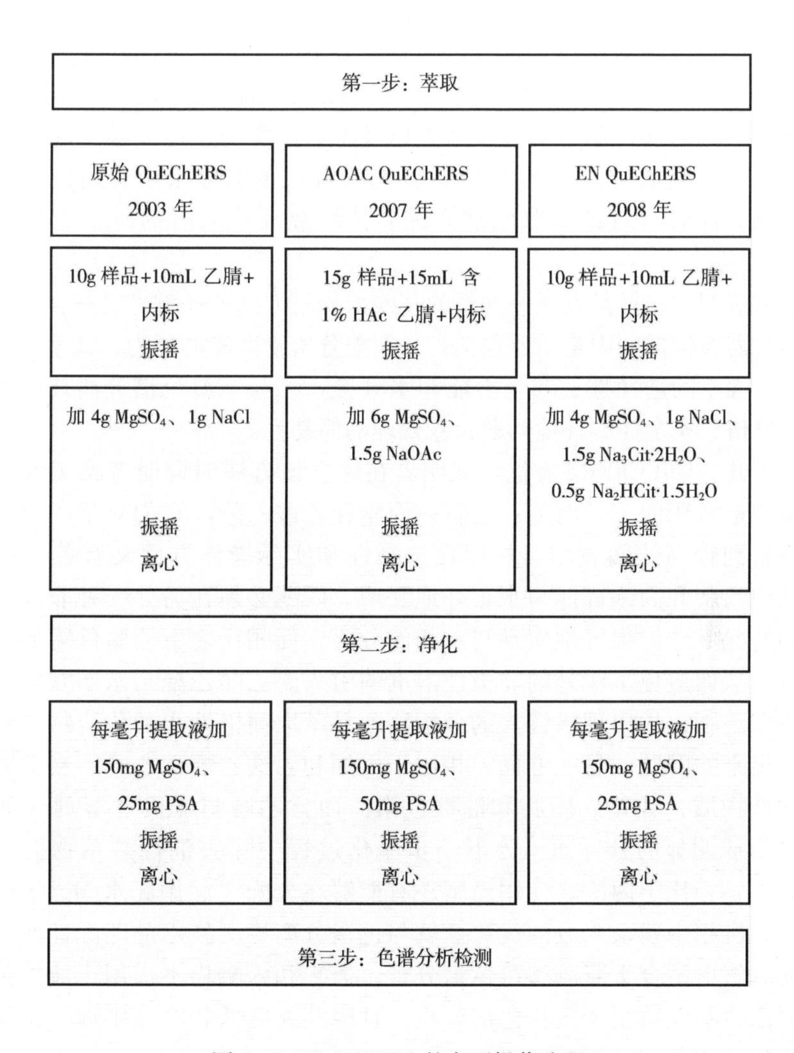

图 1－2　QuEChERS 的主要操作流程

在 QuEChERS 方法的建立过程中，一些基础方面需要兼顾考虑。在萃取阶段，需要考虑萃取溶剂的选择、样品溶剂比例、样品量、样品的 pH 对回收率的影响以及盐析剂的选择等因素。而在净化阶段，净化剂的选择和用量则是需要考虑的主要方面。基于此，接下来将从萃取溶剂、盐析剂和净化剂的选择这三个方面着重介绍 QuEChERS 技术的建立基础。

1. 萃取溶剂的选择

QuEChERS 中的萃取过程其实质是液液萃取，液液萃取是一种经典的萃取方法，该方法是根据化合物在不互溶的两种液体中溶解度的不同而达到对化合物的有效分离。此外，在水和与水互溶的有机溶剂的混合体系中加入无机盐类，可以促使有机溶剂从混合体系中分离出来而形成两相体系。这种盐析萃取/分配现象在许多与水互溶的有机溶剂中都存在，例如丙酮、乙酸乙酯、甲醇、乙醇和乙腈等。许多盐类以及不同浓度的盐都能够引起不同程度的相分离。研究证明，在此类盐析/分配的液液萃取体系中使用较高极性的有机溶剂，能够有效地萃取或富集许多传统液液萃取溶剂所不能萃取的分析物。

萃取溶剂的选择是发展一种新的多残留分析方法的关键点之一，在选择萃取溶剂时需要考虑的因素主要包括：①覆盖分析物范围的能力；②萃取、分配和净化过程中的选择性；③是否能和水分层；④与下游色谱分离技术的匹配性；⑤价格、安全性和环境问题；⑥处理的简易性。

基于此，QuEChERS 方法的发明者在建立该方法时同时考察了农药多残留分析中最常用的三种溶剂：乙腈、丙酮和乙酸乙酯。它们对于广泛的农药都能够得到较高的回收率，然而在选择性和实际操作方面又有各自的优缺点。其中乙腈和丙酮都能与水很好地互溶，丙酮必须在另外一种非极性溶剂共存的情况下才能很好地实现与水相的分离，而相比之下乙腈仅需加入盐便可实现，从而避免了额外的非极性溶剂的引入。乙酸乙酯与水不互溶，但其极性小于乙腈，故出现极性大的分析物不易萃取而极性小的化合物如脂肪等被共萃出来的问题。另一方面，相比于丙酮和乙酸乙酯，乙腈不会萃取出很多的油性物质，如蜡、脂肪和油性色素。而且乙腈与非极性溶剂（如正己烷）能形成明显的分界面，为下一步净化过程中除去油性共萃物提供了可能。此外，相比于丙酮，使用乙腈还有能够在分配之后用无水 $MgSO_4$ 等干燥剂去除有机相中残余水分的优势。就与色谱分离检测技术的匹配性而言，乙酸乙酯虽然更适合于凝胶渗透色谱分析，但它和丙酮均不适用于液相色谱分析。而乙腈不仅适用于气相色谱分析，且因其黏度低和极性中等，也非常适用于反相液相色谱分析。

Anastassiades 等人通过设计一系列的实验，针对以上三种溶剂的选择性进行了研究。结果表明，在 d – SPE 净化之前，用这些溶剂萃取到的共萃物的量丙酮 > 乙腈丙酮（1:1）混合物 > 乙腈 > 乙酸乙酯；在 d – SPE 净化之后，共

萃取的量丙酮 > 乙腈丙酮（1∶1）混合物 > 乙酸乙酯 > 乙腈。而后续地对萃取得到的共萃物的 GC－MS 分析结果表明，不管是净化前还是净化后，使用乙腈做萃取溶剂时所得到的结果干扰峰最少。

此外，Maštovská 和 Lehotay 采用 QuEChERS 的样品前处理方法，考察了 6 种常见有机溶剂在用气相色谱法分析农药残留中的适用性。除了乙腈、乙酸乙酯和丙酮这 3 种农药多残留分析中常用的萃取溶剂外，另外 3 种为气相色谱分析前的交换溶剂：异辛烷、环己烷和甲苯。结果表明，乙腈是萃取农产品中各种极性的农药残留最适宜的溶剂，尽管乙腈会导致一些杀菌剂（如克菌丹、灭菌丹、抑菌灵等）的降解，但通过加入 1% 醋酸酸化可很好地改善降解问题。而且乙腈可作为气相色谱的进样介质，不需要在分析前进行溶剂交换。综上所述，乙腈在所考察的萃取溶剂中具有最好的选择性和明显的优势，目前报道的 QuEChERS 方法中也基本都是采用乙腈作为萃取溶剂。

2. 盐析剂的选择

在用乙腈进行单相萃取之后，需要加入盐析剂来引发相分离，因此 QuEChERS 法前处理的第一步实际上是萃取和液液分配两个过程的结合。在许多多残留分析方法中，NaCl 经常被用作引发或影响液液分配过程的盐析剂，因此而引发的盐析效应能够提高极性化合物的回收率。通过加入适量或者不同组合的盐可以调控有机相中的水分含量（水相中的有机溶剂含量），从而在一定程度上调控各相的极性大小。传统的基于乙腈的多残留分析方法仅用 NaCl 来饱和水相，Anastassiades 等用氘代溶剂设计实验并应用核磁共振技术，考察了分别以不同量的 LiCl、$MgCl_2$、NaCl、$NaNO_3$、$MgSO_4$、Na_2SO_4和果糖作盐析剂时对相分离的影响。结果表明（表 1－1），以 $MgSO_4$为盐析剂时水相中的乙腈含量最低、回收率（以极性农药甲胺磷为例）最高。这主要是因为 $MgSO_4$ 能够结合大量的水分，从而促使了农药向有机相的转移和分配。值得一提的是，$MgSO_4$的水合作用是一个强放热过程，可使萃取液变热，达到 40～45℃，从而有利于农药特别是非极性农药的萃取。然而，以 $MgSO_4$作盐析剂时虽然回收率很高，但同时乙腈相中的水含量也很高，从而导致了样品基质中一些不必要的极性化合物如糖等被共萃取。如果同时加入 NaCl，则可降低乙腈相的极性，从而减少不必要的极性化合物在乙腈相中的分配，提高萃取/分配过程的选择性。因此，QuEChERS 方法多采用 $MgSO_4$ 和 NaCl 两种盐的混合物作盐析剂。

表 1－1　不同的盐及果糖作盐析剂对液液分配结果的影响

名称	水中溶解度/（g/L，20℃）	用量/g	乙腈相体积/mL	乙腈相中水的浓度/（mg/mL）	水相中乙腈的浓度/（mg/mL）	回收率/%
LiCl	835	0.5	4.3	220	338	17
		1	6.4	144	267	23
		2	7.5	76	199	21
		3	7.4	55	194	17
		4	7.2	31	192	12
		6	6.4	17	220	5
		8	5	18	272	2
$MgCl_2$	546	1	7.5	144	232	19
		2	8	86	183	23
		3	8.3	57	153	21
		4	8.3	37	142	18
		5	8.3	20	132	15
NaCl	359	0.5	5	233	328	25
		1	6.9	157	257	34
		2	8	105	193	41
		3	8.3	74	162	47
		4	8.4	70	155	48
$NaNO_3$	876	4	3.5	112	333	—
		6	6	88	260	—
		8	6.4	84	245	—
$MgSO_4$	337	0.75	15	364	88	67
		1	14.2	357	131	95
		2	11.9	231	92	88
		3	11.2	174	76	91
		4	10.6	136	79	97
		5	10.7	185	117	98

续表

名称	水中溶解度/（g/L，20℃）	用量/g	乙腈相体积/mL	乙腈相中水的浓度/（mg/mL）	水相中乙腈的浓度/（mg/mL）	回收率/%
Na_2SO_4	195	1	10.3	257	199	69
果糖	3750	2	5	251	333	30
		3	6.5	197	284	31
		4	7	178	263	34
		6	6.9	174	264	35

3. 净化剂的选择

样品经过第一步萃取/分散处理之后，接下来需要通过基质分散固相萃取进行净化。基质分散固相萃取（dispersive solid phase extraction，d－SPE）是固相萃取（solid phase extraction，SPE）的衍生。传统的 SPE 使用装填吸附剂的萃取柱，液体样品流经萃取柱，在固体吸附剂和液体两相中进行分配，从而达到目标化合物和干扰化合物的分离。而 d－SPE 是将一定量的液体样品和 SPE 吸附剂加入到离心管中，通过振摇使吸附剂与样品充分接触，最后通过离心除去吸附剂。与传统的 SPE 相比，d－SPE 主要有以下优点：①不需要真空/压力设备；②不需要预处理；③不需要考虑沟道效应、流量控制和干燥的问题；④不需要洗脱步骤；⑤未稀释样品，因而不需要蒸发浓缩步骤；⑥吸附剂消耗少；⑦快速；⑧不需要经验即可操作。

传统 SPE 中的吸附剂有吸附目标化合物和吸附杂质两种类型，d－SPE 中使用的吸附剂主要为了除去杂质化合物，因而其实质为净化剂。最常见的净化剂主要有 *N*－丙基乙二胺（PSA）、十八烷基硅烷（octadecylsilane，ODS，C_{18}）和石墨化炭黑（graphitized carbon black，GCB）三种。其中 PSA 是聚合键合的乙二胺－*N*－丙基相，同时含有伯胺和仲胺，是 pK_a 为 10.1 和 10.9 的弱阴离子交换剂。就选择性而言，PSA 与氨丙基固相萃取相（—NH_2）类似，但由于存在仲胺，所以容量更大、离子交换能力更强，可有效去除脂肪酸、有机酸和一些极性色素及糖类，且其配体的双齿性质可与金属离子产生螯合作用，以除去金属离子。C_{18}吸附剂是在硅胶基质上接十八烷基，具有较高的相覆盖率和碳含量，对非极性物质有较高的吸附能力，对油脂的去除效果十分显著。GCB 是将炭黑在惰性气体中于高温下煅烧生成的一种具有均匀石墨化表面的规则多面体。GCB 是一种反相和阴离子型吸附剂，对非极性化合物，尤其是具有平面结构的化合物，具有极强的吸附性，能有效地去除甾醇和色素类杂质。

原始 QuEChERS 方法的建立者们考察了 *N*－丙基乙二胺（PSA）、氨基吸附剂（$—NH_2$）、中性氧化铝（alumina－N）、十八烷基硅烷（C_{18}）、石墨化炭黑（GCB）、强阴离子交换吸附剂（SAX）、氰丙基吸附剂（—CN）和聚合物吸附剂对共萃取去除效果的影响。结果表明，仅 PSA、氨基吸附剂、中性氧化铝和 GCB 达到了 30% 以上的去除率。其中 PSA、氨基吸附剂和中性氧化铝都具有弱的阴离子交换能力，通过氢键和化合物作用，可用以除去脂肪酸、部分有机酸、糖和色素。与氨基吸附剂和中性氧化铝相比，PSA 除去基质共萃物的效果最好，这是因为 PSA 同时含有一级和二级胺，从而使其结合能力最强。GCB 对平面结构分子有很强的结合性，能有效地去除甾醇和色素，但同时 GCB 也吸附具有平面结构的农药，导致对这些农药的回收率较低。

虽然原始 QuEChERS 技术仅用 PSA 作净化剂即取得了很好的效果，根据一些样品基质本身的特点而改进的 QuEChERS 方法也经常综合使用多种净化剂以达到更好的净化效果。AOAC 官方方法和欧盟 EN15662 方法中对于不同基质类型，推荐了 QuEChERS 净化过程中常用的 d－SPE 吸附剂（表 1－2）。

表 1－2　AOAC 和 EN15662 方法针对不同样品基质推荐使用的净化剂

样品类型	净化目的	AOAC 方法	EN 方法	样品示例
普通水果和蔬菜	除极性有机酸、一些糖及脂质	50mg PSA 150mg $MgSO_4$	50mg PSA 150mg $MgSO_4$	苹果、草莓、葡萄、番茄、萝卜
含脂和蜡的蔬菜和水果	除极性有机酸、一些糖、更多脂质及固醇	50mg PSA 50mg C_{18} 150mg $MgSO_4$	25mg PSA 25mg C_{18} 150mg $MgSO_4$	牛油果、杏仁、橄榄、油籽
有颜色的水果和蔬菜	除极性有机酸、一些糖、脂、类胡萝卜素及叶绿素	50mg PSA 50mg GCB 150mg $MgSO_4$	25mg PSA 2.5mg GCB 150mg $MgSO_4$	红葡萄、红加仑、胡萝卜、红辣椒
深颜色的水果和蔬菜	除极性有机酸、一些糖、脂、更多类胡萝卜素及叶绿素	50mg PSA 50mg GCB 150mg $MgSO_4$	25mg PSA 7.5mg GCB 150mg $MgSO_4$	黑莓、蓝莓、黑加仑、菠菜

续表

样品类型	净化目的	AOAC 方法	EN 方法	样品示例
含色素和脂肪的水果和蔬菜	除极性有机酸、一些糖、脂、类胡萝卜素及叶绿素	50mg PSA 50mg GCB 150mg $MgSO_4$ 50mg C_{18}	—	牛油果、黑橄榄、茄子

第三节

QuEChERS 技术改进

目前，QuEChERS 已经成为模板，分析人员可根据具体实验情况灵活应用该样品前处理技术。但由于不同待分析物的物理化学性质差异较大，而且不同基质对同一种待分析物有不同的影响，因此在多残留分析中要实现对所有分析物都同时得到最优的回收率是比较困难的。为了得到更好的分析效果，研究工作者们依据待测的样品基质和实验室条件等灵活调整，对 QuEChERS 技术进行了多种改进，下面将从基于样品基质的调整、基于萃取体系 pH 的调整以及基于净化过程的调整等 QuEChERS 技术改进方面的内容进行详细阐述。

1. 基于样品基质的调整

原始的 QuEChERS 方法是针对高含水量的蔬菜和水果的，因此对于其他类型的样品则需要进行相应的改进。

对于含水率低于 80% 的样品，需要适当减少取样量并添加一定量的水，以弱化待分析物与样品基质之间的相互作用，确保待分析物在萃取/分配过程中更容易被提取出来。Pareja 等在测定稻米中 42 种农药（包括除草剂、杀真菌剂和杀虫剂等）的残留时，比较了取样量分别为 5g、7. 5g 和 10g 时的结果。研究发现：在添加水平为 0. 01mg/kg 时，得到的回收率（70% ~ 120%）都能满足实验要求；但取样量为 5g 和 7. 5g 时的回收率整体上要优于 10g 的；当取样量为 7. 5g 时的回收率最优。因此该方法最终确定稻米的取样量为 7. 5g。此外，Wiest 等在测定蜂蜜、蜜蜂以及花粉中的 80 种有机磷、有机氯和拟除虫菊酯类农药残留时，根据基质的不同分别确定了此三种样品的取样量和加水量。结果表明，当蜂蜜的取样量为 5g，添加水量为 10mL，蜜蜂的取样量为 5g，添加水量为 3mL，花粉的取样量为 2g，添加水量为 8mL 时得到的结果最好。由此可见，针对不同的基质，取样量并不是固定为 10g，而需要根据实验条件适当调整，以得到更好的满足实验要求的实验结果。欧洲标准化委员会制定的 EN15662 标准方法中建议的不同样品的加水量如表 1 -3 所示。

表 1 -3　　EN15662 标准方法中建议的不同样品的加水量

样品类型	取样量/g	加水量/g	备注
含水量大于 80% 的蔬菜和水果	10	—	—
含水量为 25% ~80% 的蔬菜和水果	10	X	X = 10 - 10g 样品中含水量
谷物	5	10	—
干果	5	7.5	可在样品均质化时加入
蜂蜜	5	10	—
调料	2	10	—

此外，对于高脂肪含量的样品（如橄榄、油籽、坚果、牛乳、鱼肉等）的分析也是具有挑战性的。因为此类物质在用乙腈萃取时，一方面一些脂类化合物会被同时萃取出来而对下一步的分析带来困难；另一方面一些脂溶的非极性化合物会保留在样品基质中而降低萃取效率。因此，对于高脂肪含量的样品需进行过夜冷冻的处理。对于含有硫化物的样品如大蒜、洋葱及韭菜等，建议在微波炉中加热几分钟后再进行萃取。

2. 基于萃取体系 pH 的调整

在 Lehotay 等人验证 QuEChERS 技术在气相/液相色谱 - 质谱法检测果蔬中 229 种农药残留方面的应用的研究中，几乎所有的农药的回收率都在 70% ~ 120%，其中 206 种农药的回收率为 90% ~ 110%。然而，结果表明，PSA 净化过程会截留一些羧酸类农药（如 daminozide，比久），而在净化后的碱性（pH8 ~9）体系中，一些对碱敏感的农药（如磺草灵、达草特、开乐散、福美双、百菌清、克菌丹、灭菌丹等）的稳定性会受到很大影响而发生降解，原始的 QuEChERS 技术对上述农药的回收率不尽理想，甚至会低于 50%。鉴于此，为了提高 pH 敏感化合物的萃取效率、扩展该技术在不同基质中的应用，对原始的 QuEChERS 技术进行改进是非常有必要的。

Lehotay 和 Anastassiades 等人发现引入缓冲盐能有效地提高 pH 敏感分析物的回收率。不论样品基质是水果还是蔬菜，当采用 pH 为 5 ~ 5.5 的缓冲体系萃取时，对于 pH 敏感分析物均能够获得最优的平衡和足够高（大于 70%）的回收率。其中，Lehotay 采用含 1% 醋酸的乙腈作萃取剂，并在盐析过程中加入 $MgSO_4$ 和 NaAc，该方法对绝大多数的残留农药，甚至是一些棘手的农药都得到了较高（95% ±10%）的回收率。这种基于醋酸盐的缓冲体系仅额外加入醋酸钠一种固体盐，整个过程比较简单。此外，醋酸盐能部分分配在有机相中，使乙腈相的 pH 保持恒定（pH =4.8），从而使其具有很强的缓冲能力。该方法虽然有利于稳定碱性敏感农药，但另一方面也会影响到 PSA 净化过程的净化效率，与传统的 QuEChERS 方法相比，醋酸盐的强缓冲体系显示了较差的净化效果。为了不影响 PSA 净化过程，Anastassiades 等人提出了基于柠檬酸氢二钠和柠檬酸三钠两种盐的弱缓冲体系的改进 QuEChERS 方法。该方法在盐析分配中同时加入 $MgSO_4$、NaCl、Na_2HCit 和 Na_3Cit 来调节体系的 pH。

基于乙酸/乙酸钠缓冲体系的改进 QuEChERS 方法在 7 个国家的 13 个权威实验室得到了验证，并在 2007 年成为美国农业化学家协会（AOAC）的官方方法 AOAC 2007.01。而基于柠檬酸钠盐的缓冲体系的改进 QuEChERS 方法也在德国多个实验室进行验证，并于 2008 年成为欧洲标准化委员会的标准方法 EN 15662。这两种改进 QuEChERS 方法的具体操作流程如图 1 –2 所示。

3. 基于净化过程的调整

（1）新型净化材料　为了提高对于复杂基质样品的净化效率、有效去除干扰、克服传统 QuEChERS 技术净化过程中存在的问题，近年来发展了很多新型的净化材料，基于净化剂的改进 QuEChERS 方法也成为研究热点。

因叶绿素具有不挥发的特性，当用气相色谱对含有叶绿素的样品进行分析时，叶绿素会积累在 GC 的进样口和色谱柱中，从而影响 GC 的分析效果。因而叶绿素经常被认为是农药残留分析中最棘手的基质共萃物之一。传统 QuEChERS 中，石墨化炭黑（GCB）经常被用来有效地去除叶绿素，但同时 GCB 也易于吸附具有平面结构的化合物，从而严重影响此类化合物的回收率。为了解决这一问题，美国 UCT（United Chemical Technologies）公司研发了一种新型的 ChloroFiltr®吸附剂，测试结果表明，ChloroFiltr®可在不损失平面性化合物的前提下去除 82% 甚至更多的叶绿素干扰物。Wang 等人的研究证明，与 GCB 相比，ChloroFiltr®的净化过程对于平面性农药残留（如多菌灵、涕必灵、息疟定、赛普洛等）具有很好的回收率。值得一提的是，当用 GCB 作净化剂时，涕必灵的回收率仅为 55.9%，而采用 ChloroFiltr®作净化剂时的回收率则高达 93.2%。因此，在 QuEChERS 技术中可用 ChloroFiltr®净化剂来替代传统 GCB 以去除叶绿素。

其他新型的商品化净化剂，如美国 Supleco 公司开发的 Z – Sep 和 Z – Sep +，经证明，与传统的 PSA 和 C_{18}净化剂相比，它们能萃取更多的脂肪和色素，表现出更高的回收率和更好的重复性。其中 Z – Sep 净化剂是经氧化锆改性的硅胶，而 Z – Sep + 净化剂是经氧化锆和 C_{18}共同改性的硅胶（图 1 –3）。Sapozhnikova 和 Lehotay 用 C_{18} + PSA、Z – Sep 和 Z – Sep + 三组净化剂对 1mL 的鲶鱼萃取物进行净化，结果表明：尽管 C_{18} + PSA 能去除最多的共萃物，但以 Z - Sep 作净化剂的色谱分析结果显示了最少的背景干扰；Z - Sep 作净化剂时得到的回收率最高（70% ~ 120%）、重复性最好（标准偏差 13%）。Geis - Asteggiante 等人比较了不同净化剂以及它们的不同组合在 UHPLC - MS/MS 法检测牛肉中 127 种药物残留中的应用。结果证明，Z - Sep 和 Z - Sep + 能够实现干扰共萃物的有效去除，但它们作净化剂时得到的残留药物的回收率却不够理想。Z - Sep 和 Z - Sep + 对四环素类、氟喹诺酮类以及大环内酯类药物具有明显的截留作用，因此需要注意，对于此三类药物的分析不宜采用 Z - Sep 和 Z - Sep + 作净化剂。此外，Tuzimski 和 Rejczak 在高效液相色谱法检测葵花籽中的农药残留的实验中发现：相比于 C_{18}，Z - Sep + 具有更高的净化效率。

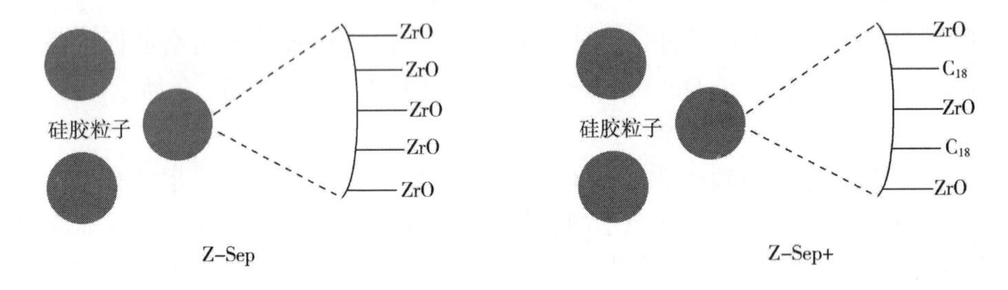

图 1 - 3　Z - Sep 和 Z - Sep + 净化剂

除了上述的商品化净化材料外，随着纳米科技的新兴和发展，新型的碳纳米材料如碳纳米管和石墨烯等也常被用作一些改进 QuEChERS 技术中的净化剂。其中，碳纳米管是由具有准圆管结构的管身部分和包含五边形或七边形碳环的端帽部分组成的多壁、中空与螺旋形的管状结构碳材料，由于其结构可能存在的缺陷（拓扑缺陷、杂化缺陷和不完全键合缺陷），从而使得碳纳米管具有了一系列新颖独特的物理化学性质。其表面原子周围缺少相邻的原子，具有不饱和性，易与其他原子相结合而趋于稳定，是一种较为理想的吸附材料。Hou 等提出的改进 QuEChERS 方法中，以 6mg 多壁碳纳米管（multi - walled carbon nanotubes，MWCNTs）作为分散固相萃取步骤中的净化剂，用 GC - MS/MS 方法对茶叶中 78 种残留农药进行了分析。结果表明，对目标残留农药的回收率为 70% ~ 120%，与以 PSA 为净化剂的传统 QuEChERS 方法的分析结果相当，且当采用 PSA 和 MWCNTs 的混合型净化剂时，可进一步提高净化效率。Zhao 等在用 GC - MS 检测蔬菜和水果中的农药残留时，采用 QuEChERS 前处理方法，用 MWCNTs 替代 PSA 作净化材料，结果显示：30 种农药的回收率在 71% ~ 110%，相对标准偏差小于 15%。此外，Deng 等报道了一种以氨基修饰的磁性纳米粒子（magnetic nanoparticles，MNPs）和 MWCNTs 的复合材料作净化剂，用 GC - MS 法快速检测茶叶中 8 种农药残留。其中，氨基修饰的 MNPs 具有弱的阴离子交换能力，可增强其与各种极性有机酸的相互作用；MWCNTs 则可吸附高含量的色素和固醇类干扰化合物。结果表明，相比于 C_{18}，该 MNPs/MWCNTs 复合材料表现出了更好的净化效率。Su 等对 QuEChERS 方法进行优化，以中性氧化铝和 MWCNTs 的混合型净化剂共同净化，结合 GC - MS 对花生中的 9 种有机磷农药残留进行分析，得到的回收率为 85.9% ~ 114.3%，相对标准偏差小于 8.48%。

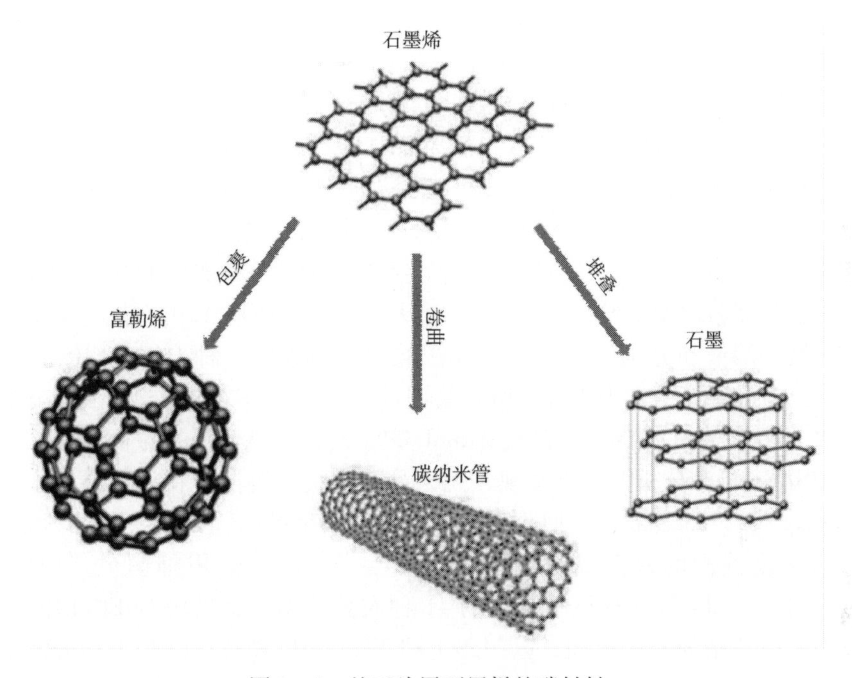

图 1 - 4　基于片层石墨烯的碳材料

石墨烯是一种由碳原子以 sp^2 杂化轨道组成六角型呈蜂巢晶格的二维材料，是构成其他石墨材料（富勒烯、碳纳米管和石墨）的基本单元（图 1 - 4）。由于其新颖独特的物理化学性质，自发现以来，石墨烯在基础科学和应用研究领域引发了科学家们的广泛关注。Guan 等人研究了氨基修饰的石墨烯在净化油料作物的乙腈萃取物中的应用。作者同时比较了氨基修饰的石墨烯、石墨烯、PSA、MWCNTs 和 GCB 的净化效率，结果表明，氨基修饰的石墨烯净化剂能最大限度地去除脂肪酸，对绝大多数农药的回收率为 70.5% ~ 100%，相对标准偏差小于 13%。

（2）省去净化过程　除了上述基于新型净化材料的改进 QuEChERS 技术之外，一些其他的改进 QuEChERS 技术甚至直接省去了净化过程，从而使处理过程更为简便、快速、经济。通常在以下两种情况下可以省去净化过程：①液相微萃取技术是在液液分配基础上发展起来的新型样品前处理技术，具有消耗溶剂少、富集倍数及提取效率高、操作简便快速等优点，当其与 QuEChERS 前处理技术相结合时，可以省去净化过程；②当基质本身干扰相对较少，且采用了精确度及灵敏度较高的串联质谱与气相或液相色谱联用等分析仪器进行检测时，可以省去净化过程。

Melo 等采用 QuEChERS 方法，用乙腈萃取，无水硫酸镁和氯化钠盐析离心分层，结合分散液相微萃取，省去净化过程，应用 GC - MS 对番茄中 30 种农药残留进行了检测。结果显示，除烯菌酮的回收率为 61.6%、噻虫嗪的为 58.9%外，其余 28 种农药的回收率在 70% ~ 120%，RSD ≤ 20%，检测限（LOD）为 0.0027 ~ 0.25mg/kg，定量限（LOQ）为 0.0089 ~ 0.84mg/kg。Romero - Gonzlez 等对小麦、黄瓜和葡萄酒中 90 多种生物杀虫剂和真菌毒素的残留进行了检测，样品采用 QuEChERS 方法前处理，以用醋酸酸化的乙腈为萃取溶剂，硫酸镁和醋酸钠盐析离心分层，无需净化，提取液经 Millex - GN 尼龙滤膜过滤后直接进 LC - MS/MS 分析。结果显示，除毒莠定和喹草酸外，大部分农药的回收率在 70% ~ 120%，RSD < 20%，LOQ < 10μg/kg。Cajka 等比较了无缓冲溶液和分别采用醋酸、柠檬酸缓冲溶液的 3 种 QuEChERS 提取方法，对红茶和绿茶中的 164 种残留农药进行分析，省略净化步骤，液液分配萃取后取 1mL 上清液加 1mL 正已烷和 5mL 20% 的氯化钠溶液，振荡离心，采用 GC - MS/MS 检测分析。结果发现，无论是否有缓冲溶液存在，当添加水平为 0.1mg/kg 时，125 种农药的回收率均在可接受的范围内（70% ~ 120%），其中包括不易检测的农药如百菌清（84% ~ 88%）、对甲抑菌灵（81% ~ 89%）等。Cunha 等在分析玉米中的 41 种农药残留时，采用 QuEChERS 前处理技术，以乙腈为萃取溶剂，以 $MgSO_4$ 和 NaCl 盐析离心，以 CCl_4 为分散剂做固相微萃取，最后经 GC - MS 检测。结果显示，82% 的被分析物的回收率在 70% ~ 120%，RSD 小于 20%，63% 的被分析物的检出限低于 19mg/kg。

第四节

QuEChERS 技术应用范围

虽然 QuEChERS 最初是针对农药分析而建立的前处理技术，但因其固有的显著性优势，该技术也迅速在其他领域得到了广泛的应用。目前 QuEChERS 技术的应用领域主要涵盖农药、兽药、真菌毒素、各种添加剂、增塑剂等的检测。下面将对各应用领域做概要介绍，具体应用内容将在本书的其他各章节中做详细阐述。

1. 农药分析

伴随着社会对食品安全和农产品质量安全的重视，对于农药尤其是食品基质中农药残留的测定是人们广泛关注的话题。目前已有大量的管理控制等相关条例针对人群暴露的农药的种类及剂量进行规定。很多国家将农药视为对人类健康有害的污染物。鉴于此，相关组织确立发布了水果、蔬菜、谷物、肉类以及水等食品中农药残留的最大限量。比如，欧盟相关法律法规规定成年人食品中农药残留的最大限量在0.01~10mg/kg，而对于婴儿食品的要求更为严格，农药残留的最大限量控制在0.003~0.01mg/kg。由此可见，针对于各种复杂的样品类型开发有效的样品前处理方法，对于其中农药残留量的测定具有十分重要的意义。长期以来，传统的样品前处理方法通常较为繁琐且需要使用大量的有毒有机溶剂。而QuEChERS技术的出现，则提供了一种快速有效的前处理方法，在降低基质干扰的同时，对不同极性的农药均具有较高的回收率，因此QuEChERS前处理技术引发了人们的广泛研究，并在实际应用中取代了大多数以往的传统方法。

就样品基质而言，除了在蔬菜及水果样品中农药残留的分析，QuEChERS前处理技术在其他食品基质中农药残留的分析中也得到了广泛应用，如谷物、酒水、乳制品以及鱼肉等。此外，虽然相关报道相对较少，QuEChERS前处理技术在生物体液以及水、土壤等环境样品基质中农药残留的测定也得到了验证（表1-4）。

表1-4　QuEChERS前处理技术在农药残留分析中的应用实例

农药/种	样品	溶剂	盐析剂	d-SPE	检测方法	回收率/%	参考文献
229	生菜和橘子	乙腈	$MgSO_4$和NaCl	$MgSO_4$和PSA	HPLC-MS/MS和GC-MS	70~120	24
43	苹果、柠檬、生菜和小麦	乙腈（含5%乙酸）	甲酸铵	$MgSO_4$、PSA、C_{18}和GCB	LPGC-MS/MS	90~110	25
34	亚麻籽、花生和面团	乙腈	$MgSO_4$和NaCl	$MgSO_4$、PSA和C_{18}	GC-MS	70~120	26
15	小麦、玉米、面粉	乙腈（含0.5%甲酸）	$MgSO_4$和NaCl	$MgSO_4$、PSA、C_{18}和GCB	GC-NPD	71~110	27
77	红酒和白酒	乙腈	$MgSO_4$和NaCl	$MgSO_4$和PSA	GC-MS	70~110	28
73	食用油、肉、蛋、乳酪、巧克力、咖啡、米、坚果、水果、蔬菜、饮料和海鲜	乙腈（含1%乙酸）	$MgSO_4$、NaOAc和NaCl	$MgSO_4$、PSA、C_{18}和GCB	HPLC-MS/MS	70~120	29

续表

农药/种	样品	溶剂	盐析剂	d－SPE	检测方法	回收率/%	参考文献
143	鱼肉	乙腈	$MgSO_4$和 NaCl	$MgSO_4$和 Z－Sep	LPGC－MS/MS	70～120	30
36	土壤	乙腈	$MgSO_4$、NaCl、柠檬酸钠、柠檬酸一氢钠	$MgSO_4$、PSA 和 C_{18}	GC－MS	70～120	31
6	人体血液和尿液	乙腈	$MgSO_4$和 NaAc	$MgSO_4$、PSA 和 C_{18}	HPLC－MS/MS	87～112	32

就内标物而言，尽管最常使用的是同位素标记的目标农药，但其他内标物如 TPP、BDMC、4，4’－二氯苯甲酮、二嗪磷、灭线磷等也被用作特定种类农药的内标。通常情况下，建议在 QuEChERS 前处理开始时加入内标，而脂肪含量高的样品除外，这是因为脂肪在乙腈中的溶解度有限，此类样品会另外形成一层脂肪层，导致分析物在其中的分配而造成损失。

就分析检测技术而言，经 QuEChERS 技术处理后的样品，对于提取到的目标农药残留通常以 LC－MS/MS、GC－MS/MS 进行测定。此外，虽然常规分析中毛细管电泳检测较为少见，但该技术与 QuEChERS 技术相结合对农药进行的检测也有相关报道。

尽管对于大多数农药的分析测定而言，QuEChERS 前处理技术的使用能够得到较为满意的结果，但必须承认的是，QuEChERS 技术也并不尽善尽美，对于其他一些农药，如草甘膦、百菌清等常需要单独分析。此外，灭菌丹、百菌清、克菌丹等只能用 GC 进行分析，且在非酸性环境中易发生降解，QuEChERS 技术在这些麻烦农药的分析中并不适用。

2. 药物分析

药物滥用，尤其是对牲畜的疾病防控和促进生长相关的兽药的滥用非常普遍。对这种情况如果不加以控制，将会给人类健康以及环境带来很大的风险。因此，许多具有药物活性的物质被认为是污染物，相关组织也开始对其使用做了相应的管控，包括设定最大残留限量等措施。例如欧盟规定食品以及肉中的不同种类的药物残留限量在 0.05～20000μg/kg，具体限量值取决于药物种类以及所分析的牲畜样品的种类。鉴于此，对于药物残留的分析也是分析化学中较为活跃的领域，尤其是在食品安全控制方面，需要快速有效的方法对兽药残留进行测定，而 QuEChERS 技术也在此领域中得到了成功的应用。

分析所涉及的样品主要是动物源的肉类样品，这主要是因为兽药易在其中累积并最终对人类带来潜在风险。除了不同动物的组织样品外，被分析样品还包括牛乳、血液、饲料等。具体应用实例详见表 1 – 5。

表 1 – 5　QuEChERS 前处理技术在药物残留分析中的应用实例

分析物	样品	溶剂	盐析剂	d – SPE	检测方法	回收率/%	参考文献
38 种驱虫药	牛乳及肝脏	乙腈	$MgSO_4$和 NaCl	$MgSO_4$和 C_{18}	LC – MS/MS	70 ~ 120	33
22 种磺胺类药物及其代谢物	牛肉、羊肉、鸡肉、猪肉	乙腈（含 1% 乙酸）	$MgSO_4$、NaCl、柠檬酸钠、柠檬酸一氢钠	$MgSO_4$ 和 PSA	LPGC – HRMS	88 ~ 112	34
7 种喹诺酮类药物	牛乳	乙腈（含 5% 甲酸）	$MgSO_4$、NaCl、柠檬酸钠、柠檬酸一氢钠	$MgSO_4$和 C_{18}	毛细管 LC – LIF	83 ~ 104	35
19 种苯并咪唑	牛乳	乙腈（含 0.1% NH_3）	$MgSO_4$和 NaCl	$MgSO_4$、PSA 和 C_{18}	UHPLC – MS/MS	—	36
55 种兽药	猪肉、牛肉、羊肉	乙腈（含 5% 乙酸）	Na_2SO_4和 NaCl	C_{18}	HPLC – MS/MS	70 ~ 120	37
24 种抗寄生虫兽药	饲料、牛乳	乙腈	$MgSO_4$和 NaCl	$MgSO_4$、PSA 和 C_{18}	DART – MS	65 ~ 95	38
20 种兽药	鸡肉	乙腈:水（80:20）（含 1% 乙酸）	$MgSO_4$、柠檬酸钠、柠檬酸一氢钠	PSA	UHPLC – MS/MS	70 ~ 120	39
13 种抗生素及兽药	虾	乙腈（含 1% 乙酸）	$MgSO_4$和 NaCl	$MgSO_4$和 PSA	UHPLC – MS	70 ~ 120	40
40 种药物	血液	乙腈	$MgSO_4$和 NaCl	$MgSO_4$和 PSA	GC – MS	90 ~ 104	41
13 种磺胺类药物	饲料	乙腈:甲醇（75:25）含 0.1% 乙酸	$MgSO_4$和 NaAc	PSA	HPLC – MS/MS	86 ~ 107	42

在净化步骤中，所用到的净化剂有 C_{18}、PSA 以及 $MgSO_4$ 等。其中 C_{18} 和 PSA 一起使用，常用来除去肌肉组织样品、牛乳、饲料以及肝脏样品中的脂肪以及疏水性化合物。在其他一些情况下，如动物组织、虾以及动物饲料中，单独使用 PSA 的情况也有报道。

通常情况下，基于 QuEChERS 前处理技术的兽药残留分析方法的回收率一般可达 70% ~ 120%。且内标（一般为氘代内标）常用来校正萃取过程带来的损失，并进行基质校正。

3. 真菌毒素分析

真菌毒素是指由真菌产生的次级代谢产物，是食品中的一类重要污染物。真菌毒素能够引起严重的肾毒性、肝毒性、神经毒性、免疫抑制毒性，甚至是致癌性。因此，有效的前处理技术对于真菌毒素的有效控制、避免其对人体健康造成的危害是十分有必要的。

鉴于食品是人类暴露接触真菌毒素的主要来源，食品中真菌毒素的分析是人们广泛关注的重点。谷物是 QuEChERS 技术提取真菌毒素的重要食品基质之一，相关文献报道主要集中在小麦、玉米、大豆、燕麦以及小米等。由于谷物中的含水量较低，在 QuEChERS 前处理开始时常需要向此类样品中添加一定量的水。此外，其他样品基质如乳制品（牛乳、牛乳饮料以及酸乳等）也有相关报道。具体应用实例详见表 1 -6。

表 1 -6　　QuEChERS 前处理技术在真菌毒素分析中的应用实例

真菌毒素/种	样品	溶剂	盐析剂	d - SPE	检测方法	回收率/%	参考文献
58	牛乳和酸乳	乙腈:水（84：16）（含1%乙酸）	$MgSO_4$和 NaAc	$MgSO_4$、PSA 和 C_{18}	UHPLC - MS/MS	87 ~ 114	43
8	零食	乙腈	$MgSO_4$和 NaCl	$MgSO_4$和 C_{18}	GC - MS/MS	73 ~ 116	44
3	小麦、米、玉米、燕麦、大豆、木薯	乙腈	$MgSO_4$和 NaCl	$MgSO_4$和 C_{18}	GC - MS/MS	76 ~ 114	45
14	大米	乙腈（含 10%甲酸）	$MgSO_4$、NaCl、柠檬酸钠、柠檬酸一氢钠	$MgSO_4$、PSA、C_{18}和中性氧化铝	UHPLC - MS/MS	60 ~ 104	46
8	蜂花粉类保健品	乙腈	Na_2SO_4和 NaCl	$MgSO_4$、PSA 和 C_{18}	GC - MS/MS	73 ~ 95	47
11	小麦、玉米和小米	乙腈	$MgSO_4$和 NaCl	$MgSO_4$和 PSA	DART - MS	84 ~ 118	48
26	芝麻酱	乙腈:水（80:20）（含0.1%乙酸）	$MgSO_4$、NaCl、柠檬酸钠、柠檬酸一氢钠	$MgSO_4$和 C_{18}	UHPLC - MS/MS	60 ~ 120	49
1	谷类和饲料	乙腈（含 1%乙酸）	$MgSO_4$和 NaAc	$MgSO_4$、PSA 和 C_{18}	FIA - FD 和 FID - TSL	86 ~ 112	50
1	玉米食品	乙腈	$MgSO_4$和 NaCl	$MgSO_4$和 PSA	HPLC - MS/MS	80	51

在对真菌毒素的提取过程中，常需要加入醋酸或甲酸、柠檬酸盐或醋酸盐

等，以避免因加入 PSA 而导致的 pH 的增大。在随后的 d－SPE 过程中，常用到的净化剂也主要为 C_{18} 和 PSA。两者可单独使用，也可同时使用，必要时也可引入其他净化剂如中性氧化铝等以达到最佳的净化效果。

在定量分析时，除了使用传统的同位素标记的内标化合物之外，其他化合物如吩噻嗪、玉米赤霉烯酮等也可用作内标。

经 QuEChERS 前处理之后，后续的分离检测常采用的技术包括 HPLC－MS/MS、UHPLC－MS/MS 以及 GC－MS/MS 等。此外，就 GC－MS/MS 检测而言，在 d－SPE 净化之后，必要时需要对所提取的真菌毒素以双（三甲基硅烷基）乙酰胺 BSA/三甲基氯硅烷 TMCS/三甲基硅烷咪唑 TMSI 等衍生化试剂进一步衍生化。此外，其他分析检测技术如 FIA、TSL、DART－Orbitrap－MS 等检测真菌毒素也获得了较好的结果。

4. 多环芳烃

多环芳烃是一大类有机环境污染物，由于其具有公认的致癌、致突变性而被欧盟以及美国环保署列为需要优先监测的污染物。由于多环芳烃的来源具有多样性，因此其在环境中的分布也较广。其在环境中分布的广泛性以及其本身固有的亲脂性导致动物源性食品中多环芳烃污染的风险较高。因此，对于以 QuEChERS 前处理技术提取的多环芳烃的样品基质类型也相对繁多，包括肉类、牛乳、鱼以及海鲜等。具体应用实例详见表 1－7。

表 1－7　QuEChERS 前处理技术在多环芳烃分析中的应用实例

多环芳烃/种	样品	溶剂	盐析剂	d－SPE	检测方法	回收率/%	参考文献
16	碳烤家禽肉、红肉、海鲜	乙腈	$MgSO_4$ 和 NaAc	$MgSO_4$、PSA 和 C_{18}	GC－MS	71～104	52
16	贻贝	乙腈	$MgSO_4$ 和 NaCl	$MgSO_4$ 和 PSA	GC－MS/MS	89～112	53
16	大米	乙腈（含 1% 乙酸）	$MgSO_4$ 和 NaAc	$MgSO_4$ 和 PSA	GC－MS	70～122	54
16	肉	乙腈	$MgSO_4$ 和 NaAc	$MgSO_4$、PSA 和 C_{18}	GC－MS	71～104	55
16	牡蛎	乙腈	Na_2SO_4 和 NaCl	$MgSO_4$ 和 PSA	UHPLC－MS	71～110	56
12	火腿	乙酸乙酯	$MgSO_4$ 和 NaCl	$MgSO_4$、PSA 和 C_{18}	GC－MS	72～111	57
14	蛤蜊和牡蛎	乙腈	$MgSO_4$ 和 NaCl	$MgSO_4$ 和 PSA	HPLC－FD	87～116	58

续表

多环芳烃/种	样品	溶剂	盐析剂	d－SPE	检测方法	回收率/%	参考文献
12	茶叶	乙腈	$MgSO_4$和 NaCl	$MgSO_4$、PSA 和 SAX	GC－MS	50～120	59
17	海胆	乙腈	$MgSO_4$和 NaAc	$MgSO_4$、PSA 和 C_{18}	GC－MS/MS	70～120	60
33	三文鱼	丙酮:乙酸乙酯:异辛烷（2:2:1）	$MgSO_4$、NaAc、柠檬酸钠、柠檬一氢钠	$MgSO_4$、PSA 和 C_{18}	GC－MS	70～120	61
5	牛乳	乙腈	$MgSO_4$和 NaCl	$MgSO_4$和 C_{18}	CE－UV	80～105	62

基于 QuEChERS 的多环芳烃的前处理过程中，大多数情况下，提取步骤相比于原始的 QuEChERS 方法并没有太多改变。一些工作采用了原始方法中所用到的试剂，即以乙腈为提取溶剂，以 $MgSO_4$和 NaCl 为盐析剂，以 PSA 为净化剂。但在其他一些所报道的方法中，以 NaOAc 等比例替代了 NaCl。此外，为了得到较好的回收率，Surma 等人以乙酸乙酯为溶剂对火腿中的 12 种多环芳烃进行了提取。而 Forsberg 等人以丙酮、乙酸乙酯和异辛烷为混合溶剂，对鱼肉中的 33 种多环芳烃进行了提取，此混合溶剂对非极性的多环芳烃残留具有较好的选择性。在 d－SPE 净化步骤中，大多数情况下采用 PSA 和 $MgSO_4$，也配合使用 C_{18}。鉴于 GCB 对具有平面结构的化合物的吸附性，在对非极性的具有平面结构的多环芳烃的净化过程中，通常不采用 GCB。

经 QuEChERS 技术提取的多环芳烃通常以液相色谱法或气相色谱法进行分离，尤其以气相色谱法最为广泛，且通常最终以质谱进行检测。而一些基于液相色谱分离的方法中，因其高选择性和灵敏度，荧光检测也同样适用。

一般情况下，除了一些特殊的多环芳烃外，在采用氘代内标的情况下，经 QuEChERS 前处理过程的多环芳烃的回收率大多在 70% ～ 120%，方法的检出限通常为几微克/千克或微克/升。

5. 其他

除了农药、兽药、真菌毒素以及多环芳烃这几大类化合物外，其他以 QuEChERS 前处理技术提取的化合物的分析检测也有报道（表 1－8）。其他应用 QuEChERS 前处理技术提取的化合物有大环内酯类、脂类、抗氧化剂及食品添加剂、激素、内分泌干扰物、多氯联苯、阻燃剂、多溴联苯醚、全氟烷基类化合物、邻苯二甲酸酯、异黄酮、表面活性剂以及丙烯酰胺等。这些化合物所涉及的样品基质包括水、土壤及沉积物、牛乳及乳制品、鱼及海鲜、肉、蜂蜜、水果、蔬菜以及生物样品如血液、尿液、血浆、脊髓液、胃液、人体器官等。

表 1 –8　QuEChERS 前处理技术在其他化合物分析中的应用实例

分析物	样品	溶剂	盐析剂	d – SPE	检测方法	回收率/%	参考文献
59 种多残留化合物（42 种农药、5 种阻燃剂、9 种多氯联苯、3 种多环芳烃）	虾	乙腈	NH_4Ac	$MgSO_4$、PSA、C_{18}和 Z – Sep	LPGC – MS	70 ~ 120	63
68 种多残留化合物（13 种阻燃剂、18 种农药、14 种多氯联苯、16 种多环芳烃、7 种多溴二苯醚）	鲶鱼	乙腈	$MgSO_4$、NaCl	$MgSO_4$和 Z – Sep	LPGC – MS/MS	60 ~ 124	64
5 种大环内酯	牛乳	乙腈	$MgSO_4$、NaCl	$MgSO_4$和 PSA	HPLC – FD	83 ~ 112	65
19 种脂类	血浆和尿液	氯仿:甲醇（2:1）	$MgSO_4$、NaAc	C_{18}	UHPLC – MS/MS	79 ~ 100	66
43 种抗氧化剂、防腐剂和合成甜味剂	牛乳、牛乳饮品和酸乳	乙腈（含 1% 乙酸）	$MgSO_4$、NaAc	$MgSO_4$、PSA 和 C_{18}	UHPLC – MS	89 ~ 108	67
20 种多残留化合物（2 种烷基苯酚、3 种多环芳烃、6 种农药、5 种药物、2 种荷尔蒙、1 种紫外吸收剂、双酚 A）	水道、湖泊和海岸沉积物	乙腈	$MgSO_4$、NaAc	PSA 和 GCB	LC – MS/MS 和 GC – MS	>72	68
5 种内分泌干扰物	蜂蜜	乙腈	$MgSO_4$、NaCl	$MgSO_4$和 PSA	CE – MS	87 ~ 116	69
21 种全氟烷基化合物	黄油、乳酪、肉类、海鲜	乙腈（含甲酸）	$MgSO_4$、NaCl	$MgSO_4$、C_{18}和 GCB	UHPLC – MS/MS	73 ~ 128	70
5 种邻苯二甲酸酯	果冻	乙腈	$MgSO_4$、NaCl	$MgSO_4$和 PSA	LC – MS/MS	84 ~ 104	71
丙烯酰胺	炸马铃薯、茄子	乙腈	$MgSO_4$、NaCl	Al_2O_3	LC – MS	90 ~ 97	72
α – pyrrolidinobutiophenone	血液、尿液、胃容物、	乙腈	$MgSO_4$、NaAc	$MgSO_4$、PSA 和 C_{18}	UHPLC – MS/MS	83 ~ 103	73

在提取步骤中，乙腈仍然是上述工作中最常使用的提取溶剂，也有部分工

作采用其他溶剂如乙酸乙酯或者混合溶剂（三氯甲烷和甲醇）以得到更好的结果。相似地，NaCl 是最常选择的盐析剂。在需要调节样品 pH 的情况下，则通常采用柠檬酸盐缓冲体系、醋酸盐缓冲体系或甲酸等。同样地，在 d - SPE 净化过程中，PSA 是最常使用的净化剂，通常与 GCB、C_{18}或 Z - Sep 等净化剂协同使用。经 QuEChERS 前处理技术后，相应的分离及检测也主要是主流的液相色谱、气相色谱以及相应的质谱联用技术。

此外，鉴于 QuEChERS 前处理技术的高效性，其也被用来同时对多类化合物进行提取及分析，如对食品或者环境样品基质中农药、兽药、多环芳烃、多氯联苯、激素以及多溴联苯醚等不同种类化合物的同时提取分析等，从而证明了 QuEChERS 前处理技术可作为一种潜在的通用型前处理方法实现对不同种类的不同性质的化合物的同时提取。

第五节

QuEChERS 技术发展趋势

近年来，QuEChERS 方法以惊人的速度在分析化学领域流行普及，这主要是因为该方法减少了溶剂及其他材料的使用，缩短了分析时间和成本，极大地满足了现代实验室的需求，毫无疑问，QuEChERS 已经成为了食品农药残留分析实验室中最常使用的前处理技术。与此同时，QuEChERS 方法未来的发展也面临着新的挑战。

首先，从被分析物以及基质角度而言，未来 QuEChERS 方法将面临更加广泛的分析对象。一方面，为了确保食品安全，需要简单灵敏的分析方法来监测食品中的污染物残留；另一方面，为了更加准确地评估自然环境状态，需要对持久性有机污染物等环境污染物进行检测。因此，开发能够在一次试验中实现对不同类别的污染物同时检测的分析方法将是最好的解决此问题的方式，通过将 QuEChERS 前处理方法和 HPLC - MS/MS 或者 GC - MS/MS 仪器检测手段相结合建立分析方法，实现对多类别、多残留的同时检测，将能够很好地应对这一挑战，也是较有前景的发展方向。Sapozhnikova 和 Lehotay 在这方面已经做了尝试，采用 QuEChERS 前处理方法结合快速低压 GC -（QqQ）MS/MS，实现了对鲶鱼肉样品中 13 种新型阻燃剂、18 种代表性农药、14 种多氯联苯同系物、16 种多环芳烃以及 7 种多溴二苯醚的同时检测。

其次，如何实现自动化将是 QuEChERS 方法未来发展的另一趋势。尽管

QuEChERS 方法操作简便、省时，但仍然不可避免震摇等手动操作步骤。因此考虑到目前实验室需要处理大批量样品的事实情况，如果能实现 QuEChERS 方法的自动化，将会带来更大的便利，减少劳动力的消耗。为了实现这一目的，Gerstel 正在与 DPX（disposable pipette extraction）等实验室合作以实现 QuEChERS 方法的自动化。DPX 实质上也是一种 d－SPE 净化过程，但其能够实现全自动化而不需要离心的过程，Kaewsuya 等人采用带 DPX 选项的 Gerstel 双轨多功能样品制备站，结合 GC－MS 分析技术，对胡萝卜、番茄、绿豆、西蓝花以及芹菜中的 200 多种农药残留进行了分析，回收率（70% ～117%）以及重复性（<12%）均令人满意。Teledyne Tekmar 公司已设计出 AutoMate－Q40 系统，以实现对预先称量好的样品的 QuEChERS 处理过程的全自动化，该系统能够自动化进行如液体移取、涡旋混合、样品瓶振摇、开/关样品瓶、加入固体试剂、识别液位、倾析、离心、基质强化加标以及 d－SPE 净化等过程。

最后，QuEChERS 方法中 d－SPE 净化步骤中所用到的吸附剂材料，自该方法建立以来一直是研究者们关注的热点。随着材料领域的发展进步，寻找在有效去除基质干扰的同时能够维持被分析物较高的回收率的新型材料仍然是 QuEChERS 方法发展的重要方向。

综上所述，由于灵活、快速的特点，QuEChERS 不仅仅是一种具体的方法，更应该被视为一种样品前处理概念或者技术，未来通过各种改进的基于 QuEChERS 概念的前处理方法可以实现对更加广泛样品基质中多种类残留的分析测定。而 QuEChERS 自动化的实现将会更大程度上简化 QuEChERS 处理过程，实现样品的高通量检测，节省人力消耗。相应地，随着材料领域的快速发展，也势必为 d－SPE 净化过程所用的净化剂提供更多的选择。

参考文献

［1］Anastassiades M.，Lehotay S. J.，Stajnbaher D.，Schenck F. J.. Fast and easy multiresidue method employing acetonitrile extraction/partitioning and “dispersive solid－phase extraction” for the determination of pesticide residues in produce. J. AOAC Int.，2003，86（2），412－431.

［2］Lehotay S. J.，De K. A.，Hiemstra M.，Van Bodegraven P.. Validation of a fast and easy method for the determination of residues from 229 pesticides in fruits and vegetables using gas and liquid chromatography and mass spectrometric detection. J. AOAC Int., 2005, 88 (2), 595-614.

[3] Association of Analytical Communities AOAC Official method 2007.01. Pesticide residues in foods by acetonitrile extraction and partitioning with magnesium sulfate - gas chromatography/mass spectrometry and liquid chromatography/tandem mass spectrometry, first action 2007.

[4] British Standards Institution. Foods of plant origin - determination of pesticide residues using GC - MS and/or LCMS/MS following acetonitrile extraction/partitioning and cleanup by dispersive SPE - QuEChERS - method 2008.

[5] http://quechers.cvua - stuttgart.de/index.php? nav1o = 1&nav2o = 0&nav3o = 0.

[6] Wilkowska A., Biziuk M.. Determination of pesticide residues in food matrices using the QuEChERS methodology. Food Chem., 2010, 125 (3), 803-812.

[7] Maštovská K., Lehotay S. J.. Evaluation of common organic solvents for gas chromatographic analysis and stability of multiclass pesticide residues. J. Chromatogr. A, 2004, 1040, 259-272.

[8] Anastassiades M., Scherbaum E., Tasdelen B., Stajnbaher D.. Recent developments in QuEChERS methodology for pesticide multiresidue analysis. In: Ohkawa H., Miyagawa H., Lee P. W. (Eds.), Pesticide chemistry. Crop protection, public health, environmental safety, Wiley - VCH Verlag GmbH & Co. KGaA, Weinheim, 2007.

[9] Pareja L., Cesio V., Heinzen H., Fernández - Alba A. R.. Evaluation of various QuEChERS based methods for the analysis of herbicides and other commonly used pesticides in polished rice by LC - MS/MS. Talanta, 2011, 83, 1613-1622.

[10] Wiest L., Buleté A., Giroud B., Fratta C., Amic S., Lambert O., Pouliquen H., Arnaudguilhem, C.. Multi - residue analysis of 80 environmental contaminants in honeys, honeybees and pollens by one extraction procedure followed by liquid and gas chromatography coupled with mass spectrometric detection. J. Chromatogr. A., 2011, 1218, 5743-5756.

[11] 刘满满，康澍，姚成，等. QuEChERS 方法在农药多残留检测中的应用研究进展. 农药学报，2013，15 (1)，8-22.

[12] Wang X., King W.. ChloroFiltr: A novel sorbent for chlorophyll remov-

el. LCGC Asia Pacific, 2013, 16 (1) March, 33.

[13] Sapozhnikova Y., Lehotay S. J.. Multi - class, multi - residue analysis of pesticides, polychlorinated biphenyls, polycyclic aromatic hydrocarbons, poly-brominateddiphenyl ethers and novel flame retardants in fish using fast, low - pressure gas chromatography - tandem mass spectrometry. Anal. Chim. Acta, 2013, 758, 80 - 92.

[14] Geis - Asteggiante L., Lehotay S. J., Lightfield A. R., Dutkoc T., Ng C., Bluhm L.. Ruggedness testing and validation of a practical analytical method for >100 veterinary drug residues in bovine muscle by ultrahigh performance liquid chromatography - tandem mass spectrometry. J. Chromatogr. A, 2012, 1258, 43 - 54.

[15] Tuzimski T., Rejczak T.. Determination of pesticides in sunflower seeds by high - performance liquid chromatography coupled with a diode array detector. J. AOAC Int. 2014, 97 (4), 1012 - 1020.

[16] Hou X., Lei S. R., Qiu S. T., Guo L. A., Yi S. G., Liu W.. A multi - residue method for the determination of pesticides in tea using multi - walled carbon nanotubes as a dispersive solid phase extraction absorbent. Food Chem., 2014, 153, 121 - 129.

[17] Zhao P. Y., Wang L., Zhou L., Zhang F. Z., Kang S., Pan C. P.. Multi - walled carbon nanotubes as alternative reversed - dispersive solid phase extraction materials in pesticide multi - residue analysis with QuEChERS method. J. Chromatogr. A, 2012, 1225, 17 - 25.

[18] Deng X. J., Guo Q. J., Chen X. P., Xue T., Wang H., Yao P.. Rapid and effective sample clean - up based on magnetic multiwalled carbon nanotubes for the determination of pesticide residues in tea by gas chromatography - mass spectrometry. Food Chem., 2014, 145, 853 - 858.

[19] Su R., Wang X. H., Li D., Li X. Y., Zhang H. Q., Yu A. M.. Determination of organophosphorus pesticides in peanut oil by dispersive solid phase extraction gas chromatography - mass spectrometry. J. Chromatogr. B., 2011, 879, 3423 - 3428.

[20] Melo A., Cunha S. C., Mansilha C., Aguiar A., Pinho O., Ferreira M.. Monitoring pesticide residues in greenhouse tomato by combining acetonitrile - based extraction with dispersive liquid - liquid microextraction followed by gas - chromatography - mass spectrometry. Food Chem., 2012, 135 (3), 1071 - 1077.

[21] Romero - González R., GarridoFrenich A., Martínez Vidal J. L., Prestes

O. D. , Grio S. L. . Simultaneous determination of pesticides, biopesticides and mycotoxins in organic products applying a quick, easy, cheap, effective, rugged and safe extraction procedure and ultra – high performance liquid chromatography – tandem mass spectrometry. J. Chromatogr. A, 2011, 1218 (11), 1477 –1485.

[22] Cajka T. , Sandy C. , Bachanova V. , Drabova L. , Kalachova K. , Pulkrabova J. , Hajslova J. . Streamlining sample preparation and gas chromatography – tandem mass spectrometry analysis of multiple pesticide residues in tea. Anal. Chim. Acta. 2012, 743, 51 –60.

[23] Cunha S. C. , Fernandes J. O. . Multipesticide residue analysis in maize combining acetonitrile – based extraction with dispersive liquid – liquid microextraction followed by gas chromatography – mass spectrometry. J. Chromatogr. A, 2011, 1218 (43), 7748 –7757.

[24] Lehotay S. J. , De Kok A. , Hiemstra M. , Van Bodegraven P. . Validation of a fast and easy method for the determination of residues from 229 pesticides in fruits and vegetables using gas and liquid chromatography and mass spectrometric detection. J. AOAC Int. , 2005, 88, 595 –614.

[25] Gonzalez – Curbelo M. A. , Lehotay S. J. , Hernandez – Borges J. , Rodriguez – Delgado M. A. . Use of ammonium formate in QuEChERS for high through put analysis of pesticides in food by fast, low – pressure gas chromatography and liquid chromatography tandem mass spectrometry, J. Chromatogr. A, 2014, 1358, 75 –84.

[26] Koesukwiwat U. , Lehotay S. J. , Mastovska K. , Dorweiler, X. K. J. , Leepipatpiboon, N. . Pesticide multiresidue analysis in cereal grains using modified QuEChERS method combined with automated direct sample introduction GC – TOFMS and UHPLC – MS/MS Techniques. J. Agric. Food Chem. , 2010, 58, 5950 –5972.

[27] Gonzalez – Curbelo M. A. , Hernandez – Borges J. , Borges – Miquel T. M. , Rodriguez – Delgado M. A. . Determination of pesticides and their metabolites in processed cereal samples, Food Addit. Contam. Part A. Chem. Anal. Control Expo. Risk Assess. , 2012, 29, 104 –116.

[28] Jiang Y. , Li X. , Xu J. , Pan C. , Zhang J. , Niu W. . Multiresidue method for the determination of 77 pesticides in wine using QuEChERS sample preparation and gas chromatography with mass spectrometry, Food Addit. Contam. , 2009, 26, 859 –866.

[29] Chung S. W. C. , Chan B. T. P. , Validation and use of a fast sample preparation method and liquid chromatography – tandem mass spectrometry in analysis

of ultra – trace levels of 98 organophosphorus pesticide and carbamate residues in a total diet study involving diversified food types, J. Chromatogr. A, 2010, 4815 – 4824.

[30] Sapozhnikova Y., Evaluation of low – pressure gas chromatography – tandem mass spectrometry method for the analysis of >140 pesticides in fish, J. Agric. Food Chem., 2014, 62, 3684 – 3689.

[31] Fernandes V. C., Domingues V. F., Mateus N., Delerue – Matos C., Multiresidue pesticides analysis in soils using modified QuEChERS with disposable pipette extraction and dispersive solid – phase extraction, J. Sep. Sci., 2013, 36, 376 – 382.

[32] Usui K., Hayashizaki Y., Minagawa T., Hashiyada M., Nakano A., Funayama M., Rapid determination of disulfoton and its oxidative metabolites in human whole blood and urine using QuEChERS extraction and liquid chromatography – tandem mass spectrometry, Leg. Med., 2012, 14, 309 – 316.

[33] Kinsella B., Lehotay S. J., Mastovska K., Lightfield A. R., Furey A., Danaher M., New method for the analysis of flukicide and other anthelmintic residues in bovine milk and liver using liquid chromatography – tandem mass spectrometry, Anal. Chim. Acta, 2009, 637, 196 – 207.

[34] Abdallah H., Arnaudguilhem C., Jaber F., Lobinski R., Multiresidue analysis of 22 sulfonamides and their metabolites in animal tissues using quick, easy, cheap, effective, rugged, and safe extraction and high resolution mass spectrometry (hybrid linear iontrap – Orbitrap), J. Chromatogr. A, 2014, 1335, 61 – 72.

[35] Lombardo – Agüí M., Gámiz – Gracia L., Cruces – Blanco C., García – Campaña A. M., Comparison of different sample treatments for the analysis of quinolones in milk by capillary – liquid chromatography with laser induced fluorescence detection, J. Chromatogr. A, 2011, 1218, 4966 – 4971.

[36] Martínez – Villalba A., Moyano E., Galcerán M. T., Ultra – high performance liquid chromatography – atmospheric pressure chemical ionization – tandem mass spectrometry for the analysis of benzimidazole compounds in milk samples, J. Chromatogr. A, 2013, 1313, 119 – 131.

[37] Kang J., Fan C. – L., Chang Q. – Y., Bu M. – N., Zhao Z. – Y., Wang W., Pang G. – F., Simultaneous determination of multi – class veterinary drug residues in different muscle tissues by modified QuEChERS combined with HPLC – MS/MS, Anal. Methods, 2014, 6, 6285 – 6293.

[38] Martínez – Villalba A. , Vaclavik L. , Moyano E. , Galceran M. T. , Hajšlova J. , Direct analysis in real time high – resolution mass spectrometry for high – throughput analysis of antiparasitic veterinary drugs in feed and food, Rapid Commun. MassSpectrom. , 2013, 27, 467 –475.

[39] Lopes R. P. , Reyes R. C. , Romero – González R. , Frenich A. G. , Vidal, J. L. M. , Development and validation of a multiclass method for the determination of veterinary drug residues in chicken by ultra high performance liquid chromatography – tandem mass spectrometry, Talanta, 2012, 89, 201 –208.

[40] Villar – Pulido M. , Gilbert – López B. , García – Reyes J. F. , Martos N. R. , Molina – Díaz A. , Multiclass detection and quantitation of antibiotics and veterinary drugs in shrimps by fast liquid chromatography time – of – flight mass spectrometry, Talanta, 2011, 85, 1419 –1427.

[41] Plössl F. , Giera M. , Bracher F. , Multiresidue analytical method using dispersive solid – phase extraction and gas chromatography/ion trap mass spectrometry to determine pharmaceuticals in whole blood, J. Chromatogr. A, 2006, 1135, 19 –26.

[42] Lopes R. P. , de Freitas Passos É. E. , de Alkimim Filho J. F. , Vargas E. A. , Augusti D. V. , Augusti R. , Development and validation of a method for the determination of sulfonamides in animal feed by modified QuEChERS and LC – MS/MS analysis, Food Control, 2012, 28, 192 –19.

[43] Jia W. , Chu X. , Ling Y. , Huang J. , Chang J. , Multi – mycotoxin analysis in dairy products by liquid chromatography coupled to quadrupole orbitrap mass spectrometry, J. Chromatogr. A, 2014, 1345, 107 –114.

[44] Rodríguez – Carrasco Y. , Font G. , Moltó J. C. , Berrada H. , Quantitative determination of trichothecenes in breadsticks by gas chromatography – triple quadrupole tandem mass spectrometry, Food Addit. Contam. Part A. Chem. Anal. Control Expo. Risk Assess. 2014, 31, 1422 –1430.

[45] Rodríguez – Carrasco Y. , Moltó J. C. , Berrada H. , Mañes J. , A survey of trichothecenes, zearalenone and patulin in milled grain – based products using GC – MS/MS, Food Chem. 2014, 146, 212 –219.

[46] Koesukwiwat U. , Sanguankaew K. , Leepipatpiboon N. , Evaluation of a modified QuEChERS method for analysis of mycotoxins in rice, Food Chem. 2014, 153, 44 –51.

[47] Rodríguez – Carrasco Y. , Font G. , Mañes J. , Berrada H. , Determination of mycotoxins in bee pollen by gas chromatography – tandemmass spectrome-

try, J. Agric. Food Chem. 2013, 61, 1999 - 2005.

[48] Vaclavik L., Zachariasova M., Hrbek V., Hajslova J., Analysis of multiple mycotoxins in cereals under ambient conditions using direct analysis in real time (DART) ionization coupled to high resolution mass spectrometry, Talanta 2010, 82, 1950 - 1957.

[49] Liu Y., Han S., Lu M., Wang P., Han J., Wang J., Modified QuEChERS method combined with ultra - high performance liquid chromatography tandem mass spectrometry for the simultaneous determination of 26 mycotoxins in sesame butter, J. Chromatogr. B 2014, 970, 68 - 76.

[50] Llorent - Martínez E. J., Ortega - Barrales P., Fernández - de Córdova M. L., Ruiz - Medina A., Quantitation of ochratoxin A in cereals and feedstuff using sequential injection analysis with luminescence detection, Food Control 2013, 30, 379 - 385.

[51] Kleigrewe K., Söhnel A. - C., Humpf H. - U., A new high - performance liquid chromatographytandem mass spectrometry method based on dispersive solid phase extraction for the determination of the mycotoxin fusarin c in corn ears and processed corn samples, J. Agric. Food Chem. 2011, 59, 10470 - 10476.

[52] Kao T. H., Chen S., Huang C. W., Chen C. J., Chen B. H., Occurrence and exposure to polycyclic aromatic hydrocarbons in kindling - free - charcoal grilled meat products in Taiwan, Food Chem. Toxicol., 2014, 71, 149 - 158.

[53] Madureira T. V., Velhote S., Santos C., Cruzeiro C., Rocha E., Rocha M. J., A step forward using QuEChERS (Quick, Easy, Cheap, Effective, Rugged, and Safe) based extraction and gas chromatography - tandem mass spectrometry - levels of priority polycyclic aromatic hydrocarbons in wild and commercial mussels, Environ. Sci. Pollut. Res. Int., 2014, 21, 6089 - 6098.

[54] Escarrone A. L. V., Caldas S. S., Furlong E. B., Meneghetti V. L., Fagundes C. A. A., Arias J. L. O., Primel E. G., Polycyclic aromatic hydrocarbons in rice grain dried by different processes: evaluation of a quick, easy, cheap, effective, rugged and safe extraction method, Food Chem. 2014, 146, 597 - 602.

[55] Chen S., Kao T. H., Chen C. J., Huang C. W., Chen B. H., Reduction of carcinogenic polycyclic aromatic hydrocarbons in meat by sugar - smoking an dietary exposure assessment in Taiwan, J. Agric. Food Chem. 2013, 61, 7645 - 7653.

[56] Cai S. - S., Stevens J., Syage J. A., Ultra high performance liquid chromatography - atmospheric pressure photoionization - mass spectrometry for high -

sensitivity analysis of US Environmental Protection Agency sixteen priority pollutant polynuclear aromatic hydrocarbons in oysters, J. Chromatogr. A, 2012, 1227, 138 – 144.

[57] Surma M., Rociek A. S., Cies'lik E., The application of d – SPE in the QuEChERS method for the determination of PAHs in food of animal origin with GC – MS detection, Eur. Food Res. Technol., 2014, 238, 1029 – 1036.

[58] Yoo M., Lee S., Kim S., Kim S., Seo H., Shin D., A comparative study of the analytical methods for the determination of polycyclic aromatic hydrocarbons in seafood by high – performance liquid chromatography with fluorescence detection, Int. J. Food Sci. Technol., 2014, 49, 1480 – 1489.

[59] Sadowska – Rociek A., Surma M., Cies'lik E., Comparison of different modifications on QuEChERS sample preparation method for PAHs determination in black, green, red and white tea, Environ. Sci. Pollut. Res. Int., 2014, 21, 1326 – 1338.

[60] Angioni A., Porcu L., Secci M., Addis P., QuEChERS method for the determination of PAH compounds in Sardinia Sea Urchin (Paracentrotus lividus) Roe, using gas chromatography ITMS – MS analysis, Food Anal. Methods, 2012, 5, 1131 – 1136.

[61] Forsberg N. D., Wilson G. R., Anderson K. A., Determination of parent and substituted polycyclic aromatic hydrocarbons in high – fat salmon using a modified QuEChERS extraction, dispersive SPE and GC MS, J. Agric. Food Chem., 2011, 59, 8108 – 8116.

[62] Knobel G., Campiglia A. D., Determination of polycyclic aromatic hydrocarbon metabolites in milk by a quick, easy, cheap, effective, rugged and safe extraction and capillary electrophoresis, J. Sep. Sci., 2013, 36, 2291 – 2298.

[63] Han L., Sapozhnikova Y., Lehotay S. J., Streamlined sample clean – up using combined dispersive solid – phase extraction and in – vial filtration for analysis of pesticides and environmental pollutants in shrimp, Anal. Chim. Acta, 2014, 827, 40 – 46.

[64] Sapozhnikova Y., Lehotay S. J., Multi – class, multiresidue analysis of pesticides, polychlorinated biphenyls, polycyclic aromatic hydrocarbons, PBDEs and novel flame retardants in fish using fast, low – pressure gas chromatography – tandem mass spectrometry, Anal. Chim. Acta, 2013, 758, 80 – 92.

[65] Furlani R. P. Z., Dias F. F. G., Nogueira P. M., Gomes F. M. L., Tfouni S. A. V., Camargo M. C. R., Occurrence of macrocyclic lactones in milk and

yogurt fromBrazilian market, Food Control, 2015, 48, 43 – 47.

[66] Bang D. Y., Byeon S. K., Moon M. H., Rapid and simple extraction of lipids from blood plasma and urine for liquid chromatography – tandem mass spectrometry, J. Chromatogr. A, 2014, 1331, 19 – 26.

[67] Jia W., Ling Y., Lin Y., Chang J., Chu X., Analysis of additives in dairy products by liquid chromatography coupled to quadrupole – orbitrap mass spectrometry, J. Chromatogr. A, 2014, 1336, 67 – 75.

[68] Vulliet E., Berloiz – Barbier A., Lafay F., Baudot R., Wiest L., Vauchez A., Lestremau F., Botta F., Cren – Olivé C., A national reconnaissance for selected organic micropollutants in sediments on French territory, Environ. Sci. Pollut. Res. Int., 2014, 21, 11370 – 11379.

[69] Dominguez – Alvarez J., Rodriguez – Gonzalo E., Hernandez – Mendez J., Carabias Martinez R., Programed nebulizing – gas pressure mode for quantitative capillary electrophoresis – mass spectrometry analysis of endocrine disruptors in honey, Electrophoresis, 2012, 33, 2374 – 2381.

[70] Hlouskova V., Hradkova P., Poustka J., Brambilla G., De Filipps S. P., D'Hollander W., Bervoets L., Herzke D., Huber S., de Voogt P., Pulkrabova J., O currence of perfluoroalkyl substances (PFASs) in various food items of animal origin collected in four European countries, Food Addit. Contam. Part A. Chem. Anal. Control Expo. Risk Assess., 2013, 30, 1918 – 1932.

[71] Ma Y., Hashi Y., Ji F., Li J. M., Determination of phthalates in fruit jellies by dispersive SPE coupled with HPLC – MS, J. Sep. Sci., 2010, 33, 251 – 257.

[72] Omar M. M. A., Elbashir A. A., Schmitz O. J., Determination of acrylamide in Sudanese food by high performance liquid chromatography coupled with LTQ Orbitrap mass sepectrometry, Food Chem., 2015, 176, 342 – 349.

[73] Wurita A., Hasegawa K., Minakata K., Gonmori K., Nozawa H., Yamagishi I., Suzuki O., Watanabe K., Postmortem distribution of α – pyrrolidinobutiophenone in body fluids and solid tissues of a human cadaver, Leg. Med. 2014, 16, 241 – 246.

[74] Sapozhnikova Y., Lehotay S. J., Multi – class, multi – residue analysis of pesticides, polychlorinated biphenyls, polycyclic aromatic hydrocarbons, polybrominated diphenyl ethers and novel flame retardants in fish using fast, low – pressure gas chromatography – tandem mass spectrometry, Anal. Chim. Acta, 2013, 758, 80 – 92.

[75] Kaewsuya P., Brewer W. E., Wong J., Morgan S. L., Automated QuEChERS tips for analysis of pesticide residues in fruits and vegetables by GC-MS, J. Agric. Food Chem., 2013, 61, 2299-2314.

第二章

QuEChERS 技术基础知识

QuEChERS 实质是振荡法萃取、液液萃取法初步净化、基质分散固相萃取净化相组成所形成的一种样品前处理方法。衍生方法后有超声萃取、凝胶渗透色谱萃取等。一般从萃取溶剂、萃取方式、盐析剂和净化剂的选择等方面考虑 QuEChERS 技术在具体检测方法中的应用。

第一节

萃取溶剂

萃取，又称溶剂萃取或液液萃取，是利用物质在两种互不相溶（或微溶）的溶剂中溶解度或分配系数的不同，使溶质物质从一种溶剂内转移到另外一种溶剂中的方法。

萃取过程中，物质分配根据相似相溶原理。相似相溶原理是指由于极性分子间的电性作用，使得极性分子组成的溶质易溶于极性分子组成的溶剂，难溶于非极性分子组成的溶剂；非极性分子组成的溶质易溶于非极性分子组成的溶剂，难溶于极性分子组成的溶剂。

对提取溶剂，要求目标化合物溶解度大，基质干扰物溶解度小，纯度高（农残级、HPLC 级）。可单独采用一种溶剂，也可配合使用两种溶剂。选择溶剂时应统筹考虑，基本依据“相似相溶”原理，使多残留分析方法中极性、非极性的农药残留均有合适的回收率。溶剂极性不同，对不同极性农残的提取效率不同，极性溶剂如乙腈、丙酮适于提取强极性农药残留，弱极性溶剂如正己烷、环己烷适于非极性或弱极性农药残留的提取。常用溶剂的极性顺序：水（极性最大） >甲酰胺 > 乙腈 > 甲醇 > 乙醇 > 丙醇 > 丙酮 > 二氧六环 > 四氢呋

喃 > 甲乙酮 > 正丁醇 > 乙酸乙酯 > 乙醚 > 异丙醚 > 二氯甲烷 > 氯仿 > 溴乙烷 > 苯 > 氯丙烷 > 甲苯 > 四氯化碳 > 二硫化碳 > 环己烷 > 正己烷 > 庚烷 > 煤油（极性最小）。使用极性溶剂提取对净化步骤的要求比较高。在多残留分析方法中，已经证明使用乙腈或丙酮对绝大多数农残的总体提取效率较好。

下面就一些常见萃取溶剂种类、极性、沸点、毒性等性质进行介绍。

一、乙腈

乙腈又名甲基氰，无色液体，极易挥发，有类似于醚的特殊气味，具有优良的溶剂性能，能溶解多种有机、无机和气体物质。有一定毒性，与水和醇无限互溶。乙腈能发生典型的腈类反应，并被用于制备许多典型含氮化合物，是一个重要的有机中间体。乙腈可用于合成维生素 A、可的松、碳胺类药物及其中间体的溶剂，还用于制造维生素 B_1 和氨基酸的活性介质溶剂。可代替氯化溶剂。用于乙烯基涂料，也用作脂肪酸的萃取剂、酒精变性剂、丁二烯萃取剂和丙烯腈合成纤维的溶剂，在织物染色、照明、香料制造和感光材料制造中也有许多用途。

1. 物理性质

乙腈的物理性质见表 2 - 1。

表 2 - 1　　乙腈的物理性质

指标名称	参数	指标名称	参数
外观与性状	无色液体，有刺激性气味	相对分子质量	41.05
熔点/℃	-45.7	燃烧热/（kJ/mol）	1264.0
相对密度（水 =1）	0.79	临界温度/℃	274.7
沸点/℃	81 ~ 82	临界压力/MPa	4.83
相对蒸气密度（空气 =1）	0.79	辛醇/水分配系数的对数值	-0.34
饱和蒸气压/kPa	13.33（27℃）	闪点/℃	6
分子式	C_2H_3N（CH_3CN）	爆炸上限/%（体积分数）	16.0
引燃温度/℃	524	爆炸下限/%（体积分数）	3.0
溶解性	与水混溶，溶于醇等多数有机溶剂	cas 号	75 - 05 - 8

2. 化学性质

无色透明液体，有类似醚的异香，可与水、甲醇、醋酸甲酯、丙酮、乙醚、氯仿、四氯化碳和氯乙烯混溶。

（1）乙腈为稳定的化合物，不易氧化或还原，但碳氮之间为三键，易发生加成反应，例如：与卤化氢加成、与硫化氢加成、无机酸存在下与醇加成、与酸或酸酐加成。

（2）在酸或碱存在下发生水解，生成酰胺，进一步水解成酸。

（3）还原生成乙胺。

（4）与 Grignard 试剂反应，生成物经水解得到酮。

（5）乙腈能与金属钠、醇钠或氨基钠发生反应。

3. 作用用途

乙腈最主要的用途是作溶剂，如作为抽提丁二烯的溶剂、合成纤维的溶剂和某些特殊涂料的溶剂。在石油工业中用于从石油烃中除去焦油、酚等物质的溶剂。在油脂工业中用作从动植物油中抽提脂肪酸的溶剂，在医药上用于甾族类药物的再结晶的反应介质。在需要高介电常数的极性溶剂时常常使用乙腈与水形成的二元共沸混合物：含乙腈 84%，沸点 76℃。乙腈是医药（维生素 B_1）、香料的中间体，是制造均三嗪氮肥增效剂的原料，也用作酒精的变性剂。此外，还可以用于合成乙胺、乙酸等，并在织物染色、照明工业中也有许多用途。

4. 毒性

（1）健康危害

侵入途径：吸入、食入、经皮肤吸收。

健康危害：乙腈急性中毒发病较氢氰酸慢，可有数小时潜伏期。主要症状为衰弱、无力、面色灰白、恶心、呕吐、腹痛、腹泻、胸闷、胸痛；严重者呼吸及循环系统紊乱，呼吸浅、慢而不规则，血压下降，脉搏细而慢，体温下降，阵发性抽搐，昏迷。可有尿频、蛋白尿等。

（2）毒理学资料及环境行为

毒性：属中等毒类。

急性毒性：LD_{50} 2730mg/kg（大鼠经口）；1250mg/kg（兔经皮）；LC_{50} 12663mg/m^3，8h（大鼠吸入）人吸入 >500mg/kg，恶心、呕吐、胸闷、腹痛等；人吸入 160mg/kg ×4h，1/2 人面部轻度充血。

亚急性毒性：猫吸入其蒸气 7mg/m^3，4h/d，共 6 个月，在染毒后 1 个月，条件反射开始破坏。病理检查见肝、肾和肺病理改变。

致突变性：性染色体缺失和不分离：啤酒酵母菌 47600mg/kg。

生殖毒性：仓鼠经口最低中毒剂量（TDL_0）：300mg/kg（孕 8d），引起肌肉骨骼发育异常。

危险特性：易燃，其蒸气与空气可形成爆炸性混合物。遇明火、高热或与氧化剂接触，有引进燃烧爆炸的危险。

燃烧（分解）产物：一氧化碳、二氧化碳、氰化氢、氧化氮。

5. 注意事项

（1）危险性

燃爆危险：该品易燃。

（2）急救措施

皮肤接触：脱去污染的衣着，用肥皂水和清水彻底冲洗皮肤。

眼睛接触：提起眼睑，用流动清水或生理盐水冲洗。就医。

吸入：迅速撤离现场至空气新鲜处。保持呼吸道通畅。如呼吸困难，给输氧。如呼吸停止，立即进行人工呼吸。就医。

食入：饮足量温水，催吐。用 1∶5000 高锰酸钾或 5% 硫代硫酸钠溶液洗胃。就医。

（3）消防措施

危险特性：易燃，其蒸气与空气可形成爆炸性混合物，遇明火、高热或与氧化剂接触，有引起燃烧爆炸的危险。与氧化剂能发生强烈反应。燃烧时有发光火焰。与硫酸、发烟硫酸、氯磺酸、过氯酸盐等反应剧烈。

有害燃烧产物：一氧化碳、二氧化碳、氧化氮、氰化氢。

灭火方法：喷水冷却容器，可能的话将容器从火场移至空旷处。

灭火剂：抗溶性泡沫、干粉、二氧化碳、砂土。用水灭火无效。

二、丙酮

丙酮，又名二甲基酮，为最简单的饱和酮。是一种无色透明液体，有特殊的辛辣气味。易溶于水和甲醇、乙醇、乙醚、氯仿、吡啶等有机溶剂。易燃、易挥发，化学性质较活泼。目前世界上丙酮的工业生产以异丙苯法为主。丙酮在工业上主要作为溶剂用于炸药、塑料、橡胶、纤维、制革、油脂、喷漆等行业中，也可作为合成烯酮、醋酐、碘仿、聚异戊二烯橡胶、甲基丙烯酸甲酯、氯仿、环氧树脂等物质的重要原料。也常常被不法分子做毒品的原料溴代苯丙酮。

1. 物理性质

丙酮的物理性质见表 2－2。

表 2-2 丙酮的物理性质

指标名称	参数	指标名称	参数
外观与性状	无色透明易流动液体，有芳香气味，极易挥发	相对分子质量	58.08
熔点/℃	-94.6	燃烧热/（kJ/mol）	1788.7
相对密度（水=1）	0.788	临界温度/℃	235.5
沸点/℃	56.5	临界压力/MPa	4.72
相对蒸气密度（空气=1）	2.00	辛醇/水分配系数的对数值	-0.24
饱和蒸气压/kPa	53.32（39.5℃）	闪点/℃	-20
分子式	C_3H_6O	爆炸上限/%（体积分数）	2.5
引燃温度/℃	524	爆炸下限/%（体积分数）	12.8
溶解性	与水混溶，溶于醇等多数有机溶剂	cas 号	67-64-1

2. 化学性质

丙酮是脂肪族酮类具有代表性的化合物，具有酮类的典型反应。例如：与亚硫酸氢钠形成无色结晶的加成物，与氰化氢反应生成丙酮氰醇，在还原剂的作用下生成异丙酮与频哪醇。丙酮对氧化剂比较稳定，在室温下不会被硝酸氧化。用酸性高锰酸钾强氧化剂作氧化剂时，生成乙酸、二氧化碳和水。在碱存在下发生双分子缩合，生成双丙酮醇。2mol 丙酮在各种酸性催化剂（盐酸、氯化锌或硫酸）存在下生成亚异丙基丙酮，再与 1mol 丙酮加成，生成佛尔酮（二亚异丙基丙酮）。3mol 丙酮在浓硫酸作用下，脱 3mol 水生成 1，3，5-三甲苯。在石灰、醇钠或氨基钠存在下，缩合生成异佛尔酮（3，5，5-三甲基-2-环己烯-1-酮）。在酸或碱存在下，与醛或酮发生缩合反应，生成酮醇、不饱和酮及树脂状物质。与苯酚在酸性条件下，缩合成双酚-A。丙酮的 α-氢原子容易被卤素取代，生成 α-卤代丙酮。与次卤酸钠或卤素的碱溶液作用生成卤仿。丙酮与 Grignard 试剂发生加成作用，加成产物水解得到叔醇。丙酮与氨及其衍生物如羟氨、肼、苯肼等也能发生缩合反应。此外，丙酮在 500~1000℃时发生裂解，生成乙烯酮。在 170~260℃通过硅-铝催化剂，生成异丁烯和乙醛；300~350℃时生成异丁烯和乙酸等。不能被银氨溶液、新制氢氧化铜等弱氧化剂氧化，但可催化加氢生成醇。

3. 作用用途

丙酮是重要的有机合成原料，用于生产环氧树脂、聚碳酸酯、有机玻璃、医药、农药等。丙酮是良好溶剂，用于涂料、黏结剂、钢瓶乙炔等，也用作稀释剂、清洗剂、萃取剂，还是制造醋酐、双丙酮醇、氯仿、碘仿、环氧树脂、聚异戊二烯橡胶、甲基丙烯酸甲酯等的重要原料。在无烟火药、赛璐珞、醋酸纤维、喷漆等工业中用作溶剂。在油脂等工业中用作提取剂，用于制取有机玻璃单体、双酚 A、二丙酮醇、己二醇、甲基异丁基酮、甲基异丁基甲醇、佛尔酮、异佛尔酮、氯仿、碘仿等重要有机化工原料。在涂料、醋酸纤维纺丝过程、钢瓶贮存乙炔、炼油工业脱蜡等方面用作优良的溶剂。

4. 毒性

急性毒性：LD_{50}：5800mg/kg（大鼠经口）；20000mg/kg（兔经皮）。

刺激性：家兔经眼：3950μg，重度刺激。家兔经皮开放性刺激试验：395mg，轻度刺激。

5. 注意事项

（1）危险性类别

健康危害：急性中毒主要表现为对中枢神经系统的麻醉作用，出现乏力、恶心、头痛、头晕、易激动。重者发生呕吐、气急、痉挛，甚至昏迷。对眼、鼻、喉有刺激性。口服后，先有口唇、咽喉有烧灼感，后出现口干、呕吐、昏迷、酸中毒和酮症。慢性影响：长期接触该品出现眩晕、灼烧感、咽炎、支气管炎、乏力、易激动等。皮肤长期反复接触可致皮炎。

燃爆危险：本品极度易燃，具刺激性。

（2）急救措施

皮肤接触：脱去污染的衣着，用肥皂水和清水彻底冲洗皮肤。

眼睛接触：提起眼睑，用流动清水或生理盐水冲洗。就医。

吸入：迅速撤离现场至空气新鲜处。保持呼吸道通畅。如呼吸困难，给输氧。如呼吸停止，立即进行人工呼吸。就医。

食入：饮足量温水，催吐。就医。

（3）消防措施

危险特性：其蒸气与空气可形成爆炸性混合物，遇明火、高热极易燃烧爆炸。与氧化剂能发生强烈反应。其蒸气比空气重，能在较低处扩散到相当远的地方，遇火源会着火回燃。若遇高热，容器内压增大，有开裂和爆炸的危险。

有害燃烧产物：一氧化碳、二氧化碳。

灭火方法：尽可能将容器从火场移至空旷处。喷水保持火场容器冷却，直至灭火结束。处在火场中的容器若已变色或从安全泄压装置中产生声音，必须马上撤离。

灭火剂：抗溶性泡沫、二氧化碳、干粉、砂土。用水灭火无效。

三、乙酸乙酯

乙酸乙酯是无色透明液体，低毒性，有甜味，浓度较高时有刺激性气味，易挥发，对空气敏感，能吸水分，使其缓慢水解而呈酸性。能与氯仿、乙醇、丙酮和乙醚混溶，溶于水（体积分数 10%）。能溶解某些金属盐类（如氯化锂、氯化钴、氯化锌、氯化铁等）。

1. 物理性质

乙酸乙酯的物理性质见表 2－3。

表 2－3　乙酸乙酯物理性质

指标名称	参数	指标名称	参数
外观与性状	无色澄清黏稠状液体	相对分子质量	88.11
熔点/℃	－83.6	燃烧热/（kJ/mol）	2247.89
相对密度（水＝1）	0.90	临界温度/℃	250.1
沸点/℃	77.2	临界压力/MPa	3.83
相对蒸气密度（空气＝1）	3.04	辛醇/水分配系数的对数值	0.73
饱和蒸气压/kPa	13.33（27℃）	闪点/℃	－4（闭杯），7.2（开杯）
分子式	$C_4H_8O_2$	爆炸上限/%（体积分数）	11.5
引燃温度/℃	426	爆炸下限/%（体积分数）	2.0
溶解性	微溶于水，溶于醇、酮、醚、氯仿等多数有机溶剂	cas 号	114－78－6

2. 化学性质

乙酸乙酯又称醋酸乙酯。纯净的乙酸乙酯是无色透明具有刺激性气味的液体，是一种用途广泛的精细化工产品，具有优异的溶解性、快干性，用途广泛，是一种非常重要的有机化工原料和极好的工业溶剂，被广泛用于醋酸纤维、乙基纤维、氯化橡胶、乙烯树脂、乙酸纤维树脂、合成橡胶、涂料及油漆等的生产过程中。

3. 作用用途

作为工业溶剂，用于涂料、黏合剂、乙基纤维素、人造革、油毡着色剂、人造纤维等产品中。

作为黏合剂，用于印刷油墨、人造珍珠的生产。

作为提取剂，用于医药、有机酸等产品的生产。

作为香料原料，用于菠萝、香蕉、草莓等水果香精和威士忌、奶油等香料的主要原料，香料制造、可以做白酒勾兑用香料、人造香精。

萃取剂，从水溶液中提取许多化合物（磷、钨、砷、钴）。

有机溶剂。分离糖类时作为校正温度计的标准物质。

检定铋、金、铁、汞、氧化剂和铂，测定铋、硼、金、铁、钼、铂、钾和铊。

生化研究，蛋白质顺序分析。

环保、农药残留量分析。

是硝酸纤维素、乙基纤维素、乙酸纤维素和氯丁橡胶的快干溶剂，也是工业上使用的低毒性溶剂。

还可用作纺织工业的清洗剂和天然香料的萃取剂，也是制药工业和有机合成的重要原料。

4. 毒性

毒性：属低毒类。

急性毒性：LD_{50} 5620mg/kg（大鼠经口）；4940mg/kg（兔经口）；LC_{50} 5760mg/m^3，8h（大鼠吸入）；人吸入 2000mg/kg × 60min，严重毒性反应；人吸入 800mg/kg，有病症；人吸入 400mg/kg 短时间，眼、鼻、喉有刺激。

亚急性和慢性毒性：豚鼠吸入 2000mg/kg，或 7.2g/m^3 的量，65 次接触，无明显影响；兔吸入 16000mg/m^3 × 1h/d × 40d，贫血，白细胞增加，脏器水肿和脂肪变性。

5. 注意事项

(1) 危险特性　易燃，其蒸气与空气可形成爆炸性混合物。遇明火、高热能引起燃烧爆炸。与氧化剂接触会猛烈反应。在火场中，受热的容器有爆炸危险。其蒸气比空气重，能在较低处扩散到相当远的地方，遇明火会引着回燃。

(2) 贮存运输　本品属于一级易燃品，应贮于低温通风处，远离火种火源。

采取措施，预防静电发生。装卸时，应轻装轻卸，防止包装及容器破损，防止静电积聚。

产品应贮存于阴凉、通风的库房，仓温不宜超过 30℃，防止阳光直接照射，保持容器的密闭。应与氧化剂、酸碱类等分开存放，储区应备有泄露应急设备和合适的收容材料。

工作场所应保持通风透气，操作人员应佩戴好防护用品。

（3）紧急处理

吸入：迅速撤离现场至新鲜空气处。保持呼吸道通畅。如呼吸困难，给输氧。如呼吸停止，立即进行人工呼吸。就医。

误食：饮足量温水，催吐，就医。

皮肤接触：脱去被污染衣着，用肥皂水和清水彻底冲洗皮肤。

眼睛接触：提起眼睑，用流动清水或生理盐水冲洗。就医。

灭火剂：抗溶性泡沫、二氧化碳、干粉、砂土。用水灭火无效。

灭火注意事项：可用水保持火场中容器冷却。

四、甲醇

甲醇为结构最简单的饱和一元醇。因在干馏木材中首次发现，故又称“木醇”或“木精”。它是无色有酒精气味易挥发的液体。用于制造甲醛和农药等，并用作有机物的萃取剂和酒精的变性剂等。通常由一氧化碳与氢气反应制得。

1. 物理性质

甲醇的物理性质见表 2 -4。

表 2 -4　　甲醇的物理性质

指标名称	参数	指标名称	参数
外观与性状	无色透明液体，有刺激性气体	相对分子质量	32.04
熔点/℃	-97.8	燃烧热/（kJ/mol）	726.51
相对密度（水 =1）	0.79	临界温度/℃	240
沸点/℃	64.7	临界压力/MPa	7.95
相对蒸气密度（空气 =1）	1.1	辛醇/水分配系数的对数值	-0.82 ~ -0.77
饱和蒸气压/kPa	12.3（20℃）	闪点/℃	8
分子式	CH_3OH	爆炸上限/%（体积分数）	36.5
溶解性	与水混溶	爆炸下限/%（体积分数）	6
		cas 号	67 -56 -1

2. 化学性质

甲醇由甲基和羟基组成，具有醇所具有的化学性质。

甲醇可以在纯氧中剧烈燃烧，生成水蒸气和二氧化碳。另外，甲醇和氟气也会产生猛烈的反应。而且，甲醇还可以发生氨化反应（370 ~420℃）。

与水、乙醇、乙醚、苯、酮、卤代烃和许多其他有机溶剂相混溶，遇热、明火或氧化剂易燃烧。

具有饱和一元醇的通性，由于只有一个碳原子，因此有其特有的反应。例如：①与氯化钙形成结晶状物质 $CaCl_2 \cdot 4CH_3OH$，与氧化钡形成 $BaO \cdot 2CH_3OH$ 的分子化合物并溶解于甲醇中；类似的化合物有 $MgCl_2 \cdot 6CH_3OH$、$CuSO_4 \cdot 2CH_3O$、$CH_3OK \cdot CH_3OH$、$AlCl_3 \cdot 4CH_3OH$、$AlCl_3 \cdot 6CH_3OH$、$AlCl_3 \cdot 10CH_3OH$ 等；②与其他醇不同，由于—CH_2OH 基与氢结合，氧化时生成的甲酸进一步氧化为 CO_2；③甲醇与氯、溴不易发生反应，但易与其水溶液作用，最初生成二氯甲醚 $(CH_3Cl)_2O$，因水的作用转变成 HCHO 与 HCl；④与碱、石灰一起加热，产生氢气并生成甲酸钠；$CH_3OH + NaOH \longrightarrow HCOONa + 2H_2$；⑤与锌粉一起蒸馏，发生分解，生成 CO 和 H_2O。

3. 作用用途

（1）重要的有机原料之一，主要用于制造甲醛、醋酸、氯甲烷、甲胺和硫酸二甲酯等多种有机产品，也是农药（杀虫剂、杀螨剂）、医药（磺胺类、合霉素等）的原料，合成对苯二甲酸二甲酯、甲基丙烯酸甲酯和丙烯酸甲酯的原料之一。还是重要的溶剂，亦可掺入汽油作替代燃料使用。20 世纪 80 年代以来，甲醇用于生产汽油辛烷值添加剂甲基叔丁基醚、甲醇汽油、甲醇燃料，以及甲醇蛋白等产品，促进了甲醇生产的发展和市场需要。

（2）用作涂料、清漆、虫胶、油墨、胶黏剂、染料、生物碱、醋酸纤维素、硝酸纤维素、乙基纤维素、聚乙烯醇缩丁醛等的溶剂。也是制造农药、医药、塑料、合成纤维及有机化工产品如甲醛、甲胺、氯甲烷、硫酸二甲酯等的原料。其他用作汽车防冻液、金属表面清洗剂和酒精变性剂等。

（3）甲醇用作清洗去油剂，MOS 级主要用于分立器件，中、大规模集成电路，BV－Ⅲ级主要用于超大规模集成电路工艺技术。

（4）用作分析试剂，如作溶剂、甲基化试剂、色谱分析试剂，还用于有机合成。

（5）用于电子工业，常用作清洗去油剂。

（6）主要用于制甲醛、香精、染料、医药、火药、防冻剂、溶剂等。

4. 毒性

毒性：属低毒毒性。

急性毒性：LD_{50} 5628mg/kg（大鼠经口）；15800mg/kg（兔经皮）；LC_{50} 82776mg/kg，4h（大鼠吸入）；人经口 5 ~ 10mL，潜伏期 8 ~ 36h，致昏迷；人经口 15mL，48h 内产生视网膜炎，失明；人经口 30 ~ 100mL 中枢神经系统严重损害，呼吸衰弱，死亡。

亚急性和慢性毒性：大鼠吸入 $50mg/m^3$，12h/d，3 个月，在 8 ~ 10 周内可见到气管、支气管黏膜损害，大脑皮质细胞营养障碍等。

致突变性：微生物致突变：啤酒酵母菌 12pph。DNA 抑制：人类淋巴细胞 300mmol/L。

生殖毒性：大鼠经口最低中毒浓度（TDL_0）：7500mg/kg（孕 7 ~ 19d），对新生鼠行为有影响。大鼠吸入最低中毒浓度（TCL_0）：20000mg/kg（7h），（孕 1 ~ 22d），引起肌肉骨骼、心血管系统和泌尿系统发育异常。

5. 注意事项

（1）危险性类别

侵入途径：吸入、食入、经皮吸收。

健康危害：对中枢神经系统有麻醉作用；对视神经和视网膜有特殊选择作用，引起病变；可致代谢性酸中毒。

急性中毒：短时大量吸入出现轻度眼上呼吸道刺激症状（口服有胃肠道刺激症状）；经一段时间潜伏期后出现头痛、头晕、乏力、眩晕、酒醉感、意识朦胧、谵妄，甚至昏迷。视神经及视网膜病变，可有视物模糊、复视等，重者失明。代谢性酸中毒时出现二氧化碳结合力下降、呼吸加速等。

慢性影响：神经衰弱综合征，植物神经功能失调，黏膜刺激，视力减退等。皮肤出现脱脂、皮炎等。

燃爆危险：本品易燃，具刺激性。

（2）急救措施

皮肤接触：脱去污染的衣着，用肥皂水和清水彻底冲洗皮肤。

眼睛接触：提起眼睑，用流动清水或生理盐水冲洗。就医。

吸入：迅速撤离现场至空气新鲜处。保持呼吸道通畅。如呼吸困难，给输氧。如呼吸停止，立即进行人工呼吸。就医。

食入：饮足量温水，催吐。用清水或 1% 硫代硫酸钠溶液洗胃。就医。

（3）消防措施

危险特性：易燃，其蒸气与空气可形成爆炸性混合物，遇明火、高热能引起燃烧爆炸。与氧化剂接触发生化学反应或引起燃烧。在火场中，受热的容器有爆炸危险。其蒸气比空气重，能在较低处扩散到相当远的地方，遇火源会着火回燃。

有害燃烧产物：一氧化碳、二氧化碳。

灭火方法：尽可能将容器从火场移至空旷处。喷水保持火场容器冷却，直至灭火结束。处在火场中的容器若已变色或从安全泄压装置中产生声音，必须马上撤离。

灭火剂：抗溶性泡沫、干粉、二氧化碳、砂土。

五、甲苯

无色澄清液体，有类似苯的气味，有强折光性。能与乙醇、乙醚、丙酮、氯仿、二硫化碳和冰乙酸混溶，极微溶于水。高浓度气体有麻醉性，有刺激性。

1. 物理性质

甲苯的物理性质见表 2 – 5。

表 2 – 5　　甲苯的物理性质

指标名称	参数	指标名称	参数
外观与性状	无色透明液体，有类似苯的芳香气味	相对分子质量	92.14
熔点/℃	−94.9	燃烧热/（kJ/mol）	3905.0
相对密度（水 = 1）	0.87	临界温度/℃	318.6
沸点/℃	110.6	临界压力/MPa	4.11
相对蒸气密度（空气 = 1）	3.14	辛醇/水分配系数的对数值	2.69
饱和蒸气压/kPa	4.89（30℃）	闪点/℃	4
分子式	C_7H_8	爆炸上限/%（体积分数）	7.0
引燃温度/℃	535	爆炸下限/%（体积分数）	1.2
溶解性	不溶于水，可混溶于苯、醇等多数有机溶剂	cas 号	108 – 88 – 3

2. 化学性质

化学性质活泼，与苯相像。可进行氧化、磺化、硝化和歧化反应，以及侧链氯化反应。甲苯能被氧化成苯甲酸。

3. 作用用途

甲苯大量用作溶剂和高辛烷值汽油添加剂，也是有机化工的重要原料，但与同时从煤和石油得到的苯和二甲苯相比，目前的产量相对过剩，因此相当数量的甲苯用于脱烷基制苯或歧化制二甲苯。甲苯衍生的一系列中间体，广泛用于染料、医药、农药、火炸药、助剂、香料等精细化学品的生产，也用于合成材料工业。甲苯进行侧链氯化得到的一氯苄、二氯苄和三氯苄，包括它们的衍生物苯甲醇、苯甲醛和苯甲酰氯（一般也从苯甲酸光气化得到），在医药、农药、染料，特别是香料合成中应用广泛。甲苯的环氯化产物是农药、医药、染料的中间体。甲苯氧化得到苯甲酸，是重要的食品防腐剂（主要使用其钠盐），也用作有机合成的中间体。甲苯及苯衍生物经磺化制得的中间体，包括对甲苯磺酸及其钠盐、CLT 酸、甲苯 -2，4 - 二磺酸、苯甲醛 -2，4 - 二磺酸、甲苯磺酰氯等，用于洗涤剂添加剂、化肥防结块添加剂、有机颜料、医药、染料的生产。甲苯硝化制得大量的中间体，可衍生得到很多最终产品，其中在聚氨酯制品、染料和有机颜料、橡胶助剂、医药和炸药等方面最为重要。

4. 毒性

毒性：属低毒类。

急性毒性：LD_{50} 5000mg/kg（大鼠经口）；LC_{50} 12124mg/kg（兔经皮）；人吸入 71.4g/m^3，短时致死；人吸入 3g/m^3 ×1 ~8h，急性中毒；人吸入0.2 ~0.3g/m^3 ×8h，中毒症状出现。

5. 注意事项

（1）危险性概述

健康危害：对皮肤、黏膜有刺激性，对中枢神经系统有麻醉作用。

急性中毒：短时间内吸入较高浓度该品，可出现眼及上呼吸道明显的刺激症状、眼结膜及咽部充血、头晕、头痛、恶心、呕吐、胸闷、四肢无力、步态蹒跚、意识模糊，重症者可有躁动、抽搐、昏迷。

慢性中毒：长期接触可发生神经衰弱综合征、肝肿大、女工月经异常等。皮肤干燥、皲裂、皮炎。

环境危害：对环境有严重危害，对空气、水环境及水源可造成污染。

燃爆危险：该品易燃，具刺激性。

（2）急救措施

皮肤接触：脱去污染的衣着，用肥皂水和清水彻底冲洗皮肤。

眼睛接触：提起眼睑，用流动清水或生理盐水冲洗。就医。

吸入：迅速撤离现场至空气新鲜处。保持呼吸道通畅。如呼吸困难，给输氧。如呼吸停止，立即进行人工呼吸。就医。

食入：饮足量温水，催吐。就医。

（3）消防措施

危险特性：易燃，其蒸气与空气可形成爆炸性混合物，遇明火、高热能引起燃烧爆炸。与氧化剂能发生强烈反应。流速过快，容易产生和积聚静电。其蒸气比空气重，能在较低处扩散到相当远的地方，遇火源会着火回燃。

有害燃烧产物：一氧化碳、二氧化碳。

灭火方法：喷水冷却容器，可能的话将容器从火场移至空旷处。处在火场中的容器若已变色或从安全泄压装置中产生声音，必须马上撤离。

灭火剂：泡沫、干粉、二氧化碳、砂土。用水灭火无效。

六、正己烷

正己烷，是低毒、有微弱的特殊气味的无色液体。主要用于丙烯等烯烃聚合时的溶剂、食用植物油的提取剂、橡胶和涂料的溶剂以及颜料的稀释剂，具有一定的毒性，会通过呼吸道、皮肤等途径进入人体，长期接触可导致人体出现头痛、头晕、乏力、四肢麻木等慢性中毒症状，严重的可导致晕倒、神志丧失、癌症，甚至死亡。

1. 物理性质

正己烷的物理性质见表 2-6。

表 2-6　　正己烷的物理性质

指标名称	参数	指标名称	参数
外观与性状	有微弱的特殊气味的无色挥发性液体	相对分子质量	86.18
		闪点/℃	-23
熔点/℃	-95.3	爆炸上限/%（体积分数）	7.4
相对密度（水=1）	0.692		
沸点/℃	68	爆炸下限/%（体积分数）	1.2
分子式	C_6H_{14}		
溶解性	不溶于水，可混溶于乙醚、氯仿等多数有机溶剂	cas 号	110-54-3

2. 化学性质

正己烷别名己烷，属于直链饱和脂肪烃类，是石油中天然存在的一种碳氢化合物，也是石油醚和石脑油的主要成分之一。常温下为无色透明液体，略带石油气味。易挥发，蒸气重于空气。与空气形成爆炸混合物，爆炸极限 1.2% ~7.4%（体积分数）。

3. 作用用途

常用于电子信息产业生产过程中的擦拭清洗作业，还有食品制造业的粗油浸出 、塑料制造业的丙烯溶剂回收、化学实验中的萃取剂（如：光气实验），以及日用化学品生产时的花香溶剂萃取等。若使用不当，极易造成职业中毒。

4. 毒性

毒性：属低毒类，具有高挥发性，高脂溶性，并有蓄积作用。毒性作用为对中枢神经系统的轻度抑制作用，对皮肤黏膜有刺激作用，可刺激皮肤，引起潮红水肿。

急性毒性：LD_{50}：28710mg/kg（大鼠经口）；人吸入 12.5g/m^3，轻度中毒、头痛、恶心、眼和呼吸刺激症状。

亚急性和慢性毒性：大鼠吸入 2.76g/（m^3·d），143d，夜间活动减少，网状内皮系统轻度异常反应，末梢神经有髓鞘退行性变，轴突轻度变化腓肠肌肌纤维轻度萎缩。

5. 注意事项

（1）危险性概述

侵入途径：吸入、食入、经皮吸收。

健康危害：本品有麻醉和刺激作用。长期接触可致周围神经炎。

急性中毒：吸入高浓度本品出现头痛、头晕、恶心、共济失调等，重者引起神志丧失，甚至死亡。对眼和上呼吸道有刺激性。

慢性中毒：长期接触出现头痛、头晕、乏力、胃纳减退；而后四肢远端逐渐发展成感觉异常，麻木，触、痛、震动和位置等感觉减退，尤以下肢为甚，上肢较少受累。进一步发展为下肢无力，肌肉疼痛，肌肉萎缩及运动障碍。神经－肌电图检查示感觉神经及运动神经传导速度减慢。

燃爆危险：本品极度易燃，具刺激性。

（2）急救措施

皮肤接触：脱去污染的衣着，用肥皂水和清水彻底冲洗皮肤。

眼睛接触：提起眼睑，用流动清水或生理盐水冲洗。就医。

吸入：迅速撤离现场至空气新鲜处。保持呼吸道通畅。如呼吸困难，给输氧。如呼吸停止，立即进行人工呼吸。就医。

食入：饮足量温水，催吐。就医。

（3）消防措施

危险特性：极易燃，其蒸气与空气可形成爆炸性混合物，遇明火、高热极易燃烧爆炸。与氧化剂接触发生强烈反应，甚至引起燃烧。在火场中，受热的容器有爆炸危险。其蒸气比空气重，能在较低处扩散到相当远的地方，遇火源会着火回燃。

有害燃烧产物：一氧化碳、二氧化碳。

灭火方法：喷水冷却容器，可能的话将容器从火场移至空旷处。处在火场中的容器若已变色或从安全泄压装置中产生声音，必须马上撤离。

灭火剂：泡沫、二氧化碳、干粉、砂土。用水灭火无效。

七、环己烷

环己烷别名六氢化苯，为无色有刺激性气味的液体。不溶于水，溶于多数有机溶剂。极易燃烧。一般用作一般溶剂、色谱分析标准物质及用于有机合成，可在树脂、涂料、脂肪、石蜡油类中应用，还可制备环己醇和环己酮等有机物。

1. 物理性质

环己烷的物理性质见表 2－7。

表 2－7 环己烷的物理性质

指标名称	参数	指标名称	参数
外观与性状	无色液体，有刺激性气味	相对分子质量	84.16
相对密度（水＝1）	0.78	临界温度/℃	318.6
沸点/℃	80.7	临界压力/MPa	4.05
相对蒸气密度（空气＝1）	2.9	辛醇/水分配系数的对数值	7
饱和蒸气压/kPa	13.098（25℃）	闪点/℃	－16.5
分子式	C_6H_{12}	cas 号	110－82－7
溶解性	不溶于水，可混溶于苯、丙酮等多数有机溶剂		

2. 化学性质

易挥发和极易燃烧，蒸气与空气形成爆炸性混合物，爆炸极限 1.3% ~ 8.3%（体积分数）。遇明火、高热极易燃烧爆炸。与氧化剂接触发生强烈反应，甚至引起燃烧。在火场中，受热的容器有爆炸危险。其蒸气比空气重，能在较低处扩散到相当远的地方，遇火源会着火回燃。

对酸、碱比较稳定，与中等浓度的硝酸或混酸在低温下不发生反应，与稀硝酸在 100℃以上的封管中发生硝化反应，生成硝基环己烷。在铂或钯催化下，350℃以上发生脱氢反应生成苯。与氧化铝、硫化钼、钴、镍、铝一起于高温下发生异构化，生成甲基戊烷。与三氯化铝在温和条件下则异构化为甲基环戊烷。

环己烷也可以发生氧化反应，在不同的条件下所得的主要产物不同。例如在 185 ~200℃，1 ~4MPa 下，用空气氧化时，得到 90% 的环己醇。若用脂肪酸的钴盐或锰盐作催化剂在 120 ~ 140℃、1.8 ~ 2.4MPa 下，用空气氧化，则得到环己醇和环己酮的混合物。高温下用空气、浓硝酸或二氧化氮直接氧化环己烷得到己二酸。在钯、钼、铬、锰的氧化物存在下，进行气相氧化则得到顺丁烯二酸。在日光或紫外光照射下与卤素作用生成卤化物。与氯化亚硝酰反应生成环己肟。用三氯化铝作催化剂将环己烷与乙烯反应生成乙基环己烷、二甲基涣、二乙基环己烷和四甲基环己烷等。

3. 作用用途

该品用作橡胶、涂料、清漆的溶剂、胶黏剂的稀释剂、油脂萃取剂。因本品的毒性小，故常代替苯用于脱油脂、脱润滑脂和脱漆。本品主要用于制造尼龙的单体己二酸、己二胺和己内酰胺，也用作制造环己醇、环己酮的原料；用作分析试剂，如作溶剂、色谱分析标准物质；还用于有机合成，络合滴定铜、铁、硅、铝、钙、镁等。用作光刻胶溶剂；用于精油的萃取；环己烷为清洗去油剂，MOS 级主要用于分立器件，中、大规模集成电路，BV－Ⅲ级主要用于超大规模集成电路。

4. 毒性

毒性：属低毒类。有刺激和麻醉作用。

急性毒性：LD_{50}：12705mg/kg（大鼠经口）。

刺激性：家兔经皮 1548mg（2d），间歇，皮肤刺激。

5. 注意事项

（1）危险性概述

健康危害：对眼和上呼吸道有轻度刺激作用。持续吸入可引起头晕、恶心、倦睡和其他一些麻醉症状。液体污染皮肤可引起痒感。

燃爆危险：该品极度易燃。

（2）急救措施

皮肤接触：脱去污染的衣着，用肥皂水和清水彻底冲洗皮肤。

眼睛接触：提起眼睑，用流动清水或生理盐水冲洗。就医。

吸入：迅速撤离现场至空气新鲜处。保持呼吸道通畅。如呼吸困难，给输氧。如呼吸停止，立即进行人工呼吸。就医。

食入：饮足量温水，催吐。就医。

（3）消防措施

有害燃烧产物：一氧化碳、二氧化碳。

灭火方法：喷水冷却容器，可能的话将容器从火场移至空旷处。处在火场中的容器若已变色或从安全泄压装置中产生声音，必须马上撤离。

灭火剂：泡沫、二氧化碳、干粉、砂土。用水灭火无效。

八、二氯甲烷

二氯甲烷是甲烷分子中两个氢原子被氯取代而生成的化合物，分子式 CH_2Cl_2，是无色、透明、比水重、易挥发的液体，有类似醚的气味和甜味，不燃烧，但与高浓度氧混合后形成爆炸的混合物。二氯甲烷微溶于水，与绝大多数常用的有机溶剂互溶，与其他含氯溶剂、乙醚、乙醇和 *N*，*N*－二甲基甲酰胺也可以任意比例混溶。

1. 物理性质

二氯甲烷的物理性质见表 2－8。

表 2－8　二氯甲烷的物理性质

指标名称	参数	指标名称	参数
外观与性状	无色澄清液体，有刺激性气味	分子式	CH_2Cl_2
		相对分子质量	84.94
相对密度（水＝1）	1.33	临界温度/℃	237
沸点/℃	39.8	临界压力/MPa	6.081.25
相对蒸气密度	2.93	辛醇/水分配系数的	
（空气＝1）	30.55（10℃）	对数值	75－09－2
饱和蒸气压/kPa	微溶于水，溶于乙醚、	cas 号	
溶解性	乙醇		

2. 化学性质

纯二氯甲烷无闪点，含等体积的二氯甲烷和汽油、溶剂石脑油或甲苯的溶剂混合物是不易燃的，然而当二氯甲烷与丙酮或甲醇液体以 10∶1 比例混合时，其混合物具有闪点，蒸气与空气形成爆炸性混合物，爆炸极限 6.2%～15.0%（体积分数）。二氯甲烷是甲烷氯化物中毒性最小的，其毒性仅为四氯化碳毒性的 0.11%。如果二氯甲烷直接溅入眼中，有疼痛感并有腐蚀作用。二氯甲烷的蒸气有麻醉作用。当发生严重的中毒危险时应立即脱离接触并移至新鲜空气处，一些中毒症状就会得到缓解或消失，不会引起持久性的损害。

3. 作用用途

溶剂是二氯甲烷的最主要用途。二氯甲烷具有溶解能力强、低沸点以及相对而言最低的毒性和相对而言最好的反应惰性，使其成为有机合成中使用频率位居第一的有机溶剂。作为溶剂，其地位几乎跟无机盐化学中水相当，大量用于制造安全电影胶片、聚碳酸酯，其余用作涂料溶剂、金属脱脂剂、气烟雾喷射剂、聚氨酯发泡剂、脱模剂、脱漆剂。

在制药工业中作反应介质，用于制备氨苄青霉素、羟苄青霉素和先锋霉素等；还用作胶片生产中的溶剂、石油脱蜡溶剂、气溶胶推进剂、有机合成萃取剂、聚氨酯等泡沫塑料生产用发泡剂和金属清洗剂等。

4. 毒性

毒性：经口属中等毒性。

急性毒性：LD_{50}：1600～2000mg/kg（大鼠经口）；LC_{50}：56.2g/m^3，8h（小鼠吸入）；小鼠吸入 67.4g/m^3×67min，致死；人经口 20～50mL，轻度中毒；人经口 100～150mL，致死；人吸入 2.9～4.0g/m^3，20min 后眩晕。

亚急性和慢性毒性：大鼠吸入 4.69g/m^3，8h/d，75d，无病理改变。暴露时间增加，有轻度肝萎缩、脂肪变性和细胞浸润。

致突变性：微生物致突变：鼠伤寒沙门氏菌 5700mg/kg。DNA 抑制：人成纤维细胞 5000mg/（kg·h）（连续）。

生殖毒性：大鼠吸入最低中毒浓度（TCL_0）1250mg/kg（7h，孕 6 ~ 15d），引起肌肉骨骼发育异常，泌尿生殖系统发育异常。

致癌性：IARC 致癌性评论：动物阳性，人类不明确。关于是否应把二氯甲烷视为动物和人的致癌物，动物实验数据和人类流行病学数据尚不充分。然而，鉴于时下在对大鼠和小鼠的吸入研究中的发现，且这些数据在任务组会议之后已可加以应用，故应将二氯甲烷视为一种对人类潜在的致癌物。

5. 注意事项

（1）危险性概述

健康危害：本品有麻醉作用，主要损害中枢神经和呼吸系统。人类接触的主要途径是吸入。已经测得，在室内的生产环境中，当使用二氯甲烷作除漆剂时，有高浓度的二氯甲烷存在。一般人群通过周围空气、饮用水和食品的接触，剂量要低得多。

燃爆危险：该品易燃。

（2）急救措施

皮肤接触：脱去污染的衣着，用肥皂水和清水彻底冲洗皮肤。

眼睛接触：提起眼睑，用流动清水或生理盐水冲洗。就医。

吸入：迅速撤离现场至空气新鲜处。保持呼吸道通畅。如呼吸困难，给输氧。如呼吸停止，立即进行人工呼吸。就医。

食入：饮足量温水，催吐。就医。

（3）消防措施

有害燃烧产物：一氧化碳、二氧化碳、氯化氢、光气。

灭火方法：雾状水、泡沫、二氧化碳、砂土。

灭火注意事项及措施：消防人员需佩戴防毒面具、穿全身消防服，在上风向灭火。尽可能将容器从火场转移至空旷处。喷水保持火场容器冷却，直至灭火结束。处在火场中的容器若已变色或从安全泄压装置中产生声音，必须马上撤离。

第二节

萃取技术

萃取是利用溶质在互不相溶（或微溶）的两相之间溶解度（或分配系数）

的不同而使溶质得到纯化或浓缩的方法。常用的萃取技术有：溶剂萃取（固液萃取和液液萃取）、超声萃取、超临界流体萃取、微波辅助萃取等。

现今萃取通用于石油炼制工业，并广泛应用于化学、冶金、食品和原子能等工业。如，萃取已应用于石油馏分的分离和精制，铀、钍、钚的提取和纯化，有色金属、稀有金属、贵重金属的提取和分离，抗菌素、有机酸、生物碱的提取，以及废水处理等。

一、振荡法

振荡法是最常用的提取方法，将装有样品和萃取溶剂的具塞容器放在振荡器上，进行往返振荡或旋转振荡，使容器中的萃取溶剂与样品充分地混合，以深入到样品组织的内部提取分析目标物。这种提取方法相对简单，一般对植物样品、食品，尤其是含水量较高的新鲜样品，如水果、蔬菜等使用时较为简单方便。振荡法中，一般采用极性溶剂居多。由于样品中含水量一般都比较高，如果使用单一的非极性溶剂提取，疏水性强，提取效率可能会降低。

1. 普通振荡

普通振荡是指采用普通振荡器进行操作，转速较低，在 100 ~ 200r/min，提取效率较低。

2. 涡旋振荡

随着涡旋振荡器的出现，涡旋振荡得到了广泛的应用，其最高转速可以达到 2500r/min，提取强度和效率得到大大提高。

二、液液萃取法

1. 基本概念

萃取分离历来是世界各国化学家研究的重要问题，至今仍备受关注。按广义的理解，萃取过程包括了从液相到液相、固相到液相、气相到液相、固相到气相，以及液相到气相等多个传质过程。但是在科学研究和生产实践中人们所讲的“萃取”一词通常是指液液萃取过程。

液液萃取法是溶剂萃取最普通的形式，也是常用的净化方法。利用液体混合物中各组分在外加溶剂中溶解度的差异而分离该混合物的操作，称为液液萃取法。

（1）萃取过程的本质　根据物质对水的亲疏性不同，通过适当的处理将物质从水相中萃取到有机相，最终达到分离。

亲水性物质：易溶于水而难溶于有机溶剂的物质。如：无机盐类，含有一些亲水基团的有机化合物，常见的亲水基团有—OH、—SO_3H、—NH_2、═NH 等。

疏水性或亲油性物质：难溶于水而易溶于有机溶剂的物质。如：有机化合物，常见的疏水基团有烷基如—CH_3、—C_2H_3，卤代烷基、苯基、萘基等物质含疏水基团越多，相对分子质量越大，其疏水性越强。

（2）分配系数和分配比

①分配系数：用有机溶剂从水相中萃取溶质 A 时，如果溶质 A 在两相中存在的型体相同，平衡时溶质在有机相的活度与水相的活度之比称为分配系数，用 K_D 表示。萃取体系和温度恒定，K_D 为一常数。在稀溶液中可以用浓度代替活度。

②分配比：溶质在有机相中的各种存在形式的总浓度 c_o和在水相中的各种存在形式的总浓度 c_w之比。

③分配系数与分配比：分配系数与萃取体系和温度有关，而分配比除与萃取体系和温度有关外，还与酸度、溶质的浓度等因素有关。

④萃取百分率：物质被萃取到有机相中的比率，一般用 E 表示。在实际工作中，常用来表示萃取的完成程度。

2. 重要的萃取体系和萃取条件的选择

根据所形成的被萃取物质的不同，可把萃取体系分成以下几类：螯合物萃取体系、离子缔合物萃取体系、溶剂化合物萃取体系、简单分子萃取体系等。

（1）螯合物萃取体系　乙酰基丙酮、丁酮二肟等是常用的形成螯合物的萃取剂，一般是有机弱酸。在这类萃取体系中，被萃取的金属离子与萃取剂形成具有四元环、五元环或六元环的稳定的螯合物。这时亲水性基团与金属离子螯合后位于螯合物的内部，其外围则是疏水性的基团，因而螯合物难溶于水，而易溶于有机溶剂中。该萃取体系主要适用于微量和痕量物质的分离，不适用于常量物质的分离，常用于痕量组分的萃取光度法测量。

常用的螯合物萃取体系有：丁二酮肟、双硫腙、8 - 羟基喹啉、乙酰基丙酮、铜试剂等。

萃取条件的选择一般包括：

①螯合剂的选择：螯合剂与金属离子生成的螯合物越稳定，越易溶于有机溶剂中，被萃取分数越高；螯合剂含疏水基团越多，亲水基团越少，萃取效率就越高。

②溶液的酸度：溶液的酸度越低，越有利于萃取。当溶液的酸度太低时，金属离子可能发生水解，或引起其他干扰反应，对萃取反而不利。因此，必须正确控制萃取时溶液的酸度。

③萃取溶剂的选择原则：金属螯合物在溶剂中应有较大的溶解度，通常根据螯合物的结构，选择结构相似的溶剂；萃取溶剂的密度与水溶液的密度差别要大，黏度要小；萃取溶剂最好无毒、无特殊气味、挥发性小。

④干扰离子的消除：控制适当的酸度，有时可选择性地萃取一种离子，或连续萃取几种离子；使用掩蔽剂，当控制酸度不能消除干扰时，可采用掩蔽方法。

（2）离子缔合物萃取体系　离子缔合物是指阳离子和阴离子通过静电吸引力结合形成的不带电的化合物。离子缔合物萃取体系的特点：适用于可以形成疏水性的离子缔合物的常量或微量金属离子，而离子的体积越大，电荷越少，越容易形成疏水性的离子缔合物，萃取容量大，选择性差。

形成离子缔合物又可分为两种情况：

①被萃取的阴离子或阳离子，与大体积的有机阳离子或阴离子缔合成中性分子，在这种中性分子中含有大的疏水性的有机基团，因而能被有机溶剂萃取。例如 Cu^{2+} 与2，9－二甲基－1，10－邻二氮菲的螯合物带正电荷，能与氯离子生成可被氯仿萃取的离子缔合物。

②有机溶剂分子参加到缔合分子中去，形成易溶于有机溶剂的中性分子。例如形成佯盐萃取法：能发生这类萃取的萃取剂是含氧的有机溶剂，如醚类、醇类、酮类和酯类等，常用的有乙醚、环己醇、甲基异丁基甲酮、乙酸乙酯等。

（3）溶剂化合物萃取体系　溶剂化合物萃取体系是指某些溶剂分子通过其配位原子与无机化合物相结合（取代分子中的水分子），形成溶剂化合物，而使无机化合物溶于该有机溶剂中的一种萃取体系。

溶剂化合物萃取体系的特点：被萃取物是中性分子；萃取剂本身是中性分子；萃取剂与被萃取物相结合，生成疏水性的中性配合物；萃取体系萃取容量大，适用于常量组分萃取。

（4）简单分子萃取体系　简单分子萃取体系是指单质、难电离的共价化合物及有机化合物在水相和有机相中以中性分子的形式存在，使用惰性溶剂可以将其萃取。

简单分子萃取体系特点：萃取过程为物理分配过程，没有化学反应，无需加其他的萃取剂；无机物采用此法萃取的不多，该萃取体系特别适合于有机物的萃取；根据被萃取物的性质要严格控制萃取的酸度。

常用于简单萃取的物质：单质、难电离的化合物、有机化合物等。

（5）萃取剂选择　对于萃取剂一般有如下要求：

①对被萃取组分具有良好的萃取能力和萃取选择性。萃取能力强，可有效地提取被萃取组分。萃取选择性好，被萃取组分与其他欲分离组分具有良好的分离效果。

②萃取剂对后面的分析测定没有影响，否则需要反萃取除去。

③具有较快的传质速率，以有助于减小萃取设备体积，提高生产效率。

④具有良好的理化特性，具有适宜的密度、黏度、界面张力等，以保证两相能有效地混合、流动和分相。

⑤不乳化或低的乳化趋势，保证顺利进行萃取过程。

⑥毒性小，容易制备。

3. 萃取分离技术

（1）萃取方式　在实验室中进行萃取分离主要有以下三种方式：

①单级萃取：又称间歇萃取法，通常用 60 ~ 125mL 的梨形分液漏斗进行萃取，萃取一般在几分钟内可达到平衡，分析多采用这种方式。

②多级萃取：又称错流萃取，将水相固定，多次用新鲜的有机相进行萃取，提高分离效果。

③连续萃取：使溶剂得到循环使用，用于待分离组分的分配比不高的情况。这种萃取方式常用于植物中有效成分的提取及中药成分的提取研究。萃取时间一般从 30s 到数分钟不等。

（2）分层　萃取后应让溶液静置数分钟，待其分层，然后将两相分开。注意：在两相的交界处，有时会出现一层乳浊液。产生原因：因振荡过于激烈或反应中形成某种微溶化合物。消除方法：增大萃取剂用量、加入电解质、改变溶液酸度、振荡不过于激烈。

（3）洗涤　洗涤是将分配比较小的其他干扰组分从有机相中除去。其方法是将分出的有机相与洗涤液一起振荡。注意：此法使待测组分有一些损失，故适用于待测组分的分配比较大的条件下，且一般洗涤 1 ~ 2 次。

（4）反萃取　破坏被萃物的疏水性后，将被萃物从有机相再转入水相，然后再进行测定。

反萃取液：酸度一定（与原试液不同），或加入一些其他试剂的水溶液。

选择性反萃取：采用不同的反萃液，可以分别反萃有机相中不同待测组分，提高了萃取分离的选择性。

4. 液液萃取法的发展和应用

液液萃取的最早实际应用是 1883 年 Goering 用乙酸乙酯一类的溶剂由稀醋酸溶液萃取制取浓醋酸。20 世纪 30 年代初期，开始有人研究稀土元素的萃取分离问题；20 世纪 40 年代末期采用磷酸三丁酯作为核燃料的萃取剂以后，萃取技术得到了日益广泛的应用和发展。

萃取技术的后续发展主要是深化理论研究和萃取技术的扩展应用两方面。总之，目前萃取技术已广泛应用于无机和有机化工、石油化工、生物化工、环境污染治理以及化学分析等领域。

三、超声萃取法

超声波是一种频率大于 20kHz 的电磁波（在 $2\times10^4\sim2\times10^9$ Hz）。作为一种能源，可有助于化学反应的发生，也有助于萃取效率的提高。超声萃取是利用超声波具有的机械效应、空化效应和热效应，通过增大介质分子的运动速度、增大介质的穿透力以提取生物有效成分。

1. 提取原理

（1）机械效应　超声波在介质中的传播可以使介质质点在其传播空间内产生振动，从而强化介质的扩散、传播，这就是超声波的机械效应。超声波在传播过程中产生一种辐射压强，沿声波方向传播，对物料有很强的破坏作用，可使细胞组织变形，植物蛋白质变性；同时，它还可以给予介质和悬浮体以不同的加速度，且介质分子的运动速度远大于悬浮体分子的运动速度，从而在两者间产生摩擦，这种摩擦力可使生物分子解聚，使细胞壁上的有效成分更快地溶解于溶剂之中。

（2）空化效应　通常情况下，介质内部或多或少地溶解了一些微气泡，这些气泡在超声波的作用下产生振动，当声压达到一定值时，气泡由于定向扩散而增大，形成共振腔，然后突然闭合，这就是超声波的空化效应。这种气泡在闭合时会在其周围产生几百兆帕的压力，形成微激波，它可造成植物细胞壁及整个生物体破裂，而且整个破裂过程在瞬间完成，有利于有效成分的溶出。

（3）热效应　和其他物理波一样，超声波在介质中的传播过程也是一个能量的传播和扩散过程，即超声波在介质的传播过程中，其声能不断被介质的质点吸收，介质将所吸收的能量全部或大部分转变成热能，从而导致介质本身和样品内部温度的升高，增大了目标物有效成分的溶解速度。由于这种吸收声能引起的样品组织内部温度的升高是瞬间的，因此可以使被提取的成分的生物活性保持不变。

此外，超声波还可以产生许多次级效应，如乳化、扩散、击碎、化学效应等，这些作用也促进了样品组织中有效成分的溶解，促使目标物有效成分进入介质，并与介质充分混合，加快了提取过程的进行，提高了目标物的提取率。

2. 超声萃取的特点

超声萃取和常规萃取技术相比，具有如下突出特点：

（1）无需高温，适用于对热敏物质的提取；同时，由于其不需加热，因而也节省了能源。

（2）常压萃取，安全性好，操作简单易行，维护保养方便。

（3）萃取效率高，减少能耗。

（4）具有广谱性。适用性广，绝大多数的目标物提取均可超声萃取。

（5）超声波萃取对溶剂和目标萃取物的性质关系小。

（6）萃取工艺成本低，综合经济效益显著。

3. 超声萃取法应用

（1）可作生物和植物细胞破碎。

（2）可作生物和植物有效成分萃取。

（3）可作中草药有效成分的低温提取。

（4）可用于 DNA 提取和 DNA 剪切。

（5）可用于打破植物种子的休眠状态，以提高出芽率和早熟期。

（6）可用于两项不同质的溶液聚合。

四、微波辅助萃取法

微波是波长为 0.1～100cm 的一种电磁波，微波通常呈现出穿透、反射、吸收三个特性。作为电磁波，微波具有吸收性、穿透性、反射性，即它可被极性物（如水等）选择性吸收，从而被加热，而不被玻璃、陶瓷等非极性物吸收，具有穿透性。微波辅助提取又称微波萃取，是颇具发展潜力的一种新的萃取技术，是微波和传统的溶剂提取法相结合而成的一种提取方法。依据溶剂极性不同，它可以透过溶剂，使物料直接被加热，其热量传递和质量传递是一致的。

1. 微波辅助萃取法的基本原理

微波萃取的机理可从以下三个方面来分析：

（1）微波辐射过程是高频电磁波穿透萃取介质到达物料内部的过程。由于吸收了微波能，细胞内部的温度将迅速上升，从而使细胞内部的压力超过细胞壁膨胀所能承受的能力，结果细胞破裂，其内的有效成分自由流出，并在较低的温度下溶解于萃取介质中。通过进一步的过滤和分离，即可获得所需的萃取物。

（2）微波所产生的电磁场可加速被萃取组分的分子由固体内部向固液界面扩散的速率。例如，以水作溶剂时，在微波场的作用下，水分子由高速转动状态转变为激发态，这是一种高能量的不稳定状态。此时水分子或者汽化以加强萃取组分的驱动力，或者释放出自身多余的能量回到基态，所释放出的能量将传递给其他物质的分子，以加速其热运动，从而缩短萃取组分的分子由固体内部扩散至固液界面的时间，结果使萃取速率提高数倍，并能降低萃取温度，最大限度地保证萃取物的质量。

（3）由于微波的频率与分子转动的频率相关联，因此微波能是一种由离子迁移和偶极子转动而引起分子运动的非离子化辐射能，当它作用于分子时，可促进分子的转动运动，若分子具有一定的极性，即可在微波场的作用下产生瞬时极化，并以 24.5 亿次/s 的速度做极性变换运动，从而产生键的振动、撕裂和粒子间的摩擦、碰撞，并迅速生成大量的热能，促使细胞破裂，使细胞液溢出并扩散至溶剂中。在微波萃取中，吸收微波能力的差异可使基体物质的某些区域或萃取体系中的某些组分被选择性加热，从而使被萃取物质从基体或体系中分离，进入到具有较小介电常数、微波吸收能力相对较差的萃取溶剂中。

2. 微波提取设备

微波提取的设备主要分两类：一类是微波提取罐，另一类为连续微波提取线。两者主要区别：提取罐是分批处理物料，类似常规的多功能提取罐；连续微波提取线是以连续方式工作的提取设备。具体参数一般由设备生产厂根据使用厂家的要求设计。

在我国，目前应用于工业微波机使用的频率有两种：2450MHz 和 915MHz。使用中，可根据被加热材料的形状、大小、均匀性、含水量及对物料的穿透深度来选择。

（1）微波罐式提取　微波提取罐形式与中药企业使用的多功能提取罐形式相同，只是根据微波的特点，在罐体容积与罐体材料上有很大不同，提取加热的方式不同。罐式提取的特点是间歇式生产，提取后的药渣与有用的提取液同时被不同的管道出料，还需对料、液进行过滤分离，不适合大容量的生产。由于大多数有机溶剂具有易燃性，因此生产中应格外注意车间的通风和反应器的密闭，采用防爆电器设备。用乙醇、乙醚、石油醚作溶剂时更要倍加小心。

①微波辐射时间：一般微波提取辐照时间在 10 ~ 100min。对于不同的物质，最佳提取时间不同，连续辐照时间也不可太长，否则容易引起溶剂沸腾，不仅造成溶剂的极大浪费，而且还会带走指标产物。

②提取罐材料：微波具有穿透、吸收、反射的特性。对于玻璃、陶瓷、聚四氟乙烯、聚丙烯塑料之类的绝缘体，微波几乎是光穿透而不被吸收，它们常作为反应器的材料。由于这种“透明”特性，在微波工程中也常用绝缘体材料来防止污物进入某些要害部位。

对于水和湿性物料或含有极性分子的材料，会吸收微波能。而对于金属材料，微波会被反射。由于受微波特性的制约，微波提取罐的材料绝大多数选用无毒、耐高温、不与药物材料发生反应的聚四氟乙烯。在微波发生器（磁控管）外加装用于屏蔽的金属材料，保证微波设备使用安全。

对于大容量的提取罐，因罐体材料的强度所限，需要选用不锈钢材料。此时，可以利用聚四氟乙烯的穿透性和不锈钢材料的反射特性，用不锈钢作罐体材料，上嵌装聚四氟乙烯套，再用不锈钢材料作屏蔽，完成大型罐体设计。聚四氟乙烯套做成圆锥形或棱锥形，与金属罐壁紧密配合，用来对溶剂的密封，防止渗漏。聚四氟乙烯套厚度的设计前提是必须保证罐体压力强度。在聚四氟乙烯套外用不锈钢板紧压，以对微波进行屏蔽。

（2）连续微波提取机　连续微波提取机主要指连续逆流提取机。连续提取操作是物料和溶剂在提取过程中同时做连续的逆流运动或移动，物料在运动过程中不断改变与溶剂的接触状况，并在传输机构的作用下得到充分混合接触，出料的料渣和提取液连续分离，分别排出，实现连续提取，这样可大大提高提取收率。

连续提取装置具有结构紧凑、占地面积小、操作方便及自动化程度高等优点，可有效地缩短提取时间，减少溶媒用量，改善工作条件，提高设备利用率。

连续提取装置出料的料渣和提取液是连续分离的，可在出料口端部设置压榨装置，将药渣中含有的提取液充分榨尽，回流到提取液出口。连续提取装置内的螺旋推进器可以做成多种形式，如多孔螺旋板式、桨叶式、带式等，螺旋推进器的优点在于可以实现在连续移动物料的同时，对物料施加搅拌、搓揉、剪切等机械强化作用，提高提取效率。

3. 微波提取的应用

目前微波辅助萃取法主要用在提取有效成分的工作中，微波也可用于样品的消化。如：

（1）在蔗糖的提取方面，运用微波从甘蔗中辅助提取糖分，表明微波辐射能使植物细胞快速改性，从而使糖分更快渗出。

（2）用微波从柚皮中辅助提取天然食用色素，取得了较好的提取效果。

（3）微波辅助水提取银杏叶中黄酮苷类物质，并与单纯水煮提取效果进行对照。

4. 微波提取的优点

传统热萃取是以热传导、热辐射等方式由外向里进行，而微波萃取是微波瞬间穿透物料里外同时加热进行萃取。与传统热萃取相比，微波萃取的主要优点是：

（1）质量高，可有效地保护食品、药品以及其他化工物料中的功能成分。

（2）纯度高、萃取率高。

（3）对萃取物具有高选择性。

（4）速度快、省时，可节省 50% ~90% 的时间。

（5）溶剂用量少（可较常规方法少 50% ~90%）。

（6）安全、节能，无污染，生产设备较简单，节省投资。

5. 微波提取的影响因素

（1）萃取溶剂　通常是以“相似相溶”方式进行选择。

（2）萃取温度　不高于溶剂沸点。

（3）萃取时间　累计辐射时间对提高萃取效率只是在刚开始是有利的，经过一段时间后萃取效率不再增加，因此每次辐射时间不宜过长。

（4）溶液的 pH　溶液的 pH 也会对微波萃取的效率产生一定的影响，针对不同的萃取样品，溶液有一个最佳的用于萃取的酸碱度。

6. 微波提取工艺未来的发展方向和应用前景

（1）进一步简化样品与处理的步骤　利用微波加热的特点和微波萃取的优点，把萃取与后续处理结合起来，将简化样品处理的步骤。

（2）开发微波萃取新技术或与其他技术联用　已有将微波萃取与液体样品顶空萃取结合的报道，也有文献报道用微波萃取代替固液萃取中的溶剂洗脱的研究，提出固相萃取—微波萃取联用技术。该研究有助于综合利用各种技术的优点，提高处理效果，扩大样品适用范围。

（3）进一步探讨萃取机理　虽然 Pare 等提出了从植物组织中提取天然产物时微波的作用机理，但是鉴于基体物质和萃取体系的复杂性，在微波萃取的机理方面还有大量的工作要做。

（4）对原有微波萃取系统进行改进或开发新的微波萃取系统　微波萃取的缺点是不易自动化，缺乏与其他仪器在线联机的可能性，如果能在仪器设计方面取得突破，实现与检测仪器在线联机，微波萃取法将具有更光明的发展前途。

五、加速溶剂萃取法

1. 基本原理

加速溶剂萃取或加压液体萃取（PLE）是在较高的温度（50 ~ 200℃）和压力（6.89 ~ 20.67MPa）下用有机溶剂萃取固体或半固体的自动化方法。较高的温度能极大地减弱由范德华力、氢键、目标物分子和样品基质活性位置的偶极吸引所引起的相互作用力。液体的沸点一般随着压力的升高而提高，液体对溶质的溶解能力远大于气体对溶质的溶解能力，因此欲在较高的温度下仍能保持溶剂在液态，则需要增加压力。

2. 加速溶剂萃取优点

与索氏提取、超声、微波、超临界和经典的分液漏斗振摇等公认的成熟方法相比，加速溶剂萃取的突出优点如下：有机溶剂用量少，10g 样品一般仅需 15mL 溶剂；快速，完成一次萃取全过程的时间一般仅需 15min；基体影响小，对不同基体可用相同的萃取条件；萃取效率高，选择性好，已进入美国 EPA 标准方法，标准方法编号 3545；现已成熟的用溶剂萃取的方法都可用加速溶剂萃取法操作，且使用方便、安全性好，自动化程度高。

3. 加速溶剂萃取应用

加速溶剂萃取已在环境、药物、食品和聚合物工业等领域得到广泛应用，特别是环境分析中，已广泛用于土壤、污泥、沉积物、大气颗粒物、粉尘、动植物组织、蔬菜和水果等样品中的多氯联苯、多环芳烃、有机磷（或氯）、农药、苯氧基除草剂、三嗪除草剂、柴油、总石油烃、二噁英、呋喃、炸药（TNT、RDX、HMX）等的萃取。

第三节

萃取液净化技术

一、液液萃取法

液液萃取（Liquid－Liquid Extracton，LLE）分离法又称溶剂萃取（solvent extraction）法，是应用广泛的分离方法之一。这种方法是利用与水不相溶的有机溶剂与试液仪器振荡，放置分层，这时，一些组分进入有机相，另一些组分仍留在水相中，从而达到分离富集的目的。液液萃取分离法所需的仪器设备简单，操作快速，分离富集效果好，既能用于大量元素的分离，又能用于微量元素的分离与富集。缺点是费时，工作量较大，而且萃取溶剂往往是有毒、易挥发、易燃的物质，因此在应用上受到一定的限制。

1. 原理

根据相似相溶原理，一般无机盐如 NaCl、$Ca(NO_3)_2$ 等都是离子型化合物，具有易溶于水而难溶于有机溶剂的性质，这种性质称为亲水性。许多有机化合物如油脂、苯、长链烷烃等，它们是共价化合物，是非极性或弱极性化合物，因此这类化合物具有难溶于水而易溶于有机溶剂的性质，这种性质称为疏水性或亲油性。液液萃取就是利用物质对水的亲疏的不同，使组分在两相中分离。

欲从水相中把无机离子或亲水性的有机化合物萃取至有机相中，必须设法将其亲水性转化为疏水性。例如，Ni^{2+} 在水溶液中以水合离子形式存在，是亲水性的，要使其转化为疏水性必须中和其电荷，并且引入疏水性集团取代水合分子，使其形成疏水性的、能溶于有机溶剂的化合物。为此可在 $pH \approx 9$ 的氨性溶液中，加入丁二酮肟，使其形成螯合物。此螯合物不带电荷，而且 Ni^{2+} 被疏水性的丁二酮肟分子保卫，因而具有疏水性，能被有机溶剂如氯仿萃取。因此可以说，萃取的本质就是物质由亲水性转化为疏水性。

有时需要把有机相中的物质再转入水相，这个过程称为反萃取（countertraction）。如上述的 Ni^{2+} - 丁二酮肟螯合物，被氯仿萃取后，将水更换为 0.5 ~1mol/L 的 HCl 溶液，有机相中的螯合物被破坏，Ni^{2+} 又恢复了亲水性，重新返回水相。萃取和反萃取配合使用，能提高萃取分离的选择性。

2. 分配系数和分配比

物质在水相和有机相中都有一定的溶解度。亲水性强的物质在水相中溶解度大，而在有机相中溶解度较小；疏水性物质则相反。用有机溶剂从水相中萃取溶质 A 时，溶质 A 就会在两相间进行分配，如果物质 A 在两相中存在的型体相同，达到分配平衡时在有机相中的平衡浓度 $c\ (\mathrm{A})_o$ 和在水相中的平衡浓度 $c\ (\mathrm{A})_w$ 之比在一定温度下是一常数，即：

$$K_D = \frac{c\,(\mathrm{A})_o}{c\,(\mathrm{A})_w}$$

此式称为分配定律，K_D 为分配系数（distribution coefficient）。

实际上，液液萃取过程常常伴随有解离、缔合或配位等多种化学作用，溶质 A 在水相和有机相可能有多种存在形式，这是分配定律就不适用了。于是又引入分配比（distribution ration）这一参数，它是指溶质在有机相中的各种存在形式的总浓度 c_o 和在水相中的各种存在形式的总浓度 c_w 之比，用 D 表示为：

$$D = \frac{c_o}{c_w}$$

只有在最简单的萃取体系中，溶质在两相中的存在形式完全相同时，$D = K_D$，而在大多数情况下 $D \neq K_D$。当两相的体积相等时，若 $D > 1$，说明溶质进入有机相的量比留在水相中的多。在实际工作中一般要求 D 至少大于 10。

3. 萃取率

在分析工作中，常用萃取率（percentage extration，E）表示萃取的完全程度。萃取率是物质被萃取剂萃取到有机相中的百分率。

$$E = \frac{\text{溶质 A 在有机相中的总量}}{\text{溶质 A 的总量}} \times 100\% = \frac{c_o V_o}{c_o V_o + c_w V_w} \times 100\%$$

如果分子分母同除以 $c_w V_o$，则得：

$$E = \frac{c_o / c_w}{c_o / c_w + V_w / V_o} \times 100\%$$

式中 V_w/V_o 又称相比。该式表明萃取率由分配比和相比决定。一方面，当相比一定时，萃取率仅取决于分配比 D，D 越大，萃取效率越高。例如，用等体积的有机溶剂进行萃取即相比为 1 时，上式可表示为：

$$E = \frac{D}{D + 1} \times 100\%$$

若一次萃取要求萃取率达到 99% 时，D 必须大于 100。另一方面，如果 D

一定，则通过减少相比 V_w/V_o，既增加有机溶剂的用量，也可提高萃取效率，但效果不太显著，而且增加有机 溶剂的用量，将使萃取后溶质在有机相中的浓度降低，不利于进一步的分离和测定。因此在实际工作中，如 D 较小，常常采用连续多次萃取的方法提高萃取效率。

设体积为 V_w 的水溶液中含被萃取物质质量 m_0，用体积为 V_o 的有机溶剂萃取，一次萃取后水相中剩余物质质量 m_1，则进入有机相的质量为（$m_0 - m_1$），此时的分配比为：

$$D = \frac{c_o}{c_w} = \frac{(m_0 - m_1)/V_o}{m_1/V_w}$$

则：

$$m_1 = m_0 \frac{V_w}{DV_o + V_w}$$

不难导出，当用体积 V_o 的有机溶剂萃取 n 次，水相中剩余物质 m_n 为：

$$m_n = m_0 \left(\frac{V_w}{DV_o + V_w}\right)^n$$

若使用相同体积的有机溶剂进行一次萃取，则水相中剩余的物质 $m_{n'}$ 为：

$$m_{n'} = m_0 \frac{V_w}{nDV_o + V_w}$$

显然，m_n 比 $m_{n'}$ 小。由此可见，同样量的萃取溶剂，分几次萃取的效率比一次萃取的效率高。

液液萃取是经典的提取方法，是根据目标化合物分子在水相中和有机相中的分配定律，利用有机溶剂对水相进行残留农药提取的一种方法。大部分农药的正辛醇 - 水分配系数都较大，也就是脂溶性或疏水性较强，利用液液分配萃取能很好地萃取水相中的农残目标化合物。

液液萃取一般在分液漏斗中进行，分液漏斗的活塞最好使用聚四氟乙烯，这样可以避免玻璃活塞上所涂的润滑剂溶解在有机溶剂中对分析结果造成不必要的影响。一般的液液萃取都是分步萃取的，在水相中加入一些盐类物质（如氯化钠、硫酸钠等）或调节水相的 pH，能降低目标化合物在水中的溶解度，从而提高液液萃取的效率。一般的非极性的目标化合物分子可以用石油醚、正己烷、环己烷、正辛烷等溶剂进行提取；中等极性目标化合物可以用二氯甲烷等溶剂进行提取；对于一些强极性、强水溶性的农药（某些有机磷农药如甲胺磷和某些氨基甲酸酯类农药），一般液液萃取是很难达到理想的效果。

液液萃取虽然对大部分的农药目标化合物提取效率较高，操作也较为简单，在一般的实验室都能实现，但是其缺点是消耗溶剂量较大，如果是手动振荡的话，实验者操作的劳动强度较大。

4. 盐析技术的应用

盐析一般是指溶液中加入无机盐类，使某种物质溶解度降低而析出的过程。盐析的原理可归纳为三点：①中性盐在溶解时，盐离子与目标物分子针对水分子，降低了用于溶解目标物的水量，减弱了目标物的水合程度，破坏了目标物表面的水化膜，导致目标物浓度下降；②中性盐在溶解后，盐离子电荷的中和作用，使目标物溶解度下降；③中性盐在溶解过程中，盐离子引起原本在目标物分子周围有序排列的水分子极化，使水活度降低。

盐析结晶是指在盐溶液体系中，加入某种电解质盐析剂，这种加入的盐析剂，其离子的水合作用比原溶液中其他盐较强，它使溶液中自由水分子数减少，从而提高溶液中欲结晶物质在溶液中的有效浓度，使欲结晶物质在溶液中结晶析出。

盐析属于物理过程，可复原，一般用于物质结晶或帮助混合溶液分层。向某些蛋白质溶液中加入某些无机盐溶液，如 $(NH_4)_2SO_4$，可以降低蛋白质的溶解度，使蛋白质凝聚而从溶液中析出，这种作用是物理变化，可复原。向某些蛋白质溶液中加入某些重金属盐，可以使蛋白质性质发生改变而凝聚，进而从溶液中析出，这种作用称作变性，性质改变，是化学反应，无法复原。把动物脂肪或植物油与氢氧化钠按一定比例放在皂化锅内搅拌加热，反应后形成的高级脂肪酸钠、甘油、水形成混合物，往锅内加入食盐颗粒，搅拌、静置，使高级脂肪酸钠与甘油、水分离，浮在液面，该反应可以用以制肥皂。

二、固相萃取

固相萃取（Solid Phase Extraction，SPE），也有人称为固液萃取法（Solid - Liquid Extraction，SLE），它是 20 世纪 70 年代初发展起来的试样富集技术。当液体样品通过固相吸附层时，待测组分被选择性地吸附富集，然后用适当的少量溶剂洗脱。该技术特别适用于水样处理，被认为可以取代常规的液 - 液萃取。我国在一些环境水样检测中已广泛采用 SPE 技术，分析的项目包括农药残留、氯代烃、苯酚、苯胺等。

目前最常使用的是键合硅胶柱及聚合树脂柱。与传统的液液萃取法（Liquid - Liquid Extraction，LLE）比较，SPE 具有明显的优势。首先，在 LLE 中乳化是一种时常发生的现象。萃取过程一旦发生乳化，将严重影响结果的重现性。而在 SPE 中则不存在这个问题。其次，LLE 的另一个主要缺点是回收率的高低在很大程度上取决于操作人员对该技术掌握的熟练程度。也就是说，同样一个方法，不同操作者所得到的结果可能差异很大。这将影响方法的推广，也难以进行实验室的质量控制和标准化。而 SPE 是基于分析物功能团和固相填料功能团之间的作用力将分析物萃取出来的，其萃取结果稳定、方法很容易在实验室之间转移，有利于标准化。此外，固相萃取法还有许多优点，如选择性强、分离时间短、使用有机溶剂少等。目前在国际上，SPE 技术已在许多领域里逐渐取代 LLE。SPE 最突出的优点之一是便于自动化，而 SPE 的自动化使繁琐、复杂、费时的样品前处理发生了一个飞跃性的变化。吉尔森公司（GILSON）研制生产的 ASPEC XL 全自动固相萃取系列就是一个典型的代表。该样品处理系列在国内外已经广泛应用于许多领域，如药物学研究、临床药物检测、环保分析、食品/农副产品检验、药物分析及毒物学分析，以及各种生物样品的纯化，如 DNA、酶、肽的分离等。SPE 技术的应用已经超出了分析领域，在生物化学、生物工程领域也不断传来应用 SPE 技术进行多肽、生物酶等的分离纯化的消息。

1. 固相萃取原理

固相萃取是一个包括液相和固相的物理萃取过程。在固相萃取过程中，固相对分析物的吸附力大于样品基液。当样品通过固相柱时，分析物被吸附在固体填料表面，其他样品组分则通过柱子。分析物可用适当溶剂洗脱下来。

SPE 的基本原理和 HPLC 相同，但目的则完全不同。HPLC 是要在短时间内将各化合物分离并保持好的峰形。而 SPE 是要从复杂的基液中分离人们感兴趣的化合物并将其浓缩，以便进行进一步的分析。因此，传统的 SPE 柱填料的颗粒往往比 HPLC 柱的填料颗粒要大得多（一般在 4nm），而且是不规则的颗粒以增加接触样品的表面积。目前用的最广泛的是键合硅胶柱（BONDED SILICA COLUNM），其次是聚合树脂柱。

固相萃取是靠固体填料上的键合功能团与待分离化合物之间的作用力，将目标化合物与基液分离，达到样品净化浓缩的目的的。因此，在进行固相萃取时有多种作用力是必须考虑的：

（1）非极性作用力　非极性作用力存在于吸附剂功能团的碳氢键和分析物的碳氢键之间，即范德华力。因为大多数有机分子都在一定程度上具有非极性结构。非极性作用力常被用于分析物的分离。最常见的非极性吸附剂是 C_8、C_{18}。典型的非极性萃取包括：从血浆或尿液中萃取药物、从水中萃取农药、从血浆中萃取多肽、从尿液或血清中萃取滥用药物等。

一般来说，非极性萃取比极性或离子交换萃取选择性差。非极性作用力常被用于同时萃取多种不同的化合物。基液的极性大有利于非极性吸附剂与非极性化合物之间的作用力，如水溶液。相反，这种非极性作用力可被具有一定程度非极性特征的溶剂破坏。

（2）极性作用力　极性作用力包括：氢键、偶极力/偶极力、诱导偶极力、π－π 等。如：—OH、—NH_2、—SO_3、羰基、芳香环及含氧、氮、硫、磷等杂原子的基团。

典型的极性萃取包括：从血浆中萃取维生素、油脂类的分离、从花生酱中分离黄曲霉毒素、从机油中萃取添加剂。

硅胶本身的性质（没有键合的—OH）决定了极性作用力存在于全部键合硅胶材料，并在非极性溶剂中最明显。非极性环境有利于吸附剂和分析物之间的极性作用力；极性环境有利于破坏吸附剂和分析物之间的极性作用力；环境离子强度大也不利于吸附剂和分析物之间的极性作用力。

（3）离子作用力　离子作用力是发生在具有相反电荷的分子功能团之间的作用力。对于有机化学来说，人们更加关心的是带电荷的有机化合物。在一定的 pH 条件下，有机分子可以呈离子状态。这种有机分子被称之为可生成阳离子的功能团和可生成阴离子的功能团。常见阳离子的功能团：伯、仲、叔、丁胺类；常见阴离子的功能团：羰基、磺酸基、磷酸基等。

典型的离子交换萃取包括：从血浆中萃取儿茶酚胺、从尿液中萃取碱性药物、从土壤中萃取除草剂、从尿液中萃取有机酸、从细胞培养液中萃取核糖核酸酶。

环境的 pH 对离子作用力影响很大，为了有效地利用离子交换机理将分析物吸附在固相柱上，必须满足两个条件：环境的 pH 必须使分析物和吸附剂带相反电荷；环境不能含有高浓度的带有和分析物相同电荷的竞争化合物。

有机化合物的 pK_a 是决定环境 pH 的重要依据——有机分子功能团的 pK_a 为 50% 的该功能团在溶液中呈离子化时的 pH。

根据 Henderson - Hasselbach 方程，对于弱酸性化合物（阴离子）：

$$HA = H^+ + A^-$$

$$pH = pK_a + \lg (A^-/HA)$$

$$A^-/HA = 10\text{\^{}}(pH - pK_a)$$

要用离子交换原理将可生成阴离子的弱酸性化合物 99% 吸附在阴离子交换剂上，体系的 pH 必须高于该化合物的 pK_a 两个 pH 单位。要使 99% 该化合物脱附，体系的 pH 必须低于该化合物的 pK_a 两个 pH 单位。

对于弱碱性化合物则相反，要用阳离子交换剂将 99% 的弱碱性化合物吸附，体系的 pH 必须低于该化合物的 pK_a 两个 pH 单位。要使 99% 该化合物脱附，体系的 pH 必须高于该化合物的 pK_a 两个 pH 单位。

在应用离子交换作用力进行萃取时还必须考虑离子强度和选择性：

离子强度：低离子强度有利于分析物的吸附；高离子强度有利于分析物的脱附。

选择性：离子交换剂选择性的强弱取决于其功能团的性质。如：丁胺（强阴离子交换剂）对柠檬酸阴离子的吸附力为对醋酸根阴离子的 250 倍。因此，用醋酸根阴离子溶液处理的丁胺吸附剂对分析物的吸附力远比用柠檬酸阴离子溶液处理的丁胺吸附剂强。反之，柠檬酸阴离子溶液是一个好的洗脱剂。

全部键合硅胶填料都会存在一定程度的未键合的硅醇基。因此，离子作用力作为附作用力一定存在。

（4）多种作用力　必须强调，几乎全部的键合硅胶都存在多于一种以上的作用力。因此，在考虑固相萃取方法时应该综合考虑各种作用力对萃取过程的影响。

2. 固相萃取种类

固相萃取技术经过二十多年的发展，主要有以下类型：石墨化炭黑（反相）-SPE、离子交换树脂-SPE、键合硅胶-SPE、聚合物吸附剂-SPE、分子嵌入聚合物-SPE 等。

（1）键合硅胶-SPE　键合硅胶-SPE 是最常用的吸附剂，是表面键合 C_{18} 的多孔硅胶颗粒或其他亲水烷基。1977 年，Waters 设计了第一个固相萃取用的以硅胶为填料的微型针桶式柱子（Sep-Pak）。键合硅胶是通过有机硅和活性硅的反应形成的。产物是通过硅醚键（silyl ether）连接带有官能团的有机硅和硅基体的吸附剂；键合硅胶吸附剂产品在 pH 2~7.5 是稳定的；在 pH 7.5 以上，硅基体在水溶液中易于溶解；在 pH 2.0 以下，硅醚键不稳定，并且表面上的官能团开始裂开，改变了吸附性能。然而，在实际中键合硅胶能在 pH 1~14 范围内应用于固相萃取，因为吸附剂暴露于溶剂仅仅很短时间，所以键合硅胶实际上对所有有机溶剂是化学稳定的。键合硅胶吸附剂是坚硬的物质，不像许多聚苯乙烯树脂，它在不同溶剂中不会缩小或膨胀。通常用于制造键合硅胶吸附剂的硅的颗粒大小分布为 15~100μm。另外，颗粒是不规则的而不是球形的，这个特性允许在低真空和压力下溶剂快速流过吸附剂床。

在吸附剂和分离物相互作用之前，吸附剂必须进行条件化。大多数像 C_{18} 一样的非极性吸附剂，直到它们条件化后才能有效地保留分离物。条件化是吸附剂创造适合分离物保留环境的湿化过程。许多溶剂可能用于条件化试剂：甲醇、乙腈、异丙醇、四氢呋喃（THF）。使用的条件化溶剂应该和准备接收样品的吸附剂的溶剂易混合。例如，如果样品是正己烷提取并且在样品之前用正己烷淋洗，条件化溶剂应该和正己烷易混合。因为一些条件化溶剂保留在吸附剂中，所以导致使用不同的条件化溶剂在性能上的细微差异。

键合硅胶-SPE 吸附剂和分离物间的相互作用有非极性相互作用、极性相互作用和离子相互作用。非极性相互作用是指那些吸附剂官能团上的碳氢键和分离物上的碳氢键的相互作用，这些力通常指范德华力或色散力。最通常使用的非极性吸附剂是十八硅烷（octadecyl silane）键合到硅基质上，叫 C_{18}。因为许多分离物分子可以通过它保留，所以 C_{18} 是非选择性吸附剂。极性相互作用包括氢键、偶极/偶极（偶极/偶极、π-π）和导致电子偏移的其他作用。表现出极性相互作用性质的基团主要包括羟基、胺、羰基、芳香环、巯基、双键和包含像氧、氮、硫和磷杂原子的基团。

（2）聚合物吸附剂 - SPE　聚合物吸附剂 - SPE 在一些方面弥补了硅胶键合 - SPE 的不足。因为硅胶吸附剂在使用前，吸附剂必须首先用以溶于水的有机溶剂条件化烷基链，在加入样品前必须保证吸附剂是湿润的。不能正确做到这些将导致样品/吸附剂不能很好接触，是较低分析回收率和较差重现性的主要原因。一种新型的聚合物反相吸附剂——聚合二乙烯苯 - *N* - 乙烯吡咯烷酮［poly（divinylbenzene - co - *N* - vinylpyrrolid - one）］及其盐在此性能上超过了硅胶键合 - SPE，此聚合物吸附剂表现出亲水和亲脂特性。亲水和亲脂的平衡使它表现出两个独特性质：①在水中保持湿润；②对极性和非极性化合物有很宽的适用范围。在样品萃取中，不用担心样品，因为它允许吸附剂在萃取过程中干燥。C_{18}的回收率随干燥时间的延长迅速降低，而此聚合物吸附剂回收率保持不变。洗脱剂也都是常用的溶剂：甲醇、二氯甲烷、水及常用的酸、碱、盐。此外，聚合物吸附剂还有多孔苯乙烯 - 二乙烯基苯共聚物等，适合反相固相萃取。

（3）免疫亲和吸附剂 - SPE（immunoaffinity - base SPE）　近年来固相萃取作为一个预处理技术已经快速发展。但是，像烷基硅胶或高度铰链的高聚物这些经典的 SPE 吸附剂保留是根据亲水性的相互作用，这意味着当干扰物浓度较高，特别是在复杂基质中进行痕量分析时，灵敏度将非常低。所以人们在发展允许一步来完成萃取、浓缩和净化的高选择性吸附剂方面表现出极大兴趣。基于抗原 - 抗体相互作用（分子识别）的材料可以用作选择性萃取。例如，抗体可以连接到合适的固体支撑架上形成免疫吸附剂。它们或通过共价键、吸附作用或被胶囊化封装。作为抗原 - 抗体相互作用的高亲和性和高选择性的结果，免疫亲和 SPE 在近年来越来越多的应用于样品预处理。

免疫亲和吸附剂作为样品预处理在医学和生物学领域已经应用很长时间，但应用于环境分析还是近年来的事。因为对小分子合成选择性的抗体比较困难。现在已报道开发出用于小分子（如 aflatoxins、drugs、triazines 等）的抗体。抗体对抗原的键合是空间互补性的结果，是分子间加和的一个功能，这意味着抗体也能键合到结构和抗原相似的其他分析物上，称为交叉反应性。交叉反应被认为是免疫排列的一个负作用，但也可以用作开发对一类化合物有选择性的吸附剂。制造免疫吸附剂的第一步是开发有识别一个或一组分析物能力的抗体。

免疫吸附剂可以通过将抗体固定到固体支撑物上得到。为了避免非特定的相互作用，选择性吸附剂是非常重要的，这种吸附剂应该是化学和生物惰性、易活化和有亲水性。最常用的方法是抗体通过共价键键合到活性硅胶或 Sepharose——一种琼脂糖凝胶上。

（4）分子嵌入聚合物 – SPE　到目前为止，用于固相萃取选择性最强的固定相是基于免疫亲和的固定相。这些免疫亲和固定相对痕量分析方法有很强的选择性，特别是识别污染物和药物残留。因为每个分析物必须有一个选择性抗体，所以免疫亲和固相萃取应用范围比较窄。开发一个特殊的抗体是一个长期艰苦的过程，可能花费 12 个月。造成抗体变性和流动操作条件都导致柱子不能使用。所以，一个替代的技术——分子嵌入聚合物固相萃取（molecularly imprinted polymer – based SPE，MIP – SPE）已经被提出。

分子嵌入聚合物（MIP）是高稳定的聚合物。在聚合物基质中有识别位，适合三维形状。这些 MIP 可以通过共价键或非共价键的方式制造。在共价嵌入中，印模分子——所谓的模板——在化学上和聚合物的一个组块相匹配。聚合之后，为获得自由选择的结合位，生成的键必须断裂。最常用的是非共价嵌入，即依靠在模板和选择的官能单体间的自我组合。聚合后在交叉链单体存在下，产生高度网状的聚合物，这些聚合物包含在规定好的三维排列中和官能团匹配的键位。

在模板和分子间的选择性依靠氢键、离子和亲水性相互作用。虽然一些模板在水介质中也能被很好地辨认，但通常最有选择性的键合发生在氢键和分析物相互作用最强的有机溶剂中。由于这个原因，大多数聚合物在有机溶剂中生成，例如甲苯、二氯甲烷、乙腈等。模板和分析物的形态与官能团数在选择性辨认中起重要作用。在分子中，相互作用的官能团数目越多，越增加其选择性，而形态对点位的可达到性和吸附剂的质量转移性质是重要的。在目前的体系里，模板 – 分析物的相对分子质量上限大约是 1000。MIP 依靠模板的选择性可以认出一个或一组分析物。

另外，必须从聚合物上去除模板分子。这不但使键合位适合分析物键合，而且限制了模板对分析物定量的可能干扰。虽然尽可能萃取掉模板分子，但仍有少量的模板分子留在聚合物里。MIP 比较稳定且能耐 120℃ 的高温，用有机溶剂、强酸和碱处理后选择性损失很小，可以认为微不足道。MIP 能够装进针筒进行离线 SPE 或装进柱子进行在线 SPE。实验参数（如颗粒尺寸分布、装填的一致性）和流速特性影响回收率和重现性与它们在传统 SPE 中的方式一样，MIP – SPE 的操作使用和其他 SPE 一样，包括预条件化、样品载入、冲洗和洗脱。常用的冲洗溶剂是二氯甲烷或乙腈。从柱子上洗脱分析物可以用一个能够破坏或干扰分析物和聚合物间强的多重相互作用的溶剂或化合物来完成。这个溶剂可以是包含大量改性剂（如乙酸、三乙胺、水和甲醇或乙腈的混合物）的甲醇。MIP – SPE 可以被很好地洗脱可以解释为：使用传统的 SPE 材料时，相同极性的单个化合物间很少能区别；而相同极性的基质成分将会从 MIP – SPE 柱上冲洗下来，因为它们缺乏使分析物造成选择性识别的官能团的空间排列。近年来，MIP－SPE 广泛应用于从不同的基质中提取药物和污染物。

MIP－SPE 可以对分析方法的选择性和灵敏性有很大的贡献，它能解决选择性问题，减少方法开发时间、减少分析时间、可能允许使用更多的传统检测器，可以节省经费。从实用的观点看，开发一个 MIP 吸附剂（几周时间）比开发一个生物抗体吸附剂（一年时间）快得多。但是和传统 SPE 吸附剂比较，MIP 吸附剂必须对每一种新分析物或每一类分析物进行合成。限制 MIP 吸附剂使用的一个问题是它的易获得性、费用和模板的毒性。

三、基质分散固相萃取

美国路易斯安那州立大学 Steven A. Barker 教授，自 1989 年首次提出了基质固相分散（matrix solid phase dispersion，MSPD）的样品前处理技术，作为一种专利工艺，最初是用于从动物组织中分离有机磷酸酯类、苯并咪唑驱虫药和 β－内酰胺抗生素类药物，文章表明了 MSPD 萃取次数少、消耗更少量的溶剂、可同时执行提取和净化过程，同时 Barker 教授也对 MSPD 给予了理论解释。Barker 在 2000 年、2007 年陆续发表了相关研究的综述文章，总结和评论了该前处理手段在食品分析领域每隔十年的发展和进步。MSPD 作为简单的样品提取技术，越来越多地被用来从固体、半固体、高黏性的环境、生物基质中提取有机污染物或药物，也逐渐成为了天然产物的提取手段。

基质固相分散（MSPD）是为了改进固相萃取在萃取固体和半固体样品时的不足而发展的一种萃取和净化技术。这项技术与固相萃取相比需要较少的时间和溶剂，并且得到相似的结果，而且它避免了固相萃取过程中的稀释步骤。在 MSPD 中，将样品与适量的固体基质（如硅胶、弗罗里硅土等）研磨，使样品吸附在固体基质上，混匀制成半固态作为填料装柱，然后选择合适的有机溶剂洗脱固定相，将各种目标化合物洗脱下来。其优点是前处理中所需的样品均化、提取、净化等过程合为一体，不需要进行组织匀浆、沉淀、离心、pH 调节和样品转移等操作步骤，避免了样品均化、液液萃取、浓缩等步骤造成的目标化合物损失，适用于多残留分析，适用于各种分子结构和极性的农药残留的提取净化，特别适合于进行一类化合物的分离或单个化合物的分离。MSPD 方法简单高效，而且更适于自动化。

2003 年，Anastassiades 等人在 MSPD 的基础上，建立了一种新的样品前处理方法，其基本流程为：用乙腈萃取样品中残留的农药，用 NaCl 和无水 $MgSO_4$ 盐析分层，萃取液经无水硫酸镁和硅胶基伯胺仲胺键合相吸附剂（primary secondary amine，PSA）分散萃取（dispersive SPE，d－SPE）净化后，用 GC 或 GC－MS 进行多残留分析，即为现在常用的 QuEChERS 方法。QuEChERS 方法是 MSPD 方法的一种简化操作模式。

1. 原理

（1）操作方法　相对其他样品前处理方法，MSPD 操作及其简便，不需要特殊的仪器设备，一般可以分为研磨分散、转移、洗脱三个步骤。

第一步研磨分散，将固体、半固体或黏滞性的样品（固体、半固体样品已经过适当的粉碎处理）置于玻璃或玛瑙碾钵中，与适量的分散剂（吸附剂）混合，手工研磨数十秒至数分钟，使分散剂与样品均匀混合。

常用的分散剂有衍生化/未衍生化硅藻土、弗罗里土、硅胶、石英砂、C_8 和 C_{18} 填料等。在研磨前，可以向样品中加入内标样品。一般样品/分散剂按照 1∶4 的比例混合，也可以根据实际研究的需要进行调节。研磨时加入适当的改性剂，如酸、碱、盐、螯合剂（如 EDTA），有助于污染物回收率的提高。在瓷碾钵中研磨有可能造成目标物的丢失。

第二步转移，将上述研磨好的样品装入适当尺寸的层析柱中，或其他尺寸适当的柱状物，柱底部事先安装了衬底，以利于萃取液与样品的分离。在层析柱底部还可以事先填充弗罗里土、硅土或其他吸附材料，从而对目标物进一步分离提纯。整个分离过程甚至可以在经过处理的注射器中进行。

第三步洗脱，采用适当的溶剂对层析柱中的样品进行洗脱，收集滤液后进行进一步处理或经过定容后直接分析。根据具体分离物质的种类和研究的需要，还可以采用一定的溶剂组合进行顺序洗脱。可以采用混合有机溶剂对样品进行洗脱。有些情况下，热水也具有良好的洗脱效果。

（2）分离原理　MSPD 方法采用亲脂性固相填料 C_{18}，与固体、半固体、高黏性液体一起研磨，得到半干燥的颗粒混合物，易于作为填料装柱，装入萃取柱或注射器针筒里，然后可以用极性、非极性的多种有机溶剂充当洗脱剂，将各种待测药物、污染物等从生物基质中分离出来。C_{18} 聚合物通过破坏和分散细胞膜磷脂、组织液成分、细胞内成分、胆固醇等，充当分散剂的作用。其工作原理为：样品组织与固体材料研磨的过程中，有机相与硅胶固相萃取材料表面相互键合，利用剪切力作用将组织分散，样品组分溶解和分散在固体支持物表面，这大大增加了萃取样品的表面积，样品会按照各自的极性分布在有机相物质表面。近年来，发展了一些可替代性的分散剂材料，如酸性 SiO_2、石英砂、丙烯酸类聚合物、硅藻土和 Al_2O_3，这些材料的运用可以增强 MSPD 的选择性。然而，基质固相分散技术常用的分散剂缺乏选择性。利用 MSPD 对样品进行前处理，需要根据样品的性质和待分析的物质，对分散剂、洗脱剂进行优化，必要时还需要对洗脱液进行进一步的处理和纯化。洗脱剂的选择，主要取决于基质的性质和待测物分子的极性。为了提高基质固相分散技术的选择性，样品经分散剂处理后，净化过程也逐渐显得尤为重要。

影响 MSPD 分析效果的因素包括以下几个方面：

①分散剂的尺寸　分散剂尺寸过小（3～10μm）会导致洗脱剂流速的下降和洗脱剂体积的增加或压力的增加。一般来说，40～100μm 的硅藻土具有良好的分散效果；

②分散剂修饰的效果；

③有机物－分散剂表层的键合特征　与选择的分散剂的极性有关，一般选择具有亲脂性的 C_{18} 和 C_8 填充料；

④分散剂的衍生化　没有经过衍生化的分散剂，如石英砂，虽然具有对基质的机械分散作用，但不具备修饰后的分散剂所具有的表面相互作用而引起的分散。

2. 常用分散剂种类

作为一种样品前处理方法，MSPD 除了被用于不同样品、不同种类分析物的萃取，在方法学上的进展主要集中在分散剂的创新及与其他样品处理技术的联用。新型分散剂的应用成为了 MSPD 研究的一个重要方向，活性炭、高分子材料、矾土等都被作为分散剂用于有机物的提取。

（1）反相分散剂　C_{18} 和 C_8 修饰的硅藻土是应用最为广泛的亲脂性分散剂，这类分散剂被认为能够与细胞膜发生作用，因而能够破坏细胞结构，因此广泛应用于食物和高脂肪含量的物质中天然产物和人类污染物的提取，最近也用于环境污染物的萃取。反相分散剂处理后的样品，洗脱溶剂的选择主要取决于基质的性质和目标物分子的极性。利用甲醇、乙腈或者 60～80℃ 热水就可以从高脂肪含量的基质样品中洗脱得到较纯净的中等极性的目标分子。某些情况下，为了得到较纯净的样品萃取液，还需要加入其他正相（亲水性的）辅助吸附剂。一般不需要在洗脱前用水洗脱盐和强极性分子，但使用 GC 作为检测器时，需要在样品中加入无水 Na_2SO_4 以除去样品中的水分。

（2）正相分散剂　矾土（Alumina）和弗罗里土（Florisil）是常用的正相分散剂，其表面带有大量的酸碱中心，具有很强的极性和亲水性。与反相分散剂相比，这类分散剂不能够对细胞机构进行有效破坏，其主要作用是机械摩擦和对极性分子的吸附作用。正相分散剂主要用于环境样品中微量有机污染物的提取。在保证细胞破碎污染物能够与吸附剂接触的前提下，正相吸附剂也越来越多地用于植物和动物组织中污染物的提取。洗脱剂的选择取决于目标分子的极性，有时候会加入适量的反相吸附剂作为辅助。没有经过衍生化的硅藻土或表面修饰了极性基团（如氨基酸）的硅藻土也是常用的正相吸附剂，这类吸附剂与基质的作用比矾土和弗罗里土弱得多，这类吸附剂在农药残留检测中应用广泛。

（3）无吸附分散剂　中性吸附剂与基质或目标分子之间没有作用，因此也被认为是惰性分散剂。常用的无吸附分散剂包括石英砂和硅藻土。使用无吸附分散剂会降低萃取的选择性。许多基于惰性分散剂的工作都是用热水作为洗脱溶液。

(4) 分子印迹聚合物分散剂　分子印迹聚合物 (MIPs) 因为其高度的结构特异性，在某些方面具有与抗体相似的性质，因此人工合成的分子印迹聚合物在 MSPD 中具有高度的选择性和分离性。在某些生物样品中，分子印迹分散剂对目标物分子的回收率要显著优于 C_{18}、硅酸、弗罗里土和石英砂。

(5) 多层碳纳米管分散剂　理论上，由于多层碳纳米管 (MWCNT) 具有巨大的比表面积和结构特异性，将是 MSPD 理想的分散/吸附材料。MWCNT 已被用于杀虫剂和除草剂的固相萃取 (SPE) 研究。使用 MWCNT 作为分散剂，其对农产品中 31 种杀虫剂的萃取效果要优于 C_{18} 硅藻土填充料，证实了 MWCNT 在 MSPD 上的应用潜力。

(6) 与其他萃取技术的联用　与其他萃取技术的联用，可以进一步提高 MSPD 的萃取效率。当分散剂与目标分子相互作用过强时，与加压溶剂萃取 (PLE) 的联用，可以充分利用高温高压下溶剂的洗脱性能，提高目标分子的回收率，与此同时对目标分子的选择性则得到了保持。此外，对混合后的基质和分散剂的混合物进行超声波处理，也有利于提高分散剂的提取效果。通过分散性固相萃取与固相萃取技术结合，能够有效去除样品杂质的干扰，结合高效液相色谱，能够使样品中的三聚氰胺得到较好的保留和分离。

3. 新型净化材料

为了提高对于复杂基质样品的净化效率、有效去除干扰、克服传统 QuEChERS 技术净化过程中存在的问题，近年来发展了很多新型的净化材料，用于改进 QuEChERS 方法。

因叶绿素具有不挥发的特性，当用 GC 对含有叶绿素的样品进行分析时，叶绿素会积累在 GC 的进样口和色谱柱中，从而影响 GC 的分析效果，因而叶绿素经常被认为是农药残留分析中最棘手的基质共萃物之一。传统 QuEChERS 中，石墨化炭黑 (GCB) 经常被用来有效地去除叶绿素，但同时 GCB 也易于吸附具有平面结构的化合物，从而严重影响此类化合物的回收率。为了解决这一问题，美国 UCT (United Chemical Technologies) 公司研发了一种新型的 ChloroFiltr® 吸附剂，测试结果表明，ChloroFiltr® 可在不损失平面性化合物的前提下去除 82% 甚至更多的叶绿素干扰物。因此，在 QuEChERS 技术中可用 ChloroFiltr® 净化剂来替代传统 GCB 以去除叶绿素。

其他新型的商品化净化剂，如美国 Supleco 公司开发的 Z - Sep 和 Z - Sep + ,其中 Z - Sep 净化剂是经氧化锆改性的硅胶，而 Z - Sep + 净化剂是经氧化锆和 C_{18} 共同改性的硅胶。经证明与传统的 PSA 和 C_{18} 净化剂相比，它们能萃取更多的脂肪和色素，表现出更高的回收率和更好的重复性。

除了上述的商品化净化材料外，随着纳米科技的新兴和发展，新型的碳纳米材料如碳纳米管和石墨烯等也常被用作一些改进 QuEChERS 技术中的净化剂。其中，碳纳米管是由具有准圆管结构的管身部分和包含五边形或七边形碳环的端帽部分组成的多壁、中空与螺旋形的管状结构碳材料，由于其结构可能存在的缺陷（拓扑缺陷、杂化缺陷和不完全键合缺陷），从而使得碳纳米管具有了一系列新颖独特的物理化学性质。其表面原子周围缺少相邻的原子，具有不饱和性，易与其他原子相结合而趋于稳定，是一种较为理想的吸附材料。一些文献报道多以壁碳纳米管（multi - walled carbon nanotubes，MWCNTs）作为分散固相萃取步骤中的净化剂，改进的 QuEChERS 方法具有更好的净化效率。

四、凝胶渗透色谱

凝胶渗透色谱（Gel Permeation Chromatography，GPC）是 20 世纪 60 年代发展起来的一种分离技术，它是液相分配色谱的一种。凝胶渗透色谱的分离基础是溶液中溶质分子的体积（即流体力学体积）大小不同。溶质分子的淋洗体积（即在色谱柱中的保留体积）主要取决于分子尺寸、填料孔径、孔度和柱容积等物理参数，而不是依赖于试样、流动相和固定相三者之间的相互作用。因此，凝胶渗透色谱对流动相的要求不高，实验条件比较温和，重复性好，分析速度快，溶质回收率高，这些优点使凝胶渗透色谱在很多情况下具有独特的分离效果。由于它具有按溶质分子体积大小分离的独特长处，在很多领域内取得了迅速的发展和日益广泛的应用。凝胶渗透色谱是测定高聚物相对分子质量和相对分子质量分布强有力的工具，随着液相色谱技术的发展，特别是各种微孔径高效凝胶填料的问世，凝胶渗透色谱还越来越多地用于分离测定小分子混合物及其组成，在石油产品和添加剂、原油、合成油、表面活性剂、医药、农药、助剂、涂料、化工产品、生物化学品、煤液化产物、食品及代谢产物、环境污染物组成分析和结构性能研究以及控制分析等方面得到了广泛的应用。近年来，凝胶渗透色谱法作为一种样品前处理技术，还被广泛地应用于生物、环境、医药等样品的前处理分离和净化。

凝胶渗透色谱的发展历史最早可以追溯到 1925 年，Lugere 在研究黏土对离子的吸附作用时，发现有可能按离子体积大小把它们分开，这一发现迈出了分子筛和离子交换法分离的重要一步；1926 年，Mcbain 利用人造沸石成功地分离气体分子和低相对分子质量的有机化合物；1930 年，Friedman 将琼脂凝胶用于分离工作；1944 年，Claesson 等在活性炭、氢氧化铝和碳酸钙等吸附剂上分离了硝化纤维索、氯丁橡胶聚合物，得到了较好的结果；1953 年，Wheaton 和 Bauman 用离子交换树脂按分子大小分离了苷、多元醇和其他非离子物质；之后，Lathe 和 Ruthvan 用淀粉粒填充的柱子分离了相对分子质量为

150000 的球蛋白和相对分子质量为 67000 的血红蛋白。虽然，上述利用多孔性物质按分子体积大小进行分离的方法很早就用于分离低相对分子质量非离子型的物质，但是并未引起人们足够的重视。直到 1959 年，Porath 和 Flodin 用交联的缩聚葡萄糖制成凝胶来分离水溶液中不同相对分子质量的物质，如蛋白质、核酸、激素、酶、病毒和多糖等，才正式以“凝胶过滤”一词表示这一分离过程。这类凝胶立即以商品名称“Sephadex”出售，在生物化学领域内得到非常广泛的应用，这是凝胶色谱技术在水溶性试样的分离中首次取得推广应用，凝胶渗透色谱法由此正式诞生。

然而，在非水体系方面的凝胶渗透色谱，由于填料、检测、输液等方面的技术还相当落后，特别是当时还没有研制出适用于有机溶剂体系的填料，因而该技术并没有取得多大的进展。直到 1964 年，Moore 在总结了前人经验和结合大网状结构离子交换树脂制备经验的基础上，在各种稀释剂存在下，以苯乙烯和二乙烯基苯共聚制成了一系列孔径大小不同的高渗透性疏水交联聚苯乙烯凝胶，可以在有机溶剂中分离相对分子质量从几千到几百万的试样，才把这一技术真正从水溶液体系扩展到有机溶剂体系，大大地扩大了相对分子质量分离范围。1965 年，Maly 以示差折光仪为浓度检测器、以体积指示器为相对分子质量检测器制成凝胶渗透色谱仪，接着凝胶色谱技术很快就在高分子科学领域内被广泛应用。作为一种快速的相对分子质量和相对分子质量分布测定方法，凝胶色谱技术取得了很好的结果，并被誉为是相对分子质量和相对分子质量分布测定方面一项技术上的重要突破。凝胶色谱作为一个非常活跃的研究课题，无论在凝胶制备、仪器技术性能、数据处理还是在理论研究上都取得较大进展。它的应用范围逐步从生物化学、高分子化学、无机化学向其他领域渗透，已经成为化学领域内一种重要的分离手段。

进入 20 世纪 80 年代以后，由于高效液相色谱技术的发展，微粒（粒径小于 10 μm）凝胶的制成、计算机技术在凝胶渗透色谱仪上的匹配和使用，使凝胶渗透色谱的实验操作技术、数据处理、结果的记录打印更趋于仪器化和自动化，从而大大缩短了分析时间。凝胶渗透色谱法进入了高效凝胶渗透色谱发展阶段。凝胶渗透色谱的应用除了深入到高分子化学领域的各个方面外，由于高效微粒填料的制成，它已越来越多地用于分离测定小分子化合物及其组成；由于它具有按溶质分子体积大小分离的独特长处，还被广泛用于生物样品的前处理。

1. 凝胶渗透色谱原理

目前关于凝胶渗透色谱的分离机理存在着以下几种基本理论：①立体排斥理论；②有限扩散理论；③流动分离理论。除上述理论外，尚有分子热力学理论和二次排斥理论等。由于应用立体排斥理论解释凝胶渗透色谱中的各种分离现象与事实比较一致，因此立体排斥理论已为人们普遍采用，即：它的分离基础主要依据溶液中分子体积（流体力学体积）的大小来进行分离。

一个含有各种分子的样品溶液缓慢地流经凝胶色谱柱时，各分子在柱内同时进行着两种不同的运动：垂直向下的移动和无定向的扩散运动。大分子物质由于直径较大，不易进入凝胶颗粒的微孔，而只能分布于颗粒之间，所以在洗脱时向下移动的速度较快。小分子物质除了可在凝胶颗粒间隙中扩散外，还可以进入凝胶颗粒的微孔中，即进入凝胶相内，在向下移动的过程中，从一个凝胶内扩散到颗粒间隙后再进入另一凝胶颗粒，如此不断地进入和扩散，小分子物质的下移速度落后于大分子物质，从而使样品中分子大的先流出色谱柱，中等分子的后流出，分子最小的最后流出，这种现象叫分子筛效应。具有多孔的凝胶就是分子筛。各种分子筛的孔隙大小分布有一定范围，有最大极限和最小极限。分子直径比凝胶最大孔隙直径大的，就会全部被排阻在凝胶颗粒之外，这种情况叫全排阻。两种全排阻的分子即使大小不同，也没有分离效果。直径比凝胶最小孔直径小的分子能进入凝胶的全部孔隙。如果两种分子都能全部进入凝胶孔隙，即使它们的大小有差别，也不会有好的分离效果。因此，一定的分子筛有它一定的使用范围。综上所述，在凝胶色谱中会有三种情况，一是分子很小，能进入分子筛全部的内孔隙；二是分子很大，完全不能进入凝胶的任何内孔隙；三是分子大小适中，能进入凝胶的内孔隙中孔径大小相应的部分。大、中、小三类分子彼此间较易分开，但每种凝胶分离范围之外的分子，在不改变凝胶种类的情况下是很难分离的。对于分子大小不同，但同属于凝胶分离范围内的各种分子，在凝胶床中的分布情况是不同的：分子较大的只能进入孔径较大的那一部分凝胶孔隙内，而分子较小的可进入较多的凝胶颗粒内，这样分子较大的在凝胶床内移动距离较短，分子较小的移动距离较长。于是分子较大的先通过凝胶床而分子较小的后通过凝胶床，这样就利用分子筛可将相对分子质量不同的物质分离。另外，凝胶本身具有三维网状结构，大的分子在通过这种网状结构上的孔隙时阻力较大，小分子通过时阻力较小。相对分子质量大小不同的多种成分在通过凝胶床时，按照相对分子质量大小“排队”，凝胶表现分子筛效应。

凝胶渗透色谱的分离过程是在装有多孔物质为填料的色谱柱中进行的，一个填料的颗料含有许多不同尺寸的小孔（这些小孔具有一定的分布），这些小孔对于溶剂分子来说是很大的，它们可以自由地扩散出入。由于高聚物在溶液中以无规线团的形式存在，且高分子线团也具有一定的尺寸，当填料上的孔洞尺寸与高分子线团的尺寸相当时，高分子线团就向孔洞内部扩散。显然，尺寸大的高聚物分子，由于只能扩散到尺寸大的孔洞中，在色谱柱中保留的时间就短；而尺寸小的高聚物分子，几乎能够扩散到填料的所有孔洞中，向孔内扩散的较深，在色谱柱中保留的时间就长。因此，不同相对分子质量的高聚物分子就按相对分子质量从大到小的次序随着淋洗液的流出而得到分离。

2. 凝胶色谱分类

(1) 交联葡聚糖凝胶 (Sephadex) Sephadex G 交联葡聚糖的商品名为 Sephndex，不同规格型号的葡聚糖用英文字母 G 表示，G 后面的阿拉伯数为凝胶得水值的 10 倍。例如，G-25 为每克凝胶膨胀时吸水 2.5g，同样 G-200 为每克凝胶吸水 20g。交联葡聚糖凝胶的种类有 G-10、G-15、G-25、G-50、G-75、G-100、G-150 和 G-200。因此，“G” 反映凝胶的交联程度、膨胀程度及分范围。

Sephadex LH-20，是 Sephadex G-25 的 ($—CH_2CH_3COOH$) 羧丙基衍生物，能溶于水及亲脂溶剂，用于分离不溶于水的物质。

(2) 琼脂糖凝胶 琼脂糖 Agarose，缩写为 AG，是琼脂中不带电荷的中性组成成分，也译为琼胶素或琼胶糖。琼胶糖化学结构由 β-D-吡喃半乳糖 (1-4) 连接 3，6-脱水 α-L-吡喃半乳糖基单位构成。

琼脂糖凝胶是把琼脂糖，即几乎不含硫酸根的主要成分为多糖的琼脂，溶于热水，冷却制成的凝胶。制成的小颗粒用于凝胶过滤，适于用 sephadex 不能分级分离的大分子的凝胶过滤，若使用 5% 以下浓度的凝胶，也能够分级分离细胞颗粒、病毒等。利用其吸附性小的特点，有时用它代替琼脂，以作为免疫电泳或凝胶内沉降反应的支持物。

商品名较多，常见的有 Sepharose (瑞典，pharmacia)、Bio-Gel-A (美国 Bio-Rad) 等。琼脂糖凝胶是依靠糖链之间的次级键 (如氢键) 来维持网状结构，网状结构的疏密依靠琼脂糖的浓度。一般情况下，它的结构是稳定的，可以在许多条件下使用 (如水、pH 4~9 的盐溶液)。琼脂糖凝胶在 40℃ 以上开始熔化，也不能高压消毒，可用化学灭菌活处理。

(3) 聚丙烯酰胺凝胶 聚丙烯酰胺凝胶是一种人工合成凝胶，是以丙烯酰胺为单位，由甲叉双丙烯酰胺交联成的，经干燥粉碎或加工成型制成粒状，控制交联剂的用量可制成各种型号的凝胶。交联剂越多，孔隙越小。聚丙烯酰胺凝胶的商品为生物胶-P (Bio-Gel P)，由日本 tosoh 的 TSKGEL 的 pw 系列，适合蛋白和多糖的纯化，即丙烯酰胺和少量交联剂甲叉双丙烯酰胺，在催化剂过硫酸铵作用下聚合形成凝胶。

聚丙烯酰胺简称 PAM，相对分子质量 100 万~500 万。聚丙烯酰胺主要有两种商品形式，一种是粉末状的，另一种是胶体，还有聚丙烯酰胺乳液 (上海合成树脂研究所研制)。易溶于冷水，速度很慢，高相对分子质量的聚丙烯酰胺当浓度超过 10% 以后，就会形成凝胶状结构。提高温度可以稍微促进溶解，但温度不得超过 50℃，以防发生分子降解。难溶于有机溶剂。温度超过 120℃

时分解。中性，无毒。用作增稠剂、絮凝剂、减阻剂，具有凝胶、沉降、补强等作用。贮存于阴凉、通风、干燥的库房内，防潮、避光、防热。存放时间不宜过长。

（4）聚苯乙烯凝胶　商品为 Styrogel，具有大网孔结构，可用于分离相对分子质量 1600 ~ 40000000 的生物大分子，适用于有机多聚物、相对分子质量测定和脂溶性天然物的分级，凝胶机械强度好，洗脱剂可用甲基亚砜。

第四节

酸碱理论基础

一、酸碱基本理论

酸碱对于无机化学来说是一个非常重要的部分，日常生活中，人们接触过很多酸碱盐之类的物质，例如食醋，它就是一种酸，日常用的熟石灰是一种碱。人们最初是根据物质的物理性质来分辨酸碱的。有酸味的物质就归为酸一类；而接触有滑腻感的物质，有苦涩味的物质就归为碱一类；类似于食盐一类的物质就归为盐一类。直到 17 世纪末期，英国化学家波义耳才根据实验的理论提出了朴素的酸碱理论：凡是该物质水溶液能溶解一些金属，能与碱反应失去原先特性，能使石蕊水溶液变红的物质叫酸；凡是该物质水溶液有苦涩味，能与酸反应失去原先特性，能使石蕊水溶液变蓝色的物质叫碱。从我们现在的眼光来看，这个理论明显有很多漏洞，如碳酸氢钠，它符合碱的设定，但它是一种盐。这个理论主要跟很多盐相混淆。

后来人们又试图从酸碱的元素组成上来加以区分，法国化学家拉瓦锡认为，氧元素是酸不可缺少的元素。然而英国的戴维以盐酸并不含氧的实验事实证明拉瓦锡的理论是错误的。戴维认为氢才是酸不可或缺的元素，要判断一个物质是不是酸，要看它是否含有氢原子。然而很多盐跟有机物都含有氢原子，显然这个理论过于片面了。德国化学家李比西接着戴维的棒又给出了更科学的解释：所有的酸都是含氢化合物，其中的氢原子必须很容易地被金属置换出来，能跟酸反应生成盐的物质则是碱。但是他又无法解释酸的强弱问题。随着科学的发展，人们又提出了更加科学的解释，使得酸碱理论越发成熟。

1．酸碱电离理论

瑞典科学家阿伦尼乌斯（Arrhenius）总结大量事实，于 1987 年提出了关于酸碱本质的观点——酸碱电离理论（Arrhenius 酸碱理论）。在酸碱电离理论中，酸碱的定义是：凡在水溶液中电离生成的阴离子全都是 H^+ 的物质称作酸；在水溶液中电离生成的阳离子全都是 OH^- 的物质称作碱；酸碱中和反应的实质是 H^+ 和 OH^- 结合生成 H_2O。Arrhenius 的电离学说，使人们对酸碱的认识发生了一个飞跃。$HA = H^+ + A^-$ 电离出的正离子全部是 H^+，$MOH = M^+ + OH^-$ 电离出的负离子全部是 OH^-。进一步从平衡角度找到了比较酸碱强弱的标准，即 K_a、K_b。Arrhenius 理论在水溶液中是成功的，由于水溶液中 H^+ 和 OH^- 的浓度是可以测量的，所以这一理论第一次从定量的角度来描写酸碱的性质和它们在化学反应中的行为，酸碱电离理论适用于 pH 计算、电离度计算、缓冲溶液计算、溶解度计算等，而且计算的精确度相对较高，所以至今仍然是一个非常实用的理论；阿伦尼乌斯还指出，多元酸和多元碱在水溶液中分步离解，能电离出多个氢离子的酸是多元酸，能电离出多个氢氧根离子的碱是多元碱，它们在电离时都是分几步进行的。但其在非水体系中的适用性却受到了挑战。试比较下列两组反应：

$$2H_2O = OH^- + H_3O^+ \quad NaOH + (H_3O)Cl = NaCl + 2H_2O$$

$$2NH_3 = NH_2^- + NH_4^+ \quad NaNH_2 + NH_4Cl = NaCl + 2NH_3$$

溶剂自身的电离和液氨中进行的中和反应，无法用 Arrhenius 的理论去讨论，因为它把碱限制为氢氧化物，而对氨水呈碱性的事实也无法说明，这曾使人们长期误认为氨水是 NH_4OH，但实际上从未分离出这种物质。还有，解离理论认为酸和碱是两种绝对不同的物质，忽视了酸碱在对立中的相互联系和统一。

不过 Arrhenius 的电离学说是一个较为实用的观点，它是根据物质在水溶液中所产生的离子来定义的，虽然这种理解在某种程度上忽视了溶剂在酸碱体系中的作用，也牺牲了对酸碱关系的某些相当有用的见解。

2. 酸碱溶剂理论

富兰克林（Franklin）于 1905 年提出酸碱溶剂理论（简称溶剂论），溶剂论的基础仍是阿氏的电离理论，只不过它从溶剂的电离为基准来论证物质的酸碱性。其内容是：凡是在溶剂中产生该溶剂的特征阳离子的溶质叫酸，产生该溶剂的特征阴离子的溶质叫碱。例如：液氨中存在如下平衡：

$$2NH_3 = NH_4^+ + NH_2^-$$

因此在液氨中电离出 NH_4^+ 的是酸，例如 NH_4Cl，电离出 NH_2^- 的是碱，例如 $NaNH_2$。液态 N_2O_4 中存在如下平衡：

$$N_2O_4 = NO^+ + NO_3^-$$

因此在液态 N_2O_4 中电离出 NO^+ 的是酸，例如 NOCl，电离出 NO_3^- 的是碱，例如 $AgNO_3$。酸碱溶剂理论中，酸和碱并不是绝对的，在一种溶剂中的酸，在另一种溶剂中可能是碱。富兰克林把以水为溶剂的个别现象，推广到适用更多溶剂的一般情况，因此大大扩展了酸和碱的范围。但溶剂论对于一些不电离的溶剂以及无溶剂的酸碱体系，则无法说明。例如，苯不电离，NH_3和 HCl 在苯中也不电离，但 NH_3 和 HCl 在苯中同样可以反应生成 NH_4Cl。又如，NH_3 和 HCl 能在气相进行反应，同样也是溶剂论无法解释的。

3. 酸碱质子理论

酸碱电离理论无法解释非电离的溶剂中的酸碱性质。针对这一点，1923 年，丹麦化学家布朗斯特（J. N. Brönsted）与英国化学家劳莱（T. M. Lorry）分别独立地提出了酸碱质子理论。他们认为，酸是能够给出质子（H^+）的物质，碱是能够接收质子（H^+）的物质。可见，酸给出质子后生成相应的碱，而碱结合质子后又生成相应的酸。酸碱之间的这种依赖关系称为共轭关系。相应的一对酸碱被称为共酸碱对。酸碱反应的实质是两个共酸碱对的结合，质子从一种酸转移到另一种碱的过程。上式中酸碱称为共轭酸碱对。酸碱质子理论很好地说明了 NH_3就是碱，因它可接受质子生成 NH_4^+。同时也解释了非水溶剂中的酸碱反应。

与酸碱的电离理论和溶剂理论相比，布朗斯特的质子理论较前人的酸碱理论已有了很大的进步，他不仅包括了水—电离理论的所有酸，还扩大了水—电离理论中碱的范围。他还可以解释溶剂论中不能解释的不电离溶剂，甚至是无溶剂体系。它把酸碱反应中的反应物和生成物有机地结合起来，通过内因和外因的联系阐明了物质的特征。由于质子理论的论述方法比溶剂论直截了当，明确易懂，实用价值大，因此被广泛地用于化学教学和研究中。

但是，质子理论也有局限性，它只限于质子的给予和接受，对于无质子参与的酸碱反应就无能为力了。

4. 酸碱电子理论

任何理论都有它的局限性，不管是电离理论还是质子理论，都把酸的分类局限于含 H 的物质上。有些物质，如：SO_3、BCl_3，根据上述理论都不是酸，因为既无法在水溶液中电离出 H^+，也不具备给出质子的能力，但它们确实能发生酸碱反应，如：

$$SO_3 + Na_2O = Na_2SO_4$$

$$BCl_3 + NH_3 = BCl_3 \cdot NH_3$$

这里 BCl_3、SO_3虽然不含 H，但是也起着酸的作用。

1923 年美国化学家路易斯（G. N. Lewies）不受电力学说的束缚，结合酸碱的电子结构，从电子对的配给和接受出发，提出了酸碱的电子理论。他是共价键理论的创建者，所以他更愿意用结构上的性质来区别酸碱。电子理论的焦点是电子对的配给和接受，他认为：碱是具有孤对电子的物质，这对电子可以用来使别的原子形成稳定的电子层结构；酸则是能接受电子对的物质，它利用碱所具有的孤对电子使其本身的原子达到稳定的电子层结构。酸碱反应的实质是碱的未共用电子对通过配位键跃迁到酸的空轨道中，生成酸碱配合物的反应。

这一理论很好地解释了一些不能释放 H 的物质本质上也是酸，一些不能接受质子的物质本质上也是碱。同时也使酸碱理论脱离了氢元素的束缚，将酸碱理论的范围更加扩大。这就像以前人们一直把氧化反应只局限在必须有氧原子参加一样，没有意识到一些并没有氧参加的反应本质上也是氧化反应。这使得化学的知识结构更加具有系统性。Lewis 酸碱理论较电离理论、溶剂论、质子论有了更大的扩展和完善，在现代化学中的应用比较广泛。在 lewis 酸碱理论的基础上，人们发现了更为重要的软硬酸碱理论，而软硬酸碱与人们的生活密切相关，是人类必须深入研究的，这样才能更好地服务于人类。

5. 软硬酸碱理论

1963 年美国化学家皮尔松（R. G. Pearson）以 lewis 酸碱为基础，把 lewis 酸碱分软、硬两大类。把首电子原子体积小、正电荷高、极化力差的，也就是外层电子控制得紧的称为硬酸；而首电子体积大、正电荷低或等于零、极化性高的，也就是外层电子控制得松的称为软酸。介于软硬酸碱之间的称为交界酸碱。上述对于软硬酸碱的分类并不算绝对的，就像化学键一样，离子键和共价键没有绝对的界限，有的化合物既显示一定的离子键所具有的性质，又能显示共价键具有的性质。因此软硬酸碱之间存在一个过渡阶段。例如，氨和水都属于硬碱的范围之内，但相比较来说，氨比水较软一些，只是目前我们还没有足够的实验数据可以用来细致地进行软硬酸碱的分类。因此，暂时也只能较粗略地进行分类，即所谓软、交界、硬三类。

虽然软硬酸碱不能准确地进行分类，但它们之间在结构上存在着比较明显的差异。在软硬酸碱反应的过程中，有一个很重要的经验性规律或原则，即所谓“软硬酸碱原则”，这个原则的内容可以经验地总结为“软亲软，硬亲硬，软硬交界就不管”。所谓亲就是容易和生成的物质比较稳定，如：硬酸 Na^+ 和硬碱 Cl^- 等，但是软与硬也不是绝对不反应，只是产物不稳定而已。几乎所有的离子、分子和原子团都能归纳到软硬酸碱中，这就大大扩展了酸碱的范围，使酸碱理论更深，更明确。软硬酸碱规则是一个经验性的总结，对解释酸碱的反应、酸碱加合物的稳定性，起到了一定的预测和指导意义。但是它仅限于定性反应应用，并有一定的局限性和许多例外情况，目前还没有定量和半定量的标准，有待进一步的研究和发展。

至此人类对酸和碱的研究有了一套比较完整的理论体系，但人们从未停止过对酸碱的探讨与深究，酸碱理论的研究伴随着化学的成长也在不断成长着。探究酸碱的概念发展的长远历史，我们可以发现，人类的理论并不是一出来就是正确的，很多理论都是经过一代又一代科学家加以改进、创新而得以进步的。就像 18 世纪非常流行的燃素理论一样，燃素理论确实能够解释很多很多的事情，但是它其实还是错的，那个理论是人们未了解事物的本质的时候提出的。当人们了解到氧气的存在的时候，才发现燃素理论是彻底错误的。总之，我们要通过科学的探索解释更多未知的同时，也要不断地改进我们现有的理论，使之更加完善，这样，科学才会不断快速地向前发展。

二、电解质溶液的性质

1. 电解质和解离常数

根据 Arrhenius 的电离学说，通常认为强酸（如 HCl、HNO_3 等）、强碱（如 NaOH、KOH 等）以及极大部分的盐（如 NaCl、KNO_3、$CuSO_4$ 等），这些强电解质在水溶液中完全解离，就是说其溶解以后完全是以水合离子形式存在，而无溶质分子。

强电解质溶液中的离子浓度是以其完全解离出来计算的，如 0.02mol/L 的 $Al_2(SO_4)_3$ 溶液中，铝离子的浓度 $c(Al^{3+}) = 0.040$mol/L，硫酸根离子浓度 $c(SO_4^{+}) = 0.060$mol/L。解离程度小的弱电解质，如弱酸 HAc、HCN、H_2S、H_3BO_3 等，弱碱 $NH_3 \cdot H_2O$ 等，在水溶液中只有一小部分解离成为离子，大部分还是以分子形式存在，未解离的分子同离子之间形成平衡：

$$HAc \rightleftharpoons H^+ + Ac^-$$

$$NH_3 \cdot H_2O \rightleftharpoons OH^- + NH_4{}^+$$

解离度（α）就是电解质在溶液中达到解离平衡时已解离的分子数占该电解质原来分子总数的百分比：

$$\alpha = \frac{\text{已解离的分子数}}{\text{溶液中原来该弱电解质分子总数}} \times 100\%$$

2. 活度和活度系数

对于强电解质，在水溶液中应该完全解离，实验测定时却发现它们的解离度并没有达到 100%。这种现象主要是由于带不同电荷离子之间以及离子和溶剂分子之间的相互作用，使得每个离子的周围都吸引着一定数量带相反电荷的离子，形成了所谓的离子氛（ionatomosphere）。有些阴、阳离子会形成离子对，从而影响了离子在溶液中的活动性，降低了离子在化学反应中的作用能力，使得离子参加化学反应的有效浓度要比实际浓度低。这种离子在化学反应中起作用的有效浓度称为活度（activity）。一般用下式表示浓度与活度的关系：

$$a = \frac{\gamma c}{c^{\ominus}} \times 100\%$$

式中　a——活度

γ——活度系数（activity coefficient）

c——溶液的浓度

$c^{\ominus}$——溶液中溶质在标准压力下溶质的浓度（$c^{\ominus}=1\text{mol/L}$）

为了衡量溶液中正负离子的作用情况，人们引入了离子强度（I）的概念：

$$I = 1/2\sum_{i=1}^{n} c_i z_i^2$$

式中　c——离子浓度

i——离子种类

z——离子的电荷数

上式表明，溶液的浓度越大，离子所带的电荷越多，离子强度也就越大。离子强度越大，离子间相互牵制作用越大，离子活度系数也就越小，响应离子的活度就越低。对 AB 型电解质稀溶液（<0.1mol/L），γ 与 I 的近似关系可用德拜－休格尔（Debye－Huckel）极限公式表示：

$$\lg \gamma_{\pm} = -0.509 \mid z_{+} z_{-} \mid I^{1/2}$$

严格地讲，电解质溶液中的离子浓度应该用活度来代替。当溶液中的离子强度 $>10^{-4}$ 时，离子间牵制作用就降低到极微弱的程度，一般近似认为活度系数 $\gamma=1$，$a=c$，所以对于稀溶液（尤其是弱电解质溶液），为了简便起见，通常就用浓度代替活度进行计算。

3. 水的解离平衡和离子积常数

酸碱强弱不仅取决于酸碱本身释放质子和接收质子的能力，同时受溶剂接收和释放质子的能力影响，因此，要比较各种酸碱的强度，必须选定同一种溶剂，水是最常用的溶剂。

作为溶剂的纯水，其分子与分子之间也有质子的传递：

$$H_2O + H_2O \rightleftharpoons H_3O^+ + OH^-$$

其中一个水分子放出质子作为酸，另一个水分子接受质子作为碱形成 H_3O^+ 和 OH^-，我们称这种溶剂分子之间存在的质子传递反应为溶剂的自递平衡。对水而言，反应的平衡常数称为水的质子自递常数，用 $K_w^{\ominus}$ 表示。

$$K_w^{\ominus} = \frac{c(H_3O^+)}{c^{\ominus}} \cdot \frac{c(OH^-)}{c^{\ominus}}$$

$c^{\ominus}$ 为标准浓度（$c^{\ominus}=1\text{mol/L}$），简化为：

$$K_w^{\ominus} = c(H_3O^+)c(OH^-)$$

$K_w^{\ominus}$ 也称为水的离子积常数（ionization produce of water）。精确实验测得在室温（22～25℃）时纯水中：

$$c\ (H_3O^+) = c\ (OH^-) = 1.0 \times 10^{-7} mol/L$$

$$K_w^{\ominus} = 1.0 \times 10^{-14}$$

$$pK_w^{\ominus} = 14$$

$K_w^{\ominus}$随温度升高而变大，但变化不明显。为了方便，一般在室温工作时可采用$K_w^{\ominus} = 1.0 \times 10^{-14}$。

溶液中氢离子或氢氧根离子浓度的改变能引起水的解离平衡的移动。如在纯水中加入少量H^+，达到新的平衡时，$c\ (H_3O^+) \neq c\ (OH^-)$；但是，只要温度保持不变，$K_w^{\ominus}$仍然保持不变，即如果知道$c\ (H_3O^+)$，可计算得出$c\ (OH^-)$。

在水溶液中，可以通过比较水溶液中质子转移反应平衡常数的大小，来比较酸碱的相对强弱。平衡常数越大，酸碱的强度也越大。酸的平衡常数用$K_a^{\ominus}$表示，称为酸的解离常数，也叫酸常数。$K_a^{\ominus}$越大，酸的强度越大。碱的平衡常数用$K_b^{\ominus}$表示，称为碱的解离常数，也叫碱常数。$K_b^{\ominus}$越大，碱的强度越大。

一种酸的酸性越强，$K_a^{\ominus}$越大，则其相应的共轭碱的碱性越弱，其$K_b^{\ominus}$越小。共轭酸碱对的$K_a^{\ominus}$和$K_b^{\ominus}$之间有确定的关系。例如，共轭酸碱对Hac－Ac^-的$K_a^{\ominus}$和$K_b^{\ominus}$之间：

$$K_a^{\ominus}K_b^{\ominus} = \frac{c(H_3O^+)c(Ac^-)}{c(HAc)} \times \frac{c(HAc)c(OH^-)}{c(Ac^-)}$$

$$= c(H_3O^+)c(OH^-) = K_w^{\ominus}$$

因此，只要知道酸或碱的解离常数，其相对应的共轭碱或共轭酸的解离常数就可以通过上式求得。一些常用的弱酸在水溶液中的解离常数如表2－9和表2－10所示。

表2－9　　无机酸在水溶液中的解离常数（25℃）

序号	名称	化学式	K_a	pK_a
1	偏铝酸	$HAlO_2$	6.3×10^{-13}	12.2
2	亚砷酸	H_3AsO_3	6.0×10^{-10}	9.22
			6.3×10^{-3} (K_1)	2.2
3	砷酸	H_3AsO_4	1.05×10^{-7} (K_2)	6.98
			3.2×10^{-12} (K_3)	11.5
			5.8×10^{-10} (K_1)	9.24
4	硼酸	H_3BO_3	1.8×10^{-13} (K_2)	12.74
			1.6×10^{-14} (K_3)	13.8

续表

序号	名称	化学式	K_a	pK_a
5	次溴酸	HBrO	2.4×10^{-9}	8.62
6	氢氰酸	HCN	6.2×10^{-10}	9.21
7	碳酸	H_2CO_3	4.2×10^{-7} (K_1)	6.38
			5.6×10^{-11} (K_2)	10.25
8	次氯酸	HClO	3.2×10^{-8}	7.5
9	氢氟酸	HF	6.61×10^{-4}	3.18
10	锗酸	H_2GeO_3	1.7×10^{-9} (K_1)	8.78
			1.9×10^{-13} (K_2)	12.72
11	高碘酸	HIO_4	2.8×10^{-2}	1.56
12	亚硝酸	HNO_2	5.1×10^{-4}	3.29
13	次磷酸	H_3PO_2	5.9×10^{-2}	1.23
14	亚磷酸	H_3PO_3	5.0×10^{-2} (K_1)	1.3
			2.5×10^{-7} (K_2)	6.6
15	磷酸	H_3PO_4	7.52×10^{-3} (K_1)	2.12
			6.31×10^{-8} (K_2)	7.2
			4.4×10^{-13} (K_3)	12.36
16	焦磷酸	$H_4P_2O_7$	3.0×10^{-2} (K_1)	1.52
			4.4×10^{-3} (K_2)	2.36
			2.5×10^{-7} (K_3)	6.6
			5.6×10^{-10} (K_4)	9.25
17	氢硫酸	H_2S	1.3×10^{-7} (K_1)	6.88
			7.1×10^{-15} (K_2)	14.15
18	亚硫酸	H_2SO_3	1.23×10^{-2} (K_1)	1.91
			6.6×10^{-8} (K_2)	7.18
19	硫酸	H_2SO_4	1.0×10^{3} (K_1)	-3
			1.02×10^{-2} (K_2)	1.99
20	硫代硫酸	$H_2S_2O_3$	2.52×10^{-1} (K_1)	0.6
			1.9×10^{-2} (K_2)	1.72
21	氢硒酸	H_2Se	1.3×10^{-4} (K_1)	3.89
			1.0×10^{-11} (K_2)	11

续表

序号	名称	化学式	K_a	pK_a
22	亚硒酸	H_2SeO_3	2.7×10^{-3} (K_1)	2.57
			2.5×10^{-7} (K_2)	6.6
23	硒酸	H_2SeO_4	1×10^{3} (K_1)	−3
			1.2×10^{-2} (K_2)	1.92
24	硅酸	H_2SiO_3	1.7×10^{-10} (K_1)	9.77
			1.6×10^{-12} (K_2)	11.8
25	亚碲酸	H_2TeO_3	2.7×10^{-3} (K_1)	2.57
			1.8×10^{-8} (K_2)	7.74

表 2-10　有机酸在水溶液中的解离常数（25℃）

序号	名称	化学式	K_a	pK_a
1	甲酸	$HCOOH$	1.8×10^{-4}	3.75
2	乙酸	CH_3COOH	1.74×10^{-5}	4.76
3	乙醇酸	$CH_2(OH)COOH$	1.48×10^{-4}	3.83
4	草酸	$(COOH)_2$	5.4×10^{-2} (K_1)	1.27
			5.4×10^{-5} (K_2)	4.27
5	甘氨酸	$CH_2(NH_2)COOH$	1.7×10^{-10}	9.78
6	一氯乙酸	$CH_2ClCOOH$	1.4×10^{-3}	2.86
7	二氯乙酸	$CHCl_2COOH$	5.0×10^{-2}	1.3
8	三氯乙酸	CCl_3COOH	2.0×10^{-1}	0.7
9	丙酸	CH_3CH_2COOH	1.35×10^{-5}	4.87
10	丙烯酸	$CH_2{=}CHCOOH$	5.5×10^{-5}	4.26
11	乳酸（丙醇酸）	$CH_3CHOHCOOH$	1.4×10^{-4}	3.86
12	丙二酸	$HOCOCH_2COOH$	1.4×10^{-3} (K_1)	2.85
			2.2×10^{-6} (K_2)	5.66
13	2-丙炔酸	$HC{\equiv}CCOOH$	1.29×10^{-2}	1.89
14	甘油酸	$HOCH_2CHOHCOOH$	2.29×10^{-4}	3.64
15	丙酮酸	$CH_3COCOOH$	3.2×10^{-3}	2.49
16	*a*-丙胺酸	CH_3CHNH_2COOH	1.35×10^{-10}	9.87
17	*b*-丙胺酸	$CH_2NH_2CH_2COOH$	4.4×10^{-11}	10.36

续表

序号	名称	化学式	K_a	pK_a
18	正丁酸	$CH_3(CH_2)_2COOH$	1.52×10^{-5}	4.82
19	异丁酸	$(CH_3)_2CHCOOH$	1.41×10^{-5}	4.85
20	3－丁烯酸	$CH_2{=}CHCH_2COOH$	2.1×10^{-5}	4.68
21	异丁烯酸	$CH_2{=}C(CH_2)COOH$	2.2×10^{-5}	4.66
22	反丁烯二酸（富马酸）	$HOCOCH{=}CHCOOH$	9.3×10^{-4} (K_1)	3.03
			3.6×10^{-5} (K_2)	4.44
23	顺丁烯二酸（马来酸）	$HOCOCH{=}CHCOOH$	1.2×10^{-2} (K_1)	1.92
			5.9×10^{-7} (K_2)	6.23
24	酒石酸	$HOCOCH(OH)CH(OH)COOH$	1.04×10^{-3} (K_1)	2.98
			4.55×10^{-5} (K_2)	4.34
25	正戊酸	$CH_3(CH_2)_3COOH$	1.4×10^{-5}	4.86
26	异戊酸	$(CH_3)_2CHCH_2COOH$	1.67×10^{-5}	4.78
27	2－戊烯酸	$CH_3CH_2CH{=}CHCOOH$	2.0×10^{-5}	4.7
28	3－戊烯酸	$CH_3CH{=}CHCH_2COOH$	3.0×10^{-5}	4.52
29	4－戊烯酸	$CH_2{=}CHCH_2CH_2COOH$	2.10×10^{-5}	4.677
30	戊二酸	$HOCO(CH_2)_3COOH$	1.7×10^{-4} (K_1)	3.77
			8.3×10^{-7} (K_2)	6.08
31	谷氨酸	$HOCOCH_2CH_2CH(NH_2)COOH$	7.4×10^{-3} (K_1)	2.13
			4.9×10^{-5} (K_2)	4.31
			4.4×10^{-10} (K_3)	9.358
32	正己酸	$CH_3(CH_2)_4COOH$	1.39×10^{-5}	4.86
33	异己酸	$(CH_3)_2CH(CH_2)_3{-}COOH$	1.43×10^{-5}	4.85
34	(*E*)－2－己烯酸	$H(CH_2)_3CH{=}CHCOOH$	1.8×10^{-5}	4.74
35	(*E*)－3－己烯酸	$CH_3CH_2CH{=}CHCH_2COOH$	1.9×10^{-5}	4.72
36	己二酸	$HOCOCH_2CH_2CH_2CH_2COOH$	3.8×10^{-5} (K_1)	4.42
			3.9×10^{-6} (K_2)	5.41
37	柠檬酸	$HOCOCH_2C(OH)(COOH)CH_2COOH$	7.4×10^{-4} (K_1)	3.13
			1.7×10^{-5} (K_2)	4.76
			4.0×10^{-7} (K_3)	6.4
38	苯酚	C_6H_5OH	1.1×10^{-10}	9.96

续表

序号	名称	化学式	K_a	pK_a
39	邻苯二酚	$(o)\ C_6H_4(OH)_2$	3.6×10^{-10}	9.45
			1.6×10^{-13}	12.8
40	间苯二酚	$(m)\ C_6H_4(OH)_2$	$3.6\times10^{-10}\ (K_1)$	9.3
			$8.71\times10^{-12}\ (K_2)$	11.06
41	对苯二酚	$(p)\ C_6H_4(OH)_2$	1.1×10^{-10}	9.96
42	2，4，6-三硝基苯酚	$2,4,6-(NO_2)_3C_6H_2OH$	5.1×10^{-1}	0.29
43	葡萄糖酸	$CH_2OH(CHOH)_4COOH$	1.4×10^{-4}	3.86
44	苯甲酸	C_6H_5COOH	6.3×10^{-5}	4.2
45	水杨酸	$C_6H_4(OH)COOH$	$1.05\times10^{-3}\ (K_1)$	2.98
			$4.17\times10^{-13}\ (K_2)$	12.38
46	邻硝基苯甲酸	$(o)\ NO_2C_6H_4COOH$	6.6×10^{-3}	2.18
47	间硝基苯甲酸	$(m)\ NO_2C_6H_4COOH$	3.5×10^{-4}	3.46
48	对硝基苯甲酸	$(p)\ NO_2C_6H_4COOH$	3.6×10^{-4}	3.44
49	邻苯二甲酸	$(o)\ C_6H_4(COOH)_2$	$1.1\times10^{-3}\ (K_1)$	2.96
			$4.0\times10^{-6}\ (K_2)$	5.4
50	间苯二甲酸	$(m)\ C_6H_4(COOH)_2$	$2.4\times10^{-4}\ (K_1)$	3.62
			$2.5\times10^{-5}\ (K_2)$	4.6
51	对苯二甲酸	$(p)\ C_6H_4(COOH)_2$	$2.9\times10^{-4}\ (K_1)$	3.54
			$3.5\times10^{-5}\ (K_2)$	4.46
52	1，3，5-苯三甲酸	$C_6H_3(COOH)_3$	$7.6\times10^{-3}\ (K_1)$	2.12
			$7.9\times10^{-5}\ (K_2)$	4.1
			$6.6\times10^{-6}\ (K_3)$	5.18
53	苯基六羧酸	$C_6(COOH)_6$	$2.1\times10^{-1}\ (K_1)$	0.68
			$6.2\times10^{-3}\ (K_2)$	2.21
			$3.0\times10^{-4}\ (K_3)$	3.52
			$8.1\times10^{-6}\ (K_4)$	5.09
			$4.8\times10^{-7}\ (K_5)$	6.32
			$3.2\times10^{-8}\ (K_6)$	7.49
54	癸二酸	$HOOC(CH_2)_8COOH$	$2.6\times10^{-5}\ (K_1)$	4.59
			$2.6\times10^{-6}\ (K_2)$	5.59

续表

序号	名称	化学式	K_a	pK_a
55	乙二胺四乙酸（EDTA）	$(HOOCCH_2)_2NCH_2CH_2N(CH_2COOH)_2$	1.0×10^{-2} (K_1)	2
			2.14×10^{-3} (K_2)	2.67
			6.92×10^{-7} (K_3)	6.16
			5.5×10^{-11} (K_4)	10.26

4. 解离度和稀释定律

解离度 α 及弱酸、弱碱的酸、碱解离常数 $K_a^{\ominus}$、$K_b^{\ominus}$，都表示弱酸、弱碱与水分子之间质子传递的程度，但二者是有区别的。$K_a^{\ominus}$、$K_b^{\ominus}$是在弱电解质溶液系统中的一种平衡常数，不受浓度影响；并且由于弱酸弱碱与水分子之间质子传递反应的热效率不大，因此，温度对其影响也不大。而解离度是化学平衡中的转化率在弱电解质溶液系统中的一种表现形式，因此，浓度对其有影响，浓度越小，其解离度越大。所以弱酸、弱碱的解离常数 $K_a^{\ominus}$、$K_b^{\ominus}$比解离度 α 能更好地表明弱酸、弱碱的相对强弱。

解离度 α 与弱酸、弱碱的解离常数之间有一定的关系，如果弱电解质 AB 溶液的浓度为 c_0，解离度为 α：

$$H_2O \rightleftharpoons A^+ + B^-$$

起始浓度/（mol/L）　　c_0　　0　　0

平衡浓度/（mol/L）　　$c_0 - c_0\alpha$　　$c_0\alpha$　　$c_0\alpha$

$$K^{\ominus} = \frac{(c_0\alpha)^2}{c_0 - c_0\alpha} = \frac{c_0\alpha^2}{1-\alpha}$$

当 $\alpha < 5\%$ 时，$1-\alpha \approx 1$，可以用以下关系式近似表示：

$$弱酸：\alpha = \sqrt{\frac{K_a^{\ominus}}{c_0}} \qquad 弱碱：\alpha = \sqrt{\frac{K_a^{\ominus}}{c_0}}$$

这个关系式成立的前提是 c_0不是很小，α 也不是很大。它表明酸碱平衡常数、解离度、溶液浓度三者之间的关系，称为稀释定律。

5. 溶液的 pH

溶液的酸（碱）度，是指溶液中的 H_3O^+（OH^-）离子的平衡浓度。溶液的酸碱度常用 pH 来表示。通常规定：

$$pH = -\lg[c(H_3O^+)/c^{\ominus}]$$

即 pH 为溶液中 H_3O^+浓度的负对数。可简化表示为：

$$pH = -\lg c(H^+)$$

与 pH 对应，溶液的 $pOH = -\lg c(OH^+)$。在常温下，水溶液中有：

$$pH + pOH = pK_w^{\ominus} = 14.00$$

用 pH 表示水溶液的酸碱性较为方便。c（H^+）越大，pH 越小，表示溶液的酸度越高，碱度越低；c（H^+）越小，pH 越大，表示溶液的酸度越低，碱度越高。溶液的酸碱性与 pH 的关系如下：

酸性溶液中：$c(H^+) > c(OH^-)$，$pH < 7 < pOH$

中性溶液中：$c(H^+) = c(OH^-)$，$pH = 7 = pOH$

碱性溶液中：$c(H^+) < c(OH^-)$，$pH > 7 > pOH$

pH 和 pOH 使用范围一般在 0～14，如果 $pH < 0$，则 $c(H^+) > 1mol/L$，如果 $pH > 14$，则 $c(OH^-) > 1mol/L$，此时，直接用物质的量浓度（c）表示酸、碱度更方便。

在实际工作中常常采用 pH 试纸（pH - test paper）或酸碱指示剂（acid indicator）检测溶液的酸度大小。pH 试纸是由多种酸碱指示剂按一定比例配制而成的。

三、缓冲盐体系

一定条件下，如果在 50mL pH 为 7.00 的纯水中加入 0.05mL 1.0mol/L HCl 溶液或 0.05mL 1.0mol/L NaOH 溶液，则溶液的 pH 分别由 7.00 降低到 3.00 或增加到 11.00，即 pH 改变了 4 个单位。可见，纯水不具有保持 pH 相对稳定的性能。如果在 50mL 含有 0.10mol/L HAc 和 0.10mol/L NaAc 的混合溶液中，加入 0.05mol/L HCl 或 0.05mol/L NaOH 溶液，则溶液的 pH 分别从 4.76 降低到 4.75 或增加到 4.77，即 pH 只改变了 0.01 个单位。

上述实验中，在含有 $HAc - Ac^-$ 这样的共轭酸碱对的混合溶液中加入少量强酸或强碱之后，不易引起溶液 pH 发生明显改变的溶液称为缓冲溶液（buffer solution）。缓冲溶液具有抗少量强酸、抗少量强碱、抗少量水稀释的作用，此作用称缓冲作用。

在生化研究工作中，常常需要使用缓冲溶液来维持实验体系的酸碱度。研究工作的溶液体系 pH 的变化往往直接影响到研究工作的成效。如果“提取酶”实验体系的 pH 变动或大幅度变动，酶活性就会下降甚至完全丧失。所以配制缓冲溶液是一个不可或缺的关键步骤。常用作缓冲溶液的酸类是由弱酸及其共轭酸盐组合成的溶液，具有缓冲作用。生化实验室常用的缓冲体系主要有磷酸、柠檬酸、碳酸、醋酸、巴比妥酸、Tris（三羟甲基氨基甲烷）等系统，生化实验或研究工作中要慎重地选择缓冲体系，因为有时影响实验结果的因素并不是缓冲液的 pH，而是缓冲液中的某种离子，如硼酸盐、柠檬酸盐、磷酸盐和三羟甲基甲烷等缓冲剂都可能产生不需要的化学反应。

硼酸盐：硼酸盐与许多化合物形成复盐，如蔗糖。

柠檬酸盐：柠檬酸盐离子容易与钙结合，所以存在有钙离子的情况下不能使用。

磷酸盐：在有些实验，它是酶的抑制剂，甚至是一个代谢物，重金属易以磷酸盐的形式从溶液中沉淀出来，而且它在 pH 7.5 以上时缓冲能力很小。

Tris：它可以和重金属一起作用，但在有些系统中也起抑制作用。其主要缺点是温度效应。这点往往被忽视，在室温 pH 是 7.8 的 Tris 缓冲液，4℃时是 8.4，37℃时是 7.4，因此，4℃配制的缓冲液在 37℃进行测量时，其氢离子浓度就增加了 10 倍。在 pH 7.5 以下，其缓冲能力极为不理想。

1. 缓冲作用原理

根据酸碱质子理论，缓冲溶液是一共轭酸碱对系统，是由一种酸（质子给予体，用 HB 表示）和它的共轭碱（质子接受体，用 B^- 表示）组成的混合系统。在水溶液中存在以下质子转移平衡：

$$[HB] + H_2O \rightleftharpoons H_3O^+ + B^-$$

在缓冲溶液中 HB 和 B^- 的起始浓度很大，即溶液中大量存在的主要是 HB 和 B^-。

当加入少量强酸时，H_3O^+ 浓度增加，平衡向左移动，B^- 浓度略有减少，HB 浓度略有增加，H_3O^+ 浓度基本未变，即溶液 pH 基本保持不变。显然溶液中共轭碱 B^- 起到了抗酸的作用。

当加入少量强碱时，OH^- 浓度增加，H_3O^+ 浓度略有减少，平衡向右移动，HB 和 H_2O 作用产生 H_3O^+ 以补充其减少的 H_3O^+。这样 HB 浓度略有减少，B^- 浓度略有增加，而 H_3O^+ 浓度几乎未变，pH 基本保持不变。显然，此时 HB 起了抗碱的作用。

由此可见，含有足够大浓度弱酸与其共轭碱的混合溶液具有缓冲作用的原理是外加少量酸碱时，质子在共轭酸碱对之间发生转移以维持质子浓度保持基本不变。

可见缓冲体系应具备两个条件：一是既有能抗碱（弱酸）又能抗酸（共轭碱）的组分；二是弱酸及共轭碱保证足够大的浓度和适当的浓度比。一些常用缓冲溶液的配制方法和 pH 见表 2 - 11。

表 2 - 11　　常用缓冲溶液的配制方法和 pH

溶液名称	配制方法	pH
氯化钾 - 盐酸	13.0mL 0.2mol/L HCl 与 25.0mL 0.2mol/L KCl 混合均匀后，加水稀释至 100mL	1.7
氨基乙酸 - 盐酸	在 500mL 水中溶解氨基乙酸 150g，加 480mL 浓盐酸，再加水稀释至 1 L	2.3

续表

溶液名称	配制方法	pH
一氯乙酸－氢氧化钠	在 200mL 水中溶解 2g 一氯乙酸后，加 40g NaOH，溶解完全后再加水稀释至 1 L	2.8
邻苯二甲酸氢钾－盐酸	把 25.0mL 0.2mol/L 的邻苯二甲酸氢钾溶液与 6.0mL 0.1mol/L HCl 混合均匀，加水稀释至 100mL	3.6
邻苯二甲酸氢钾－氢氧化钠	把 25.0mL 0.2mol/L 的邻苯二甲酸氢钾溶液与 17.5mL 0.1mol/L NaOH 混合均匀，加水稀释至 100mL	4.8
六亚甲基四胺－盐酸	在 200mL 水中溶解六亚甲基四胺 40g，加浓 HCl 10mL，再加水稀释至 1 L	5.4
磷酸二氢钾－氢氧化钠	把 25.0mL 0.2mol/L 的磷酸二氢钾与 23.6mL 0.1mol/L NaOH 混合均匀，加水稀释至 100mL	6.8
硼酸－氯化钾－氢氧化钠	把 25.0mL 0.2mol/L 的硼酸－氯化钾与 4.0mL 0.1mol/L NaOH 混合均匀，加水稀释至 100mL	8.0
氯化铵－氨水	把 0.1mol/L 氯化铵与 0.1mol/L 氨水以 2：1 比例混合均匀	9.1
硼酸－氯化钾－氢氧化钠	把 25.0mL 0.2mol/L 的硼酸－氯化钾与 43.9mL 0.1mol/L NaOH 混合均匀，加水稀释至 100mL	10.0
氨基乙酸－氯化钠－氢氧化钠	把 49.0mL 0.1mol/L 氨基乙酸－氯化钠与 51.0mL 0.1mol/L NaOH 混合均匀	11.6
磷酸氢二钠－氢氧化钠	把 50.0mL 0.05mol/L Na_2HPO_4 与 26.9mL 0.1mol/L NaOH 混合均匀，加水稀释至 100mL	12.0
氯化钾－氢氧化钠	把 25.0mL 0.2mol/L KCl 与 66.0mL 0.2mol/L NaOH 混合均匀，加水稀释至 100mL	13.0

一些缓冲溶液的 pH 经过准确的实验测定，被国际上规定作为测定溶液 pH 时的标准参照溶液（表 2－12）。

表 2－12　　pH 标准缓冲溶液

溶液名称	pH 标准值（>5℃）
饱和酒石酸氢钾（0.034mol/L）	3.56
0.05mol/L 邻苯二甲酸氢钾	4.01
0.025mol/L KH_2PO_4－0.025mol/L Na_2HPO_4	6.86
0.01mol/L 硼砂	9.18

2. 缓冲容量

任何缓冲溶液的缓冲能力是有一定限度的。对每一种缓冲溶液，只有在加入的酸碱的量不大时，或将溶液适当稀释时，才能保持溶液的 pH 基本不变或变化不大。溶液缓冲能力的大小常用缓冲容量来衡量。缓冲容量（buffer capacity）的大小取决于缓冲体系共轭酸碱对的浓度及其浓度比值。在浓度较大的缓冲溶液中，当缓冲组分浓度的比为 1:1 时，缓冲容量最大。当共轭酸碱对浓度为 1:1 时，共轭酸碱对的总浓度越大，缓冲能力越大。因此，常用的缓冲溶液各组分的浓度一般在 0.1 ~ 1.0mol/L，共轭酸碱对浓度比接近在1/10 ~ 10，其相应的 pH 及 pOH 变化范围 $pH = pK_a \pm 1$ 或 $pOH = pK_b \pm 1$，称为缓冲溶液最有效的缓冲范围。各体系的相应的缓冲范围显然取决于它们的 pK_a 和 pK_b（表 2 - 13）。

在实际配制一定 pH 缓冲溶液时，为使共轭酸碱对浓度比接近于 1，则要选用 pK_a（或 pK_b）等于或接近于该 pH（或 pOH）的共轭酸碱对。例如要配制 pH = 5 左右的缓冲溶液，可选用 $pK_a = 4.76$ 的 $HAc - Ac^-$ 缓冲对；配制 pH =9 左右的缓冲溶液，则可选用 $pK_a = 9.24$ 的 $NH_4^+ - NH_3$ 缓冲对。可见 pK_a 和 pK_b 是配制缓冲溶液的主要依据。调节共轭酸碱的浓度比，即能得到所需 pH 的缓冲溶液。在实际应用中，大多数缓冲溶液是通过加入 NaOH 到弱酸溶液或将 HCl 加入到弱碱溶液中配制而成的。

表 2 - 13　　常用缓冲溶液的缓冲范围

缓冲液名称及常用浓度	缓冲 pH 范围	主要物质相对分子质量
MES（2 - 吗啉代乙磺酸）	5.5 ~ 6.7	195.2
Bis - Tris	5.8 ~ 7.2	209.2
HEPES	6.8 ~ 8.2	238.3
PIPES	6.1 ~ 7.5	302.4
MOPS	6.5 ~ 7.9	209.3
Tricine	7.4 ~ 8.8	179.2
TEA（三乙醇胺）	7.4 ~ 8.3	149.2
甘氨酸 - 盐酸缓冲液（0.05mol/L）	2.2 ~ 5.0	甘氨酸 $M_r = 75.07$
邻苯二甲酸 - 盐酸缓冲液（0.05mol/L）	2.2 ~ 3.8	邻苯二甲酸氢钾 $M_r = 204.23$
磷酸氢二钠 - 柠檬酸缓冲液	2.2 ~ 8.0	磷酸氢二钠 $M_r = 141.98$
柠檬酸 - 氢氧化钠 - 盐酸缓冲液	2.2 ~ 6.5	柠檬酸 $M_r = 192.06$

续表

缓冲液名称及常用浓度	缓冲 pH 范围	主要物质相对分子质量
柠檬酸－柠檬酸钠缓冲液（0.1mol/L）	3.0～6.6	柠檬酸 M_r =192.06， 柠檬酸钠 M_r =257.96
乙酸－乙酸钠缓冲液（0.2mol/L）	3.6～5.8	乙酸钠 M_r =81.76，乙酸 M_r =60.05
邻苯二甲酸氢钾－氢氧化钠缓冲液	4.1～5.9	邻苯二甲酸氢钾 M_r =204.23
磷酸氢二钠－磷酸二氢钠缓冲液（0.2mol/L）	5.8～8.0	磷酸氢二钠 M_r =141.96g/mol
磷酸氢二钠－磷酸二氢钾缓冲液（1/15mol/L）	4.92～8.18	磷酸二氢钠 M_r =119.98g/mol
磷酸二氢钾－氢氧化钠缓冲液（0.05mol/L）	5.8～8.0	
巴比妥钠－盐酸缓冲液（18℃）	6.8～9.6	巴比妥钠 M_r =206.18
Tris－盐酸缓冲液（0.05mol/L，25℃）	7.10～9.00	三羟甲基氨基甲烷（Tris）M_r =121.14
甘氨酸－氢氧化钠缓冲液（0.05mol/L）	8.6～10.6	甘氨酸 M_r =75.07
硼砂－氢氧化钠缓冲液（0.05mol/L）	9.3～10.1	硼砂（$Na_2B_4O_7 \cdot 10H_2O$）M_r =381.43
碳酸钠－碳酸氢钠缓冲液（0.1mol/L）	9.16～10.83	碳酸钠 M_r =286.2 碳酸氢钠 M_r =84.0
碳酸钠－氢氧化钠缓冲液（0.025mol/L）	9.6～11.0	
磷酸氢二钠－氢氧化钠缓冲液	10.9～12.0	
氯化钾－盐酸缓冲液（0.2mol/L）	1.0～2.2	氯化钾 M_r =74.55
氯化钾－氢氧化钠缓冲液（0.2mol/L）	12.0～13.0	氯化钾 M_r =74.55

参考文献

[1] 朱屯，李洲. 溶剂萃取（现代分离科学与技术丛书）[M]. 化学工业出版社，2008.

[2] 李克安. 分析化学教程 [M]. 北京大学出版社，2005.

[3] 武汉大学. 分析化学（第五版）[M]. 高等教育出版社，2007.

[4] Kellner. R.（李克安等译）分析化学 [M]. 北京大学出版社，2001.

[5] 张玉奎. 分析化学手册——液相色谱分册 [M]. 化学工业出版社，2000.

[6] 李浩春. 分析化学手册——气相色谱分析 [M]. 化学工业出版

社，1999.

[7] 盛龙生. 色谱质谱联用技术 [M]. 化学工业出版社，2006.

[8] 边照阳. 烟草农药残留分析技术 [M]. 中国轻工业出版社，2015.

[9] 王绪卿，吴永宁. 色谱在食品安全分析中的应用 [M]. 化学工业出版社，2006.

[10] 张文清. 分离分析化学 [M]. 华东理工大学出版社，2007.

[11] 浙江大学. 无机及分析化学 [M]. 高等教育出版社，2006.

[12] 高鸿宾. 有机化学（第四版）[M]. 高等教育出版社，2006.

第三章

QuEChERS 技术在农药残留检测领域的应用

农药（Pesticides）主要是指用来防治危害农林牧业生产的有害生物（害虫、害螨、线虫、病原菌、杂草及鼠类）和调节植物生长的化学药品，但通常也把改善有效成分物理、化学性状的各种助剂包括在内，国际上一般称之为“农用化学品”（agrochemicals）。

农药残留（Pesticide residues）是指由于农药的应用而残存于生物体、农产品和环境中的农药亲体及其具有毒理学意义的杂质、代谢转化产物和反应物等所有衍生物的总称。过高的农药残留量一般是由于使用化学性质稳定、不易分解的农药品种，或者是不合理地过量使用农药造成的。

农药按其用途可分为杀虫剂、杀菌剂、杀螨剂、除草剂和植物生长调节剂等；按化学结构可分为有机磷类、有机氯类、拟除虫菊酯类、氨基甲酸酯类、酰胺类、二硝基苯胺类、杂环类等。除以上所述各种结构农药以外，还包括有机锡类农药、沙蚕毒素类农药以及生物类农药等。

农残分析的基质样品种类繁多，主要有茶、酒、烟、水、海产品、饲料、人参、葡萄、绿豆、石榴、芒果、橄榄油、血、蛋、胡萝卜、蜂蜜、大米、胡椒、谷物、水果汁、婴儿食品、土壤、肉、乳粉等。可以看出，这些基质中，以植物源类基质为主，土壤、动物源类基质也有一些。

第一节

有机氯农药的检测

有机氯农药是用于防治植物病、虫害的组成成分中含有有机氯元素的有机化合物。主要分为以苯为原料和以环戊二烯为原料的两大类。前者如使用最早、应用最广的杀虫剂 DDT 和六六六，以及杀螨剂三氯杀螨砜、三氯杀螨醇等，杀菌剂五氯硝基苯、百菌清、道丰宁等；后者如作为杀虫剂的氯丹、七氯、艾氏剂等。此外以松节油为原料的莰烯类杀虫剂、毒杀芬和以萜烯为原料的冰片基氯也属于有机氯农药。

有机氯农药作为持久性有机污染物（POPs）之一，具有理化性质稳定、难以降解、容易在环境中积累等特点，其对生态环境和人体健康的潜在风险一直是人们关注的焦点。各国对于有机氯农药在各类食品中的残留情况均做了规定，我国从 1983 年开始便全面停用 DDT、六六六等有机氯杀虫剂，目前只有一些对环境相对安全的少数几个品种如硫丹、三氯杀螨醇等尚在使用中。

一、土壤中有机氯农药的检测

土壤作为环境的一个重要组成部分，它不仅可以承接来自其他环境介质的污染物，还是其他环境介质的污染源，对生态和人体健康构成危害。由于有机氯农药可以在环境中长期持留，并易在脂肪中积累及生物毒理学特征，我国从 1983 年开始逐步禁用有机氯农药。但是，已有的研究表明，尽管大部分有机氯农药已经禁用，但其在土壤环境中仍有广泛的残留。

1. QuEChERS－GC－MS 检测土壤中有机氯的含量

张荷丽等建立了一种快速低耗、简便可靠的气相色谱－质谱联用法测定土壤中有机氯含量的方法，即利用 QuEChERS 法，以丙酮/正己烷为提取液，涡旋－超声萃取后，经过 PSA 净化，样本上清液用 GC－MS 定量检测。

方法操作步骤：将风干粉碎土样称取 10g 于 50mL 离心管中，加 20g 无水硫酸镁涡旋均匀，再加 20mL 丙酮－正己烷（1∶1），涡旋均匀后超声提取 5min、涡旋 1min、超声 5min，于 5000r/min 转速下离心 5min 后，取 1mL 上清液至 2mL 具塞离心管中，加 50mg PSA 和 100mg 无水硫酸镁，涡旋 1min、超声 5min 后离心（5000r/min），取上清液 2mL 至进样瓶，进行 GC－MS 分析定量。

该方法结合了 EPA 的超声波提取方法，采用涡旋－超声的组合方式对土壤样品进行提取，获得了良好的提取效果，并减少了有机溶液的使用；前处理过程提前加入了无水硫酸镁，以吸取土壤中的水分，并使土壤样品能够均匀分散，以提高回收率，方法回收率在 90.5%～100.8%。

2. QuEChERS－GC/ECD 法分析土壤和沉积物中残留有机氯农药和多氯联苯

蔡小虎等建立了用 QuEChERS 方法净化、GC/ECD 法测定沉积物中有机氯农药和多氯联苯的分析方法。

方法操作步骤：称取沉积物样品 0.5g，置于 50mL 圆柱玻璃试管中，加入 10mL 正己烷/丙酮溶液（1∶1，体积比）、4g $MgSO_4$、1g NaCl 和活化铜片，充分振荡后涡旋混匀，浸泡过夜。超声 15min，振荡 2min，重复 2 次。将上清液转移至含有 150mg $MgSO_4$ 和 25mg PSA 的离心管中，振荡、静置，取上清液 5mL 经氮吹浓缩至 1mL，过 0.22μm 有机滤膜，进行 GC 进样分析，基质外标法定量。

文献比较了不同溶剂对提取效率的影响；分别采用正己烷、二氯甲烷、正己烷/丙酮溶液（1∶1，体积比）对沉积物标准样品 SRM1944 进行提取，测定结果显示，正己烷/丙酮（1∶1，体积比）对有机氯农药的提取效果最好。

文献同时比较了 QuEChERS 法和索氏提取法、超声辅助法的优劣，QuEChERS 法的前处理过程简单快速、溶剂使用少且回收率高。

对空白沉积物进行加标实验计算方法回收率和相对标准偏差，样品中各目标化合物的回收率均在 87.8% ~100.3%，相对标准偏差 < 10%。

3. QuEChERS 法提取水稻土壤中的五氯酚

王亚男等采用超声振荡与 QuEChERS 相结合的技术研究了水稻土壤中五氯酚的提取检测。文献就萃取剂、酸用量、提取方式、吸附剂种类以及吸附剂的用量等因素对回收率的影响进行了考察比较，优化实验过程，最终在低、中、高三个浓度的土壤中均得到 75% ~120% 的回收率。

方法操作步骤：准确称取 2.0g 土壤样品放入 30mL 离心管中，加入 2mL 浓度为 6mol/L 的 H_2SO_4，加入 10mL 乙腈和 2mL 正己烷，振荡混匀后，在摇床上振荡 30min，40℃下超声 1h（超声过程中用封口膜封住离心管盖子处），在 5000r/min 转速下离心 5min。在 15mL 离心管中称取 20mg ODS 和 200mg 无水 $MgSO_4$，涡旋均匀，加入 2mL 上清液，涡旋 2min，在 9000r/min 转速下离心 5min，取 1mL 上清液过滤后进行高效液相色谱分析。

文献比较了乙腈、二氯甲烷、正己烷、石油醚、丙酮/正己烷（1∶1，体积比）5 种萃取剂的萃取效果，乙腈的萃取效率最稳定且回收率均能达到 75% 以上，其他几种则干扰严重，影响测定结果。

文献在提取步骤前选用 H_2SO_4 调节土壤 pH，以避免当土壤 pH = 4.93 时，土壤中的五氯酚以部分离子形式存在而降低提取效率；实验通过对比 6mol/L H_2SO_4 的不同添加体积（0，0.1，0.5，1，2，3mL）对加标土壤样品回收率的影响，表明当添加体积为 2mL 时，不仅有稳定且较高的回收率，对后续前处理过程也不会产生繁琐的影响。

文献对比了三种不同的提取方式，分别是单振荡 30min、40℃单超声 1h、振荡 30min 加 40℃超声 1h。对于低（10mg/kg）、中（25mg/kg）、高（50mg/kg）三种浓度的加标土壤样品均采用以上三种提取方式计算加标回收率，最终证明振荡 30min 加 40℃超声 1h 的提取方式最佳，回收率均稳定在75% ~120%。对于吸附剂的选取及用量，文献也做了相应的对比和讨论。常用的吸附剂有

PSA、ODS、石墨化炭黑和弗罗里硅土，均对脂肪酸和色素有一定的吸附作用。通过对比这四种吸附剂与无水 $MgSO_4$的不同配比组合对回收率的影响，最终得出结论：PSA 对于色素、甾醇和维生素的净化效果一般；石墨化炭黑虽然能够有效去除色素，但对目标化合物亦有很强的吸附作用；弗罗里硅土加入后在 PCP 附近引入了干扰峰；而 20mg ODS + 200mg 无水 $MgSO_4$能达到最佳的净化效果。

二、蔬果中有机氯农药的检测

1. 检测水果中有机氯农药残留量的 QuEChERS 方法评价

Ewa Cieslik 等建立了 QuEChERS 和 GC - MS 相结合的方法，检测杏、李子、樱桃、油桃、梨、苹果和柑橘 7 种水果中有机氯农药的残留量。

方法操作步骤：样品切块后在研钵中研磨均匀，称量 10g 匀浆到 50mL 具塞离心管中，加入 10mL 乙腈剧烈振荡 1min，然后加入 1g 柠檬酸钠、0.5g 柠檬酸氢钠、1g NaCl 和 4g $MgSO_4$，剧烈振摇 1min 后在 8700RCF 下离心 15min；取 6mL 上清液转移至含有 0.15g PSA 和 0.9g $MgSO_4$的 15mL 聚丙烯离心管中，剧烈振摇 30s 后在 5000 RCF 下离心 5min；上清液取 4mL 转移至带螺帽的小瓶中，加入 40μL 含 5% 甲酸的乙腈溶液酸化，加入 100μL 灭蚁灵的乙腈溶液（内标），然后在 40℃下氮吹浓缩至 1mL，进行 GC - MS 分析。

方法采用基质配标，在 2 ~ 1000ng/mL 浓度范围内线性关系良好，线性相关系数大于 0.99，且在 0.008mg/kg 的加标水平下回收率为 70% ~ 120%，RSD < 17%，检出限为 0.001 ~ 0.013mg/kg。

2. 丝瓜中的六六六和滴滴涕的检测

贾宁等采用 QuEChERS 方法结合 GC - MS 检测手段测定丝瓜中的六六六和滴滴涕。

方法操作步骤：称取试样 10g（精确到 0.01g）到 50mL 聚苯乙烯具塞离心管中，加入 10mL 0.1% 冰醋酸/乙腈溶液、4g（±0.15g）无水 $MgSO_4$、1g（±0.15g）NaCl，手持振荡（由于过程中放热，振荡时确保手压紧离心管塞）1min，以 4000r/min 的转速离心 5min，取 2mL 上清液移入含有 100mg（±5mg）PSA、100mg（±5mg）C_{18}、300mg（±5mg）无水 $MgSO_4$的 10mL 玻璃具塞离心管中，涡旋 1min 后以 4000r/min 的转速离心 2min，上清液进行 GC - MS 分析。

方法回收率在 86.2% ~ 128%，相对标准偏差在 1.7% ~ 19.7%。

三、药物中有机氯农药的检测

1. 五十种中药材中九种有机氯农药残留的检测方法研究

中药材的种植期比较长，尤其是那些多年生根类药材，受到有机氯污染的几率更高。吴剑威等结合 QuEChERS 方法建立了快速简便的测定五十种药材中 9 种有机氯农药残留的检测方法。

方法操作步骤：样品用高速中药粉碎机进行粉碎并过 0.45mm 孔径筛。将制备好的样品准确称量 2g 于 100mL 具塞离心管中，加入 3g 乙酸钠，25mL 乙腈 - 水 - 1% 乙酸（95:4:1）混合提取液，振摇 1min，加入 3g 无水 $MgSO_4$，振摇 1min，12000r/min 转速下离心 5min。上清液取 1mL 加入到 2mL 具塞离心管中，加入 25mg GCB、25mg PSA 和 150mg 无水 $MgSO_4$，振荡 1min，12000r/min 的转速下离心 5min，取上清液进行 GC 分析。

方法在 1.0 ~ 100μg/L 浓度范围内呈良好的线性，九种有机氯农药的线性相关系数均 >0.999，检出限范围是 0.4 ~ 1.5μg/kg。

2. 冠心丹参胶囊中 20 种有机氯农药残留的检测

冠心丹参胶囊中的主要处方之一三七是药材原粉入药，由于三七药材通常需要 3 年方可收获，种植过程中易由不合理施用农药引起农药残留。肖丽和等建立了 QuEChERS 联合在线 GPC - GC - MS 法检测冠心丹参胶囊中 20 种有机氯农药残留的方法。

方法操作步骤：将冠心丹参胶囊的内容物研细后准确称量，并转移至 50mL 离心管中，加入 10mL 乙腈，3000r/min 下涡旋 1min，加入 1g 无水 $MgSO_4$，再以 3000r/min 下涡旋 1min，3500r/min 转速离心 5min；取上清液 2mL 加入到含有 100mg PSA、25mg C_{18} - N 和 50mg 无水 $MgSO_4$ 的 5mL 离心管中，以 3000r/min 涡旋 1min 和 3000r/min 下离心 2min，上清液过滤膜后进行 GC - MS 分析。

该研究选用乙腈作为提取溶剂是由于 20 种有机氯被分析物均为非酸性物质，而乙腈的通用性强、提取效率高。未选用石墨化炭黑作为净化吸附剂是由于石墨化炭黑对六氯苯、五氯硝基苯等农药有吸附作用，会降低其回收率。并且由于冠心丹参胶囊中含色素较少，因此选用对有机酸、色素、金属离子和酚类有较好去除作用的 PSA 结合 C_{18} - N 作为吸附剂进行分散固相萃取。

20 种有机氯农药在 2 ~ 100μg/L 浓度范围内线性关系良好，相关系数 > 0.999，检出限 0.04 ~ 0.78μg/kg，3 个加标水平回收率为 82.3% ~ 113.1%，RSD 为 0.5% ~ 9.1%。

四、包装材料中有机氯农药的检测

随着包装材料技术的发展，可食性绿色包装材料越来越受到广泛应用。可食性包装材料是指在完成包装功能之后，能够转变成一种人或动物可食用原料的材料，是一种资源型、环保型、无废弃物的包装材料。可食性包装一般是由淀粉、多糖、蛋白质、脂肪、复合类物质组成。淀粉类可食性包装材料是以淀粉为基料，加入胶黏剂和成型剂调配制成；所用淀粉有玉米、小米、红薯、魔芋、马铃薯等，胶黏剂多为天然的植物胶或者动物胶，如明胶、琼脂等。多糖类可食性包装材料主要是以多糖食品为原材料，利用多糖的凝胶作用制得；根据其基料的不同可以分为壳聚糖薄膜、纤维素薄膜、水解淀粉酶薄膜和茁霉多糖薄膜 4 种形式。蛋白质类可食性包装材料是以蛋白质为主要原料，利用蛋白质的胶体性质所制得；根据来源不同可分为乳基蛋白薄膜、胶原蛋白薄膜和谷物蛋白薄膜。脂肪类可食性包装材料是利用脂肪组织纤维的致密性而制得的材料，根据不同来源可以分为动物脂肪型薄膜、植物油型薄膜和蜡质型薄膜。复合类可食性包装材料则利用多种基材组合，以不同加工工艺制得，其基材包括了前述 4 种可食性包装材料所用到的基材。

这些包装材料的基材在形成过程中可能会接触甚至富集有机氯农药，使得可食性包装材料也具有有机氯农药残留的风险。

刘俊等采用 QuEChERS 前处理技术，建立了能够同时测定可食性包装材料中 21 种有机氯和拟除虫菊酯类农药的气相色谱分析方法。

方法操作步骤：取植物空壳胶囊样品碾成粉末，准确称取 5 ~ 10g（精确至 0.01g）于 50mL 离心管中，加入 20mL 乙腈、6.0g 无水 Na_2SO_4 和 5.0g NaCl，混匀后涡旋 1min，以 4000r/min 的转速离心 5min，上清液转移至 50mL 鸡心瓶；再向离心管中加入 20mL 乙腈重复提取一次，与之前提取液合并，旋转蒸发至干，水浴温度不超过 40℃。鸡心瓶内加入 2mL 甲醇 - 正己烷（1:1，体积比）溶液复溶，并将溶液转移至含有 0.1g PSA 填料、0.08g 石墨化炭黑、0.05g NH_2和 0.15g 无水 $MgSO_4$ 的离心管中，涡旋 1min，溶液颜色消除后以 4000r/min 的转速离心 3min，上清液过滤膜后进行 GC 分析。

21 种有机氯农药在 0.05 ~ 1.0mg/L 的浓度范围内线性关系良好，相关系数大于 0.995；在 0.2μg/mL 和 0.5μg/mL 两个加标水平上的平均回收率为 85.8% ~ 100.4%，RSD 为 0.4% ~ 4.7%。

五、降尘中有机氯农药的检测

降尘（Dust Fall）又称为落尘，是指空气动力学当量直径大于 10μm 的固体颗粒物，它反映了颗粒物的自然沉降量，是反映大气尘粒污染的主要指标之一。降尘在空气中的自然沉降能力主要取决于粒径大小和自重。近地表大气降尘是在平均人体呼吸高度（1.5m）处采集的大气尘埃，对人体的健康影响是最大的。伴随着工业化和城市化的不断发展，近地表大气降尘量以及降尘携带的污染物在逐年增加，它不仅影响着人类的生活环境，与人类健康也息息相关。随着工业化过程向大气中排放越来越多的污染物，不仅使得降尘中的污染物通过呼吸进入人体，对人类健康构成威胁，含有污染物的降尘在沉降之后又会对植被、土壤、水体等造成二次污染，严重影响着生态和生活环境。

有机氯农药的蒸气压低、挥发性小，有些会悬浮于水面，随水蒸气扩散到空气中被颗粒物吸附，进而随着降尘一起沉降，对环境造成污染。

周纯等结合 QuEChERS 技术，建立了在线凝胶渗透色谱/气相色谱－质谱法（GPC/GC－MS）检测大气降尘中 18 种有机氯农残的分析方法。

方法操作步骤：准确称取 1.0000g 收集好的降尘样品，于 10mL 离心管中，加入 5mL 乙腈，涡旋 2min，再加入 0.5g 无水 $MgSO_4$ 涡旋 30s，加吸附剂 GCB 0.05g 净化，以 6000r/min 离心 10min，去上清液进行 GPC/GC－MS 分析。

乙腈作为通用型萃取剂，萃取结果与丙酮相当，且毒性比丙酮小，因此更适合用来提取降尘中的有机氯农药。方法对比了 PSA、C_{18}、GCB、PSA＋C_{18}、PSA＋C_{18}＋GCB 和 C_{18}＋GCB 6 种吸附剂的净化效果，结果表明只需要加入适量 GCB 即可。但由于 GCB 对平面型的农药有吸附作用，所以必须控制 GCB 的加入量，通常 1g 降尘样品用 50mg GCB 进行净化。

18 种有机氯农药在 0.025～2.0mg/L 的浓度范围内线性关系良好，线性相关系数（r）大于 0.991，检出限为 3.2～14.6μg/kg，定量限为 10.7～48.7μg/kg。在 0.2mg/kg 和 1.0mg/kg 两个加标水平下的回收率为 78.6%～117.3%，相对标准偏差 1.3%～5.1%。

六、水产品中有机氯农药的检测

水产品对于有机氯农药的富集模式是多种多样的：水体受到有机氯农药的污染后，农药会通过水体中悬浮物的吸附及沉淀而富集在表层沉积物中，而表层沉积物通过解吸附作用会成为对水体的二次污染源；其中湖水中的有机氯农药会被生长、生活在水中的水产品吸收和富集，而表层沉积物中的有机氯农药会被生长和生活在表层沉淀物中的水产品吸收，产生底泥生物积累。

范广宇等建立了采用 QuEChERS 前处理技术结合 GC－MS 联用仪测定水产品中的硫丹（α－硫丹和 β－硫丹）及代谢物硫丹硫酸盐的方法。

方法操作步骤：将打碎的水产品准确称取 10.0g，加入 10mL 乙腈振荡 2min，再加入 1.0g NaCl 和 4.0g 无水 $MgSO_4$，振荡 1min，在 3500r/min 的转速下离心 5min。上清液取 1mL 加入 100mg PSA、50mg C_{18} 和 150mg 无水 $MgSO_4$，振荡 30s，3500r/min 的转速下离心 5min，上清液过滤后进行 GC－MS 分析。

水产品由于拥有更复杂的基质组成，较高的脂肪含量，因此净化过程中除脂过程必不可少。C_{18} 能够有效去除非极性杂质，PSA 能够有效降低水产品基质中对硫丹的干扰；实验分别考察了 C_{18} 和 PSA 的用量，随着用量的增加，干扰峰明显减少（见图 3－1），当 C_{18} 和 PSA 的用量分别超过 50mg 和 100mg 后，去干扰能力将不再有明显提高。

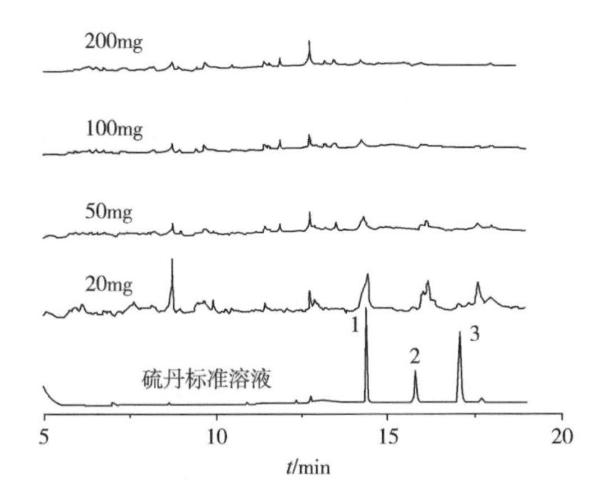

图 3－1　PSA 用量对基线的影响

该方法下 3 种物质在 0.5～100μg/L 的浓度范围内线性关系良好，线性相关系数 R^2 >0.999，在 1.0、5.0 和 10.0μg/kg 三个浓度水平下的平均回收率为 72.3%～101.6%，RSD <10%，检出限 0.2μg/kg，定量限 0.5μg/kg。

七、烟草中有机氯农药的检测

商品化肥料中广泛采用含氯苯氧基或苯氧基的羧酸类除草剂控制杂草和阔叶类植物，以防止它们的发芽对烟草植株产生竞争及损害。苯氧羧酸类除草剂在粮食、水果、蔬菜、茶叶、棉花以及烟叶的农业生产中有着广泛的应用，是目前为止世界上第二大的选择性除草剂，也是世界上第一大除阔叶杂草的除草剂。2，4，5－涕（2，4，5－T）、2，4－滴（2，4－D）和麦草畏都是低毒除草剂，但具有内分泌扰乱作用，进入人体后会引起人类软组织恶性肿瘤，对动物体表现出胎盘毒性。这类物质在烟草生长过程中会被吸收并保留在烟叶中，从而对吸烟者的健康构成威胁。

苯氧羧酸类除草剂通常以游离酸、盐或酯的形式存在，而多数文献直接选用酸化试剂对目标化合物进行萃取，最终会低估其实际浓度。刘珊珊等利用改进的 QuEChERS 技术，在前处理过程中将所有形式的残留物转化为游离酸形式，建立了烟草样品中 3 种苯氧羧酸类除草剂（2，4，5－涕，2，4－滴和麦草畏）残留量测定的 LC－MS/MS 方法。

方法操作步骤：称取 1.00g 烟叶样品于 50mL 具盖离心管中，加入含有 1.0 μg/mL 氘代 2，4，5－T、氘代 2，4－D 和氘代麦草畏的混合内标溶液 200μL，然后加入 10mL 0.5mol/L 的 NaOH 溶液，静置 30min，至样品被水充分浸润，再于涡旋混合振荡仪上以 2000r/min 的速度振荡 2min；加入

0.5mL 9.2mol/L 的浓 H_2SO_4，手持振荡使其混匀，使 pH 小于 1.5；然后加入 10mL 的 CH_2Cl_2，于涡旋振荡仪上以 2000r/min 的速率涡旋振荡 2min，静置。

移取下层清液 1mL 于 1.5mL 离心管中，加入 50mg 无水 $MgSO_4$ 和 10mg C_{18} 吸附剂，于涡旋振荡仪上以 2000r/min 的速率涡旋振荡 2min；以 10000r/min 离心 5min；吸取上清液 200μL，用 CH_2Cl_2 稀释至 1mL，经 0.22μm 有机相滤膜过滤后进行 LC - MS/MS 分析。

为更好地实现此类农药的检测，需要加入有机溶剂来从酸性水相中萃取苯氧羧酸类除草剂，同时可将大部分水溶性杂质留在水相，对萃取溶液也可起到一定的净化作用。

针对苯氧羧酸类除草剂的极性和溶解度，实验选取了不溶于水的二氯甲烷、甲苯和与水混溶的乙腈分别作为萃取溶剂，即在加标的 10mL 0.5mol/L 的 NaOH 溶液和 0.5mL 9.2mol/L 的浓硫酸的混合液中，分别加入 1 倍、2 倍、3 倍、4 倍和 5 倍的二氯甲烷、甲苯或乙腈进行萃取，由于水溶性和盐析作用，二氯甲烷、甲苯和乙腈均与水实现了分层，然后取有机层上样检测，计算萃取效率，结果表明，随着有机溶剂体积的增加，萃取效率也在逐渐增加，而由于乙腈的水溶性较强，不能与水实现完全分离，所以其对苯氧羧酸类除草剂的萃取效率偏低；另一方面，保证萃取效率而加大萃取比例的同时，目标物的浓度也被成倍地稀释，这样又无法保证检测的灵敏度，但是引入同位素标记物内标后，以内标法计算所得的回收率数据（表 3 - 1）发现，即便是在萃取比为 1∶1 的情况下，内标法依然可以对萃取过程进行校正而得到比较高的回收率结果。综合考虑萃取效率、回收率及灵敏度等因素，实验选择 1∶1 的萃取比例。

表 3 - 1　二氯甲烷、甲苯和乙腈三种萃取剂在不同萃取比例下的萃取效率

		二氯甲烷		甲苯		乙腈	
	萃取倍数	萃取率/%	内标校正后的萃取率/%	萃取率/%	内标校正后的萃取率/%	萃取率/%	内标校正后的萃取率/%
2，4，5 - 涕	1	45.6	100.0	48.2	106.6	73.6	106.0
	2	76.7	98.7	73.6	112.3	83.7	105.8
	3	87.2	95.0	88.8	100.7	83.8	99.9
	4	105.3	104.1	90.5	101.1	88.6	99.4
	5	108.4	106.5	102.0	114.0	87.4	98.8

续表

	萃取倍数	二氯甲烷		甲苯		乙腈	
		萃取率/%	内标校正后的萃取率/%	萃取率/%	内标校正后的萃取率/%	萃取率/%	内标校正后的萃取率/%
2，4-滴	1	98.5	100.5	47.0	100.3	68.1	97.0
	2	95.4	93.2	65.6	79.1	74.2	96.7
	3	109.3	98.4	85.2	99.2	96.8	103.7
	4	95.2	95.3	107.9	43.9	97.0	96.1
	5	99.7	109.7	110.6	144.8	91.7	89.8
麦草畏	1	81.6	101.5	74.9	95.2	54.2	101.7
	2	84.6	95.4	74.0	91.4	71.4	93.2
	3	96.0	105.1	86.1	82.1	77.2	117.0
	4	99.4	95.6	138.0	502.1	63.7	81.8
	5	107.8	99.4	141.9	76.8	76.9	91.9

另外，使用空白烟叶加标后分别用二氯甲烷、甲苯和乙腈作为萃取剂进行样品前处理、LC-MS/MS 分析，结果发现，乙腈萃取液的颜色要比另外两种萃取液深得多，主要是由于乙腈具有较强的极性，相比二氯甲烷和甲苯，更易从烟叶中萃取出更多的杂质；甲苯的萃取效果跟二氯甲烷接近，但是甲苯作为溶剂对峰型影响较大，峰展宽比较严重，且会出现峰裂现象，而二氯甲烷则能够得到干净的谱图和良好的峰型。综上考虑，实验选择二氯甲烷作为萃取剂。

萃取液净化时常用的吸附剂有 *N*-丙基乙二胺（PSA）、C_{18}、石墨化炭黑和弗罗里硅土等，其中，PSA 吸附剂为弱酸性的阳（阴）离子交换剂，可以去除基质中的脂肪酸、色素和其他一些脂肪类物质，在目前农残分析中常用的 QuEChERS 前处理方法中常使用 PSA 吸附剂。因此实验考查了这些吸附剂的吸附效果和对回收率的影响，结果发现 PSA、石墨化炭黑和 Florisil 吸附剂均对苯氧羧酸类除草剂有吸附作用，导致回收率偏低，C_{18}对样品萃取液有较好的净化效果。

实验考查了 C_{18}吸附剂的用量对净化效果的影响，分别在 1mL 的加标样品萃取液中加入 10mg、25mg、50mg、75mg 和 100mg 的 C_{18}粉末，净化并过滤后进行 LC-MS/MS 分析。结果表示，经过 C_{18}净化后，萃取液颜色明显变浅，LC-MS/MS 杂质色谱峰个数减少，检测灵敏度有所提高；1mL 的萃取液加入 10mg 的 C_{18}即可达到良好的净化效果，加入更多的 C_{18}对实验结果没有太大影响。

该方法在 0.02 ~ 0.5mg/kg 范围内线性关系良好，相关系数 R^2 > 0.999，加标回收率为 80.4% ~93.5%，相对标准偏差（RSD）小于 10%。

第二节

拟除虫菊酯类农药的检测

拟除虫菊酯类农药是一类重要的仿生性杀虫剂，它们的化学机构与天然的除虫菊素相类似，因此被称为拟除虫菊酯。拟除虫菊酯类农药分为天然的和合成的两大类。天然的除虫菊素具有高效、低毒、不易残留的特点，但是极不稳定，在光、热条件下易分解，并且残效期太短，价格又贵，农业上应用较少。而合成的拟除虫菊酯化学结构比较复杂，有顺反异构体和旋光异构体，相较天然的除虫菊素在光稳定性方面有了很大改进。

拟除虫菊酯杀虫剂由于成本低、用量少、杀虫谱广及使用安全等优点，自 1978 年投放市场以来获得了广泛的应用。目前市场上商品化的拟除虫菊酯类农药品种大约有 40 多个，包括氯菊酯、氯氰菊酯、高效氯氟氰菊酯、甲氰菊酯、氟氯氰菊酯等。这类农药能防治多种害虫，属于广谱杀虫剂，其杀虫毒力比老一代杀虫剂如有机氯、有机磷、氨基甲酸酯类提高 10 ~100 倍。拟除虫菊酯对昆虫具有强烈的触杀作用，有些品种兼具胃毒或熏蒸作用，但都没有内吸作用。主要的作用机理是通过扰乱昆虫的神经，使之产生兴奋、痉挛、麻痹等生理反应，最后死亡。拟除虫菊酯因用量小、使用浓度低，故对人畜较安全，对环境的污染很小。其缺点主要是对鱼具有较高的毒性，对某些益虫也有伤害，长期使用也会产生抗药性。

一、蔬果植物中拟除虫菊酯类农药的检测

1. GC - NCI - MS 快速检测食用菌中菊酯类农药

食用菌由于营养价值高，被认为是健康食品，但由于其栽培环境高温、潮湿，容易受病虫害侵染，因此通常要接受农药喷雾等方式进行防治。

余苹中等采用优化的 QuEChERS 方法，建立了快速检测食用菌中菊酯类农药的负离子模式 GC - MS 方法。

方法操作步骤：将样品切碎后，准确称取 10g 于 50mL 聚四氟乙烯离心管中，加入 2g NaCl 和 8g 无水 $MgSO_4$，再加 20mL 0.5% 乙酸 - 乙腈溶液，涡旋

2min，在 5000r/min 下离心 2min，上清液取 2mL 转移至 5mL 的聚四氟乙烯离心管中，在 50℃下氮吹吹干，再用 2mL 丙酮－正己烷（1∶4，体积比）溶液复溶，加入 50mg PSA，涡旋 2min，在 5000r/min 转速下离心 2min，上清液进行 GC－MS 分析。

该方法在 0.007～5.0mg/L 的浓度范围内线性关系良好，线性相关系数大于 0.999，检出限为 1～3mg/kg，在 0.05 和 0.1mg/kg 两个浓度添加水平下回收率为 82.0%～103.6%，RSD 为 2.1%～17.3%。

2. 采用 GC－ECI/MS 法检测复杂基质中 17 种拟除虫菊酯残留

大蒜、洋葱、大葱含有大量的含硫化合物，会带来明显的基质效应和质谱干扰，而辣椒则含有大量的脂肪和色素，从而增加了拟除虫菊酯从复杂基质中分离出来的困难程度。因此这几种样品由于其复杂的基质环境而加大了农残检测的难度。

Shen 等建立了检测复杂基质如大蒜、洋葱、大葱和辣椒中 17 种拟除虫菊酯农药残留的 QuEChERS 方法和 GC－ECI/MS 方法。

方法操作步骤：称取一定量的均质样品（大蒜、洋葱和大葱称取 10g，辣椒称取 5g），加入 20mL 提取剂（正己烷饱和的 1% 乙酸－乙腈溶液）后简单涡旋，再加入 4g 无水 $MgSO_4$，振摇 30min，将混合液过滤到 150mL 玻璃烧瓶中，滤渣中再加入 20mL 提取剂，重复提取过程，过滤液与第一次合并后放置旋转蒸发仪上蒸干，再加入 2mL 乙腈复溶后转移至 10mL 玻璃试管中，加入 200mg PSA，再根据样品中色素的含量加入对应质量的 GCB（大蒜样品加入 100mg，洋葱样品 50mg，大葱样品 150mg，辣椒样品 300mg），GCB 的加入标准为直至提取液变成无色透明。除此之外，辣椒样品要额外加入 150mg C_{18} 以去除油脂。混合物涡旋 1min，过滤后进行 GC－ECI/MS 分析。

前处理方法在传统的 QuEChERS 方法基础上做了修正。实验比较了酸化乙腈溶液和正己烷饱和的酸化乙腈溶液的提取效率，结果显示，正己烷饱和的酸化乙腈溶液的提取效率更高，由于正己烷的极性比乙腈小，因此正己烷饱和的乙腈的极性相比于纯乙腈而言更接近被分析物，而且正己烷饱和的酸化乙腈溶液由于其低亲水性，更有利于去除水溶性杂质的干扰。

方法在 0.025～0.4mg/L 浓度范围内线性关系良好，线性相关系数 $r^2>0.996$，方法的检出限为 0.02～6μg/kg，3 个浓度添加水平下的回收率为 54.0%～129.8%（其中辣椒基质的添加水平为 20、40 和 60μg/kg，其余三种的添加水平为 10、20 和 30μg/kg），RSD 均小于 14%。

3. 分散液液微萃取－气相色谱法快速检测番茄中 3 种拟除虫菊酯类农药

李贤波等建立了 QuEChERS－液液微萃取的前处理技术结合 GC 法检测番茄中 3 种拟除虫菊酯类农药。

方法操作步骤：将捣碎的番茄样品准确称取 5.00g 于 50mL 聚四氟乙烯离心管中，加 10mL 乙腈后振荡 2min，再加入 0.1g $MgSO_4$ 和 3g NaCl，振荡 1min，在 5000r/min 的转速下离心 5min；上清液取 2mL 转移至含有 100mg PSA 的离心管中，振荡混匀，静置 5min；取 1mL 上清液转移至 5mL 聚四氟乙烯小管中，加入 40μL 氯仿，涡旋 30s 后，用注射器吸取全部溶液快速注入到有 5mL 去离子水的离心管中，再在 5000r/min 转速下离心 5min，使乳浊液分层，取下层有机相经氮吹吹干后再用 20μL 正已烷复溶，进行 GC－ECD 分析。

实验对比了乙腈、乙酸乙酯和丙酮三种常见提取剂的提取效率，由于乙腈对基质中色素、脂肪、蜡质等非极性杂质的能力相对较小，且更容易采用盐析分层去除水分，因此提取溶剂选用乙腈。同时对比了 PSA 净化前后的效果，结果显示，加入 PSA 净化能够明显改善基质对被分析物的干扰。

实验同时优化了最后一步液液微萃取的实验条件，包括萃取溶剂的选择、萃取溶剂和分散剂的体积以及萃取时间等。最终方法在 1～200μg/kg 的浓度范围内呈良好线性，线性相关系数均为 0.9997，检出限为 0.3～0.5μg/kg，定量限为 1.0～1.7μg/kg；方法在 1、10、50μg/kg 三个加标水平下的回收率为 89%～108%，RSD 为 2.5%～9.1%。

二、水产品中拟除虫菊酯类农药的检测

Rawn 等探讨了 QuEChERS 法在分析鱼组织中拟除虫菊酯的应用。检测对象是淡水鱼、咸水鱼和贝壳类水生生物，包括了养殖和野生的。样品将可食用部分与不可食用部分分开后进行均质化。

方法操作步骤：样品准确称量 5.00g 于 50mL 聚四氟乙烯具塞离心管中，加入 250 ng 顺式－氯菊酯的 ^{13}C 标记物，加入 5mL 1% 冰醋酸－乙腈溶液，样品静置 45min 后超声 10min，再于离心管中加入 2g $MgSO_4$ 和 0.5g 醋酸钠，拧紧盖子后剧烈手摇 1～2min，于 3000r/min 转速下离心 5min。上清液取约 1mL 转移至含有 150mg $MgSO_4$、50mg PSA 和 50mg C_{18} 的 QuEChERS 净化试剂管中，拧紧盖子后涡旋 1min，于 3000r/min 转速下离心 5min，上清液取少量（500μL）转移到锥形刻度管中，在 Thermo 公司的 Reacti－Vap 氮吹浓缩至近干，加入同位素标液后用异辛烷稀释到 500μL，加入 0.5g Na_2SO_4 涡旋进行干燥，静置后取出约 250μL 上清液进行 GC－MS 分析。

方法在鲑鱼基质下的三个加标水平（4、20 和 40ng/g）回收率在 70%～115%，重复测定 7 次的变异系数在 2.5%～14%。方法又比较其他不同种类鱼制产品上各被分析物的回收率，基本在 41%（罗非鱼）～115%（虾），所有鱼制产品的平均回收率为 77%±16%（$n=184$）。

三、牛乳中拟除虫菊酯类农药的检测

牛乳中的农药残留污染主要来源于奶牛食入的被污染的饲料、饲草、水和土壤等，这些农药会在奶牛体内积累转化。虽然拟除虫菊酯类农药不像有机氯农药无法降解，而是在动物体内更快地被生物转化，但由于拟除虫菊酯可以和牛乳中某些蛋白质进行共价嵌合，因此有可能残留于牛乳中造成污染。

高晓晟等建立了改进 QuEChERS 技术检测牛乳中 8 种拟除虫菊酯的 GC－ECD 分析方法。

方法操作步骤：准确称取 10.00g 牛乳样品于 50mL 离心管中，加入 1% 醋酸－乙腈溶液（体积比），再加 1g 无水醋酸钠和 4g 无水 $MgSO_4$，振荡 1min，在 4500r/min 转速下离心 5min；上清液取 1mL，加入到含有 50mg PSA、50mg C_{18} 和 150mg 无水 $MgSO_4$ 的 2mL 离心管中，涡旋 1min，在 12000r/min 转速下离心 10min，上清液取 300μL 进行 GC－ECD 分析。

由于拟除虫菊酯农药对 pH 较为敏感，因此采用纯乙腈进行提取的效果并不好，实验选取 1% 醋酸－乙腈溶液（体积比）代替纯乙腈，并改用无水醋酸钠作为盐析剂，能够在提取过程中控制体系的酸碱度在微酸范围内，继而保持拟除虫菊酯被分析物在提取过程中的稳定，从而获得更好的回收率。实验对比了 PSA、C_{18} 和 GCB 三种吸附剂的净化效果。PSA 能够去除大部分的脂肪酸和一部分色素；GCB 虽然能去除大部分色素，但是对拟除虫菊酯类被分析物有不同程度的吸附作用，尤其是氰戊菊酯、三氟氯氰菊酯和溴氰菊酯；C_{18} 主要针对非极性杂质的去除，对脂肪类杂质有较好的去除效果。因此实验选取 PSA 和 C_{18} 结合作为最终的净化剂。

方法在 0.01～0.10mg/kg 的浓度范围内线性关系良好，线性相关系数均大于 0.995，检出限为 0.001～0.008mg/kg；四个加标浓度水平（0.01、0.02、0.05 和 0.10mg/kg）的回收率为 65.1%～100.0%，相对标准偏差为 3.0%～11.6%。

第三节

有机磷农药的检测

有机磷农药是指用于防治植物的病虫害的含有碳－磷键的有机农药，在我国生产的绝大多数为杀虫剂。有机磷农药的应用十分广泛，它广谱、高效且降

解快。有机磷毒性的主要作用机制是：由于有机磷农药与乙酰胆碱的结构很相似，因此会在体内与乙酰胆碱酯酶相互作用形成磷酰化胆碱酯酶，而使其活性受到抑制，使失去催化乙酰胆碱的作用，从而造成神经系统内乙酰胆碱过量积存，产生神经系统功能紊乱。部分有机磷农药还有致癌、致突变等毒性。

有机磷农药大多微溶于水，易溶于有机溶剂，对热、光、氧和酸均稳定，在碱性溶液中易分解。有机磷可通过消化道、呼吸道以及皮肤接触等进入体内，其中在肝脏的分布最高，其次是肾、肺和脾；还可以通过血脑屏障进入脑，或胎盘屏障进入胎儿体内。

一、土壤和植物中有机磷农药的检测

1. QuEChERS－气相色谱法检测苎麻及其土壤中 8 种有机磷农药残留

周勇等建立了结合 QuEChERS 技术检测苎麻及其土壤中有机磷农药残留的 GC 分析方法。

方法操作步骤：土壤样品预先过 2mm 筛，苎麻秆样品预先经过粉碎，苎麻叶样品预先经过匀浆处理。样品各称取 5g 于 50mL 具塞离心管中，苎麻秆和苎麻叶样品加入 5mL 水，3 种样品均加入 10mL 乙腈，静置 15min、涡旋 2min 后加入 2g 无水 $MgSO_4$ 和 0.5g NaCl，涡旋 2min，在 5000r/min 转速下离心 5min。移取 5mL 上清液到含有净化剂（土壤和苎麻秆：300mg 无水 $MgSO_4$ 和 100mg PSA；苎麻叶：300mg 无水 $MgSO_4$、100mg PSA 和 30mg GCB）的 10mL 离心管中，涡旋振荡 2min，在 14000r/min 转速下离心 3min；上清液取 2mL 氮吹至近干，再以丙酮复溶并定容至 1mL，过滤后进行 GC 分析。

由于苎麻叶中色素含量较高，而 GCB 对色素的去除效果优于 PSA，因此采用 GCB 与 PSA 配合净化效果要优于单用 PSA 净化。

方法在 0.05 ~ 0.5mg/kg 浓度范围内线性关系良好，线性相关系数 $R^2 >$ 0.992，检出限为 0.006 ~ 0.016mg/kg，定量限为 0.020 ~ 0.050mg/kg；方法在 0.05、0.1 和 0.5mg/kg 三个加标水平下的平均回收率为 71.1% ~ 114.2%，RSD 为 2.2% ~ 14.6%。

2. QuEChERS 样品前处理－液相色谱－串联质谱法测定蔬菜中 66 种有机磷农药残留量

有机磷农药的种类繁多且物理化学性质相差很大，很多有机磷农药的质量数小、极性强且热稳定性很差，不适合 GC 分析。

王连珠等比较了不加缓冲盐的 QuEChERS 方法（传统方法）和加缓冲盐的 QuEChERS 方法（AOAC 2007.01 方法）对蔬菜中 66 种有机磷农药提取的效率，并考察了青花菜、番茄、枝豆、萝卜、大葱基质中各目标分析物在 LC－MS/MS 分析中的基质效应。

方法操作步骤：将样品均质后准确称取 10.00g 于 50mL 具塞离心管中，加入 20mL 乙腈（或 1% 乙酸 - 乙腈溶液）、1.0g NaCl 和 4.0g 无水 $MgSO_4$，高速均质 1min 后以 8000r/min 离心 5min；上清液取 5mL 加入含有 250mg PSA 和 750mg 无水 $MgSO_4$ 的离心管中（像荷兰豆、枝豆等含油蔬菜需再加入 250mg C_{18}），涡旋 30s 后以 8000r/min 的转速离心 5min，上清液过滤后，取 0.5mL 经氮吹吹干，加入 0.5mL 甲醇和 0.5mL 0.1% 甲酸水溶液复溶，进行 LC - MS/MS 分析。

实验比较了 PSA 和 C_{18} 对 66 种有机磷农药的吸附作用，实验表明，当加入净化剂为 PSA 或 PSA + C_{18} 时，二溴磷的浓度分别降低了 30% 和 60%，因此 PSA 和 C_{18} 对二溴磷均有吸附。进一步考察了 66 种农药在净化体系 12h 后的稳定性，当提取剂为纯乙腈时，甲胺磷、氧乐果、内吸磷砜、甲基毒死蜱、杀虫畏、丙溴磷的浓度均下降了 50%，敌敌畏及灭蚜磷浓度下降了 90%，敌百虫和二溴磷未检出；当提取溶剂为 1% 乙酸 - 乙腈溶液时，除二溴磷外的其他有机磷农药的浓度基本不变。同时方法对比了两种提取剂的提取净化效率，以含水量最高的番茄为基质，在 3 个加标浓度水平进行前处理回收率，结果表明，传统不加乙酸为提取剂的方法对敌敌畏的回收率小于 10%，甲胺磷、乙酰甲胺磷、甲拌磷、灭线磷、治螟磷的回收率为 42% ~ 60%，均小于 AOAC 2007.01 方法；但由于二嗪磷属于碱敏感化合物，因此传统方法对二嗪磷的回收优于 AOAC 2007.01 方法。而二溴磷则不能采用净化剂净化。

方法在各种基质中对 66 种有机磷农药均得到良好的线性，线性相关系数 $r > 0.995$，方法以番茄基质为例的检出限为 0.03 ~ 2.60μg/kg，定量限为 0.1 ~ 8.0μg/kg。方法在 10、40、80μg/kg 三个浓度的加标水平下的回收率为 55% ~ 122%（除二溴磷外），RSD 为 1.6% ~ 18%。

二、食品中有机磷农药的检测

有机磷农药由于常用于奶牛的皮外寄生虫控制和其植物性饲料的杀虫剂，因此会有更多的途径使有机磷农药在牛乳中累积。

Miao 等基于固化悬浮有机液滴法，利用改进 QuEChERS 法结合分散液液微萃取技术，建立了快速、高效且环境友好的检测牛乳样品中有机磷农药残留量的方法。

前处理方法：取 5mL 牛乳样品于 15mL 离心管中，加入 1.0g NaCl 和 2mL 乙腈，涡旋 1min，在 4000r/min 转速下离心 10min；取 500μL 上清液于尖底玻璃离心管中，氮吹吹干，加入 5mL 去离子水；在水溶液中快速加入 15μL 十二烷醇（萃取剂）和 300μL 甲醇（分散剂），涡旋 1min 后，混合液呈浑浊状；以 3000r/min 的转速离心 5min 后，分散剂悬浮于离心管上部；将离心管放入冰水浴中冷却，5min 后顶部有机液滴凝固，将其转移至圆锥小瓶中，在室温下熔化，进行 GC 分析。

文献考查了 NaCl 的浓度以及样品 pH 对回收率的影响。通过向水样中加入不同量的 NaCl（2% ~12%，质量浓度），考查离子强度对萃取效率的影响。结果显示，当 NaCl 的加入量为2% ~8%时，各有机磷农药的回收率随 NaCl 加入量的增加而提高，当 NaCl 含量大于 8%后回收率不再有显著变化。由于 NaCl 的加入增加了溶液的离子强度，从而降低了被分析物在水相的溶解度，增加了其在有机相的浓度；不过当 NaCl 含量到 8%时溶液达到饱和，此时随着 NaCl 浓度增加不再对回收率有明显影响。

文献考察了样品 pH 在 4 ~9 时对提取效率的影响，结果显示，当样品 pH 为 7 时各被分析物均得到最好的回收率；这是因为有机磷农药在中性条件下最为稳定，在酸性或者碱性条件下则会发生电离。

各被分析物在 0.01 ~1.0mg/L 的浓度范围内线性关系良好，线性相关系数大于 0.9968；5 种有机磷农药的方法检出限为 0.1 ~0.3μg/L，定量限为 0.3 ~1.0μg/L；在 0.01、0.05 和 0.1mg/L 三个加标水平下的回收率为 80.5% ~106.5%，相对标准偏差 3.6% ~6.3%。

三、血液中有机磷农药的检测

有机磷农药常会导致急性中毒，但目前临床主要靠测定血液中胆碱酯酶的活性判断是否有有机磷农药中毒，但浓度及种类不得而知。洪萍等建立了利用改良的 QuEChERS 方法结合气相色谱法检测血液中有机磷农药的方法。

前处理过程：取 4mL 血液样品于聚四氟乙烯离心管中，加入 EDTA -2Na，在 4000r/min 的转速下离心 5min，上层血浆取 2mL，加入 0.4mL 甲酸后混匀，静置约 10min 待样品呈胶东状态，再加入 2mL 乙酸乙酯，涡旋 1min 后以 4000r/min 的转速离心 5min。上清液取 1mL 至含有 30mg 活性炭、0.2g 无水 $MgSO_4$、50mg PSA 和 50mg PEP 的 5mL 聚四氟乙烯离心管中，涡旋 1min，以 4500r/min 的转速离心 5min，上清液过滤后进行 GC 分析。

文献讨论了不同提取溶剂的优劣：乙腈的通用性强，但在采用 FPD 检测有机磷农药时会引起目标峰的裂分，从而影响定量；丙酮对血液中水分的溶解度大，不易分离，不能通过盐析作用达到良好的分层效果；而采用乙酸乙酯可以有效避免上述情况并有良好的提取效果。

由于血液中复杂的基质特点，其中大量干扰物如脂肪酸、磷脂、蛋白质等会附着在色谱柱上造成其柱效的改变和寿命的降低，血液中含的磷脂还会干扰色谱的测定。根据文献报道，加入适量甲酸可以沉淀蛋白质和脂肪，因此先用甲酸沉淀大部分的脂肪和蛋白质能够提高去除杂质效率并节省试剂的用量。实验考查了甲酸的用量，对于 2mL 血液样品，甲酸加入体积超过 0.4mL 以后沉淀效果再无明显增强。

PSA 具有较好的去除脂肪酸的效果；活性炭则在去除色素、维生素和甾醇方面有优势；PEP 能够有效地去除蛋白质，更适用于血液样品。当 PSA 和 PEP 的添加量在 100mg 时，各有机磷农药的回收率均能够达到 85% 以上；然而活性炭对目标分析物有较强的吸附作用，当活性炭加入量超过 40% 时，甲基对硫磷和对硫磷的回收率降低显著。

4 种有机磷农药在 0.035 ~3.5μg/mL 的浓度范围内线性关系良好，线性相关系数大于 0.998，方法最低检出限为 0.01 ~0.02mg/L；实验在 0.07、0.70 和 1.75μg/mL 三个浓度加标水平的回收率为 73.1% ~119.6%，RSD 为 3.2% ~12.6%。

第四节

氨基甲酸酯类农药的检测

氨基甲酸酯类农药是针对有机氯、有机磷农药的缺点而开发的新型合成农药，主要是氨基甲酸的 *N*－甲基取代酯类。氨基甲酸酯类农药在水中的溶解度很高，酸性条件下较为稳定，碱性条件下及暴露在空气、阳光下易分解；无特殊气味，毒性较有机磷酸酯类农药低。

氨基甲酸酯类农药具有高选择性、广谱、高效、对人畜低毒的优点，在农林业和畜牧业中都有广泛的应用；该类农药易分解、残毒少、残留期短，在土壤中的半衰期一般为数天到数周。

日本和中国香港分别在 2000 年和 2009 年研究概括了日常生活中对氨基甲酸酯类农药的积累，研究表明对于发酵类的食品，如酱油、泡菜大酱等，以及酒、清酒、梅酒等亚洲的传统食物中氨基甲酸酯类农药的水平较高。

一、蔬果植物中氨基甲酸酯类农药的检测

1. 基于 QuEChERS 提取方法优化的液相色谱－串联质谱法测定蔬菜中 51 种氨基甲酸酯类农药残留

氨基甲酸酯类农药是应用广泛的杀菌剂、杀虫剂和除草剂，其热稳定较差，且极性强。王连珠等选用了叶菜（大葱）、果菜（番茄、青刀豆）、茎菜（姜）、花菜（青花菜）和根菜（胡萝卜）作为代表性基质，建立了测定蔬菜

中 51 种氨基甲酸类农药的基于 QuEChERS 技术的 LC－MS/MS 法。

前处理过程：将均质后的样品称取 10.00g 于 50mL 具塞离心管中，加入 20mL 含 1%（体积分数）乙酸的乙腈、1.0g 无水醋酸钠和 4.0g 无水 $MgSO_4$，高速均质 1min，在 9500r/min 的转速下离心 5min；取 5mL 上清液加入含有 125mg C_{18}、250mg PSA 和 750mg 无水 $MgSO_4$ 的离心管中，涡旋 30s，以 9500r/min的转速离心 5min，上清液取 0.5mL 氮吹至近干，再加入 0.5mL 甲醇和 0.5mL 0.1%（体积分数）甲酸水溶液复溶，进行 LC－MS/MS 分析。

文献采用 GC－MS 全扫描模式分析了 6 种蔬菜的乙腈提取液的主要基质干扰成分：①取代酚类，约 9min 之前出峰，相对分子质量（M_r）通常小于 200；②脂肪酸和烯烃类，出峰时间在 10～21min，$200 \leqslant M_r \leqslant 400$；姜提取液中的姜辣素也在此时间段出峰；③维生素 E 和甾类，在 22 min 以后出峰，$M_r \geqslant 400$；④色素和油脂类，由于相对分子质量大且沸点高，所以不会进入到色谱柱中。文中对比了 PSA 和 C_{18}对各类基质干扰物的去除效果，采用 PSA＋C_{18}相比两种吸附剂的单独使用，更能够达到净化的效果。

文中优化了提取剂的选择，当使用纯乙腈作为提取剂时，有 15 种农药（禾草敌、乙硫苯威、甲基硫菌灵等）的回收率低于 73%，而通过在提取剂乙腈中加入 1% 乙酸即可提高各农药的回收率；并且涕灭威和久效威在 1% 乙酸－乙腈溶液中能够稳定存在，而在纯乙腈中它们会分别转化为涕灭威亚砜和久效威亚砜。但是二氧威在酸性条件下不稳定，因此要用纯乙腈作为提取剂。

方法在 2.0～25μg/L 的浓度范围内线性关系良好，线性相关系数大于 0.993；方法中除杀螟单和久效威的检出限为 20μg/kg、定量限为 50μg/kg 以外，其余目标分析物的检出限为 0.1～3.3μg/kg、定量限为 0.2～10μg/kg；51 种农药在 6 种蔬菜基质的 3 个加标水平（10、20、100μg/kg）下回收率为 58.4%～126%，RSD 为 3.3%～26%。

2. QuEChERS 前处理－高效液相色谱仪检测多种蔬菜水果中 10 种氨基甲酸酯农药残留

黎小鹏等建立了包括菜心、莴苣、豇豆、青瓜、火龙果和草莓 6 种代表性蔬果中 10 种氨基甲酸酯农药残留的 QuEChERS－HPLC 方法。

前处理过程：将样品的可食用部分均质粉碎后冷冻保存，检测时取冷冻样品解冻后（保持样品不超过室温）准确称取 10.00g 于 50mL 具塞离心管中，加入 10mL 乙腈（提前置于－4℃冰箱中 2h 或隔夜），匀浆后加入 QuEChERS 试剂包（安捷伦，5982－5650CH）迅速混合均匀，涡旋 1min 并振荡提取 1min，在 5℃下以 4000r/min 的转速离心 5min；取 6mL 上层清液于 15mL 净化离心管（安捷伦，5982－5656CH）中，涡旋 1min，以 8000r/min 的转速离心 5min，上清液取 2mL 氮吹浓缩至近干，再用 1mL 甲醇复溶，过滤后进行 HPLC

分析。

方法在 0.02～1.00mg/L 的浓度范围内线性关系良好，线性相关系数 R^2 > 0.999，检出限为 0.008～0.010mg/kg；10 种氨基甲酸酯农药在 6 种基质中的 3 个加标浓度水平（0.05、0.10 和 0.50mg/kg）下回收率为 91.2%～102%，相对标准偏差为 1.0%～4.9%。

二、土壤中氨基甲酸酯类农药的检测

1. QuEChERS－超高效液相色谱串联质谱法测定土壤中 7 种氨基甲酸酯类农药残留

马锦陆等建立了 QuEChERS 结合超高效液相色谱串联质谱技术测定土壤中 7 种氨基甲酸酯类农药残留的分析方法。

前处理过程：准确称取 5.0g 土壤样品于 50mL 聚丙烯离心管中，加入 10mL 乙腈，涡旋 2min，加入 1.0g NaCl 和 4.0g 无水 $MgSO_4$，涡旋 30s 并振摇 16min，取出离心管后再涡旋 50s，以 4000r/min 的转速离心 5min；上清液移取 2mL 至玻璃试管中，加入 250mg PSA，涡旋 30s 后以 4000r/min 的转速离心 5min；上清液取 1mL，加入 1mL 0.1% 甲酸水溶液，涡旋 30s 后过滤待测。

方法在 10～100mg/L 的浓度范围内线性关系良好，线性相关系数大于 0.999，7 种氨基甲酸酯类农药在 50mg/L 下的回收率为 74.89%～89.12%，RSD 为 5.4%～8.2%。

2. 土壤中痕量氨基甲酸酯和三唑类农药的样品提取方法研究

文献表明，氨基甲酸酯类农药对人体的内分泌存在潜在的毒性风险，尤其部分氨基甲酸酯类农药的降解产物具有比原药更大的毒性和持久性。土壤是农药残留的储存仓库，土壤样品中农药残留的提取通常采用超声提取法和加速溶剂萃取法。

张晶等对比了 QuEChERS 方法检测土壤样品中痕量氨基甲酸酯和三唑类农药残留量，相对于加速溶剂萃取（ASE）和超声提取法（UE）的优势。

前处理过程：准确称取 5.00g 土壤样品，于 40mL 棕色玻璃瓶中，加入 20mL 丙酮－二氯甲烷（3∶1，体积比）溶液，涡旋混匀，旋紧瓶盖后以 230r/min的转速振荡 60min，再以 3000r/min 的转速离心 20min，然后取 4mL 上清液用氮气吹干，再以甲醇－水（1∶1，体积比）溶液复溶并定容至 1mL，过滤后进行 LC－MS/MS 分析。

文献对 QuEChERS 提取方法的提取溶剂做了优化，考察了甲醇、乙腈、乙腈－甲醇（2∶1，体积比）、丙酮、丙酮－二氯甲烷（3∶1，体积比）等对提取效率的影响，结果显示：丙酮对所有目标分析物的提取效率均偏低；而甲醇及乙腈－甲醇（2∶1，体积比）溶液对氨基甲酸酯类农药的提取效率较低，且不同农药间差异较大；而采用丙酮－二氯甲烷（3∶1，体积比）时提取效率较好，加标回收率都在65.2%～113.9%。这是由于氨基甲酸酯类农药不仅具有较强的极性，还有一定的脂溶性，因此更容易被丙酮－二氯甲烷这种极性且亲酯较强的溶剂从土壤基质中提取出来。

文献同时比较了ASE、UE和QuEChERS三种前处理方法，通过对比发现，ASE法的提取效率普遍偏低，大部分化合物的加标回收率都在70%以下；UE对涕灭威和涕灭威亚砜的回收率较差；QuEChERS法的回收率结果最优，且对涕灭威和涕灭威亚砜的回收率有所改善。涕灭威和涕灭威亚砜的回收率不理想主要是由提取过程中的热效应导致的，涕灭威易受热分解产生涕灭威亚砜，在ASE的加热过程中完全分解；UE虽不加热，但超声过程中也会产生热效应；QuEChERS采用振荡提取，热效应不显著，因此能一定程度上提高涕灭威的回收率。

采用QuEChERS前处理的方法在0.1～100μg/L的浓度范围内线性关系良好，线性相关系数r^2>0.995，检出限为0.010～0.130μg/kg；在10μg/kg的加标水平下回收率为76.3%～121.0%（除涕灭威外），RSD为2.0%～16.8%。

第五节

除草剂的检测

除草剂（herbicide）是指可使杂草彻底地或选择地发生枯死的药剂，又称除莠剂，用以消灭或抑制植物生长的一类物质。随着农业现代化的发展，除草剂越来越广泛地被农民使用，化学除草面积和除草剂使用量增多，随之而来作物药害也不断发生，影响农作物产品和质量，给农业生产和人们生活带来了巨大的危害恶化隐患。除草剂在杀死杂草的同时，对农田生物、农田植物、农田土壤以及大气和水资源均造成危害。世界除草剂发展渐趋平稳，主要发展高效、低毒、广谱、低用量的品种，对环境污染小的一次性处理剂逐渐成为主流。

除草剂按作用分为灭生性和选择性除草剂，选择性除草剂特别是硝基苯酚、氯苯酚、氨基甲酸的衍生物多数都有效。

一、动物源食品中除草剂的检测

动物源样品中含有大量的脂肪、蛋白质和有机酸类物质，对其进行农药残留分析时，要求前处理过程既要去除干扰物，又不能造成分析物的损失。

杨长志等建立了动物源食品中环已烯酮类除草剂残留量同时测定的液相色

谱-质谱/质谱方法，将试样中残留的环己烯酮类除草剂用酸性乙腈高速匀浆提取，提取液经 *N*-丙基乙二胺（PSA）、十八烷基硅烷（ODS）和石墨化炭黑净化，用液相色谱串联质谱检测和确证，外标法定量。

方法操作步骤：称取试样约 5g（精确到 0.01g）于 50mL 螺旋盖聚丙烯离心管中，加入 5mL 水、3g 无水硫酸镁、1.0g 氯化钠、1.0g 乙酸钠和 15mL 体积分数 1% 的乙酸乙腈溶液，用均质器以 10000r/min 均质 2min，4000r/min 离心 5min。将上清液转移至 25mL 容量瓶中。再用 10mL 1% 乙酸乙腈溶液重复提取一次，合并提取液于同一个 25mL 容量瓶中，并用乙腈定容至刻度，待净化。移取 8mL 上述提取液于 15mL 螺旋盖聚丙烯离心管中，加入 300mg 无水硫酸镁、250mg PSA 和 500mg ODS，鸡肝提取液还需要加入 10mg 石墨化炭黑，在旋涡混合器上混合 2min，4000r/min 离心 5min。准确移取 5mL 净化液于 15mL 玻璃具塞离心管中，经 60℃氮吹仪吹干后，用体积分数 60% 乙腈溶液溶解并定容至 1.0mL，过 0.22μm 滤膜，供液相色谱-质谱/质谱仪测定。

环己烯酮类农药有些易溶于水，有些微溶于水，大多易溶于乙腈、苯、甲醇、丙酮和乙酸乙酯等有机溶剂，其 $pK_a<5.91$，为弱酸性除草剂；同时又根据 QuEChERS 方法，即用含体积分数 1% 乙酸的乙腈对样品进行浸提，所以本方法选用酸性乙腈作为提取剂，主要考虑到乙腈一方面能沉淀蛋白质而脂肪提出又很少，又有利于后续的盐析和净化。

PSA 吸附剂能有效去除样本中的脂肪酸、极性色素、糖类物质等极性基质杂质，C_{18}吸附剂能去部分脂肪和脂溶性杂质。实验对添加 PSA 和 C_{18}的量进行了优化，结果发现，猪肉、牛肝、牛乳样品提取液中添加 PSA 250mg、C_{18} 500mg 即可达到净化效果，继续添加，样液无明显改善，不过对回收率影响也不大。故本方法中选择添加 PSA 250mg 和 C_{18} 500mg。

对于鸡肝这种样品的净化，除了加入 PSA 250mg 和 C_{18} 500mg 外，有些杂质干扰仍然无法去除。在这种情况下加入一定量石墨化炭黑，实验效果良好，但石墨化炭黑加入的量需要严格控制，如果加入石墨化炭黑的量大于 10mg 时，环苯草酮的回收率明显下降，其回收率小于 50%，所以本实验石墨化炭黑用量为 10mg。

环己烯酮类除草剂的样品平均加标回收率在 75.68% ~106.80%，相对标准偏差为 6.65% ~ 11.04%；8 种环己烯酮类除草剂的最低检出限均为 0.005mg/kg，符合残留分析的要求。

二、土壤中除草剂的检测

1. QuEChERS-UPLC-MS/MS 检测土壤中 5 种常用除草剂的含量

梅梅等建立了超高效液相色谱串联质谱法（UPLC-MS/MS）简单、快速、灵敏、准确地同时测定土壤中 5 种常用除草剂（莠去津、苯噻酰草胺、甜菜宁、异丙甲草胺和环嗪酮）多残留量的方法。样品经改进的 QuEChERS 方法一步完成萃取净化，未使用缓冲盐溶液，经乙腈萃取，*N* - 丙基乙二胺（PSA）和 C_{18} 吸附剂填料净化，离心后直接过膜上机检测，萃取和净化的效果满足检测要求，外标法定量。

方法操作步骤：土壤样品经自然风干，过 1mm 筛后，室温下保存备用。样品检测结果显示未残留待测除草剂样品，可以作为空白土壤样品。准确称取 1.0g 土壤样品，置于 15mL 塑料离心管中，加入 0.5mL 水浸润 20min，加入 4mL 乙腈，涡旋萃取 2min，加入 0.1g 无水 $MgSO_4$，涡旋 20 s，加入 0.1g PSA（或 0.1g PSA + 0.1g C_{18} 或 0.1g PSA + 0.03g GCB）吸附剂。涡旋 2min，以 10000r/min 高速离心 3min，取上清液直接过膜上机检测。

QuEChERS 方法多应用于蔬菜、水果和肉类等食品中，多采用缓冲溶液调节样品的 pH，以保持目标化合物的稳定和萃取效率。由于食品样品本身含有大量水分，缓冲盐的存在显著降低了目标物在液质联用测定时的离子化效率，所以在前处理过程中必须进行除盐。土壤样品含水量少，pH 多为中性，且相对稳定，因此本研究采用无缓冲溶液的 QuEChERS 方法，可以省去除盐步骤，适合直接进行液质联用分析。

文献还对萃取净化的前处理步骤进行了简化，分别考察了土壤样品前处理方法 1 和经改进简化了操作步骤的方法 2。在方法 1 中，土壤样品经乙腈萃取，并加入无水 $MgSO_4$ 吸水后，需将萃取液高速离心，取出上清液；向上清液中加入无水 $MgSO_4$ 和吸附剂进行净化，然后再次高速离心，取上清液检测。改进的 QuEchERs 方法 2 是将土壤样品萃取后直接在萃取悬浮液中加入无水 $MgSO_4$ 和吸附剂进行净化，萃取和净化一步完成，且步骤中只需经一次高速离心即可取上清液检测。结果显示，方法 1 和方法 2 的 5 种除草剂的回收率均较好，无明显区别，因此这两种方法均可以采用。为使实验操作更简单、快速，在后续实验中采用改进的一步萃取净化的 QuEChERS 方法 2。

文献认为吸附剂对回收率的影响既因为吸附剂对分析物的吸附作用，又由于吸附剂对杂质的吸附净化效果可能导致的基质效应，影响分析物在 ESI 电离源质谱中的响应值。吸附剂的选择取决于样品萃取物中的脂肪或者色素等杂质的含量：①如果样品中脂肪含量大于 5%，吸附剂中需包含 PSA 和 C_{18}；②如果脂肪含量小于 5%，而且萃取物中只含有少量色素或不含色素，吸附剂选用 PSA 即可；③如果脂肪含量小于 5%，而且萃取物中含有大量色素，吸附剂中需包含 PSA 和 GCB。土壤样品中存在色素、脂肪、甾醇等杂质，为选择合适的吸附剂，比较了 3 种不同的吸附剂净化的样品回收率。

该文献在进行了萃取步骤后，分别加入不同的吸附剂：0.1g PSA（或

0.1g PSA +0.1g C_{18}，或 0.1g PSA + 0.03g GCB）进行净化，实验结果显示，PSA + C_{18}吸附剂的回收率最高，说明该吸附剂对分析物吸附作用较小，同时对色素、脂肪、甾醇等杂质的净化效果较好，因此选择 PSA + C_{18}作为吸附剂。经 PSA + C_{18}吸附剂处理的加标样品背景值干净，加标样品的分离度和峰形均较好，可以进行定性定量检验。

结果显示：5 种常用除草剂在 0.5 ~200μg/mL 范围内线性关系良好，相关系数为 0.9947 ~0.9984。在 4 和 40μg/kg 水平下的平均加标回收率为75.4% ~98.5%；相对标准偏差为 3.2% ~ 11.8%；方法的检出限（S/N = 3）为 0.005 ~0.020μg/kg，定量限（S/N =10）为 0.017 ~0.067μg/kg。

2. QuEChERS - UPLC - MS/MS 检测土壤中 3 种磺酰脲类除草剂的含量

李芳等建立了 QuEChERS 法 - 超高效液相色谱 - 串联质谱法（UPLC - MS/MS）快速测定土壤中噻吩磺隆、苯磺隆、氯嘧磺隆 3 种磺酰脲类除草剂的方法，即采用振荡提取、QuEChERS 净化方法处理土壤样品，利用 UPLC - MS/MS 分析。

方法操作步骤：称取风干后过 250μm 粒径筛的土壤样品 5.0g 于 50mL 离心管中，加入 10mL 乙腈作为提取溶剂，振荡提取 30min，以 10000r/min 的速度离心 5min；残渣再用乙腈和 50mmol/L HCl（1 +1）溶液 10mL 提取，振荡 30min，在离心管中添加 3.5g 无水硫酸镁之后再以 10000r/min 的速度离心 5min，合并两次提取液。35℃ 水浴旋转蒸发进行浓缩，待剩约 1mL 溶液时，停止浓缩，用乙腈溶解定容至 5.0mL。从上述溶液中吸取 2mL 加入 0.2g C_{18}固体分散剂净化，涡旋振荡 2min，10000r/min 的速度离心 5min。吸取上清液 1mL，氮气吹干后，乙腈 + 水（3 +7）定容至 1mL，将提取液经 0.22μm 滤膜过滤，上机测定。

该文献分别选用 C_{18}、PSA 及 C_{18} + PSA 为净化填料，通过回收率比较净化效果。结果表明，回收率 C_{18}（78.4% ~95.1%）、PSA（56.2% ~73.9%）、C_{18} + PSA（64.3% ~71.8%），最终选用 C_{18}为固体分散剂进行净化。

结果显示，3 种除草剂在 0.5 ~500μg/L 的质量浓度范围内线性关系良好，相关系数为 0.996 ~0.999。在 10、50μg/kg 水平下进行加标回收实验，平均回收率为 81.4% ~92.9%，RSD 为 5.5% ~10.6%，方法检出限（S/N = 3）为 0.12 ~0.16μg/kg。

三、稻谷中除草剂的检测

1. QuEChERS - UPLC - MS/MS 检测稻谷中 4 种磺酰脲类除草剂的含量

夏虹等建立了 QuEChERS 法 - 超高效液相色谱串联质谱法（UPLC - MS/MS）快速测定稻谷中氯磺隆、甲磺隆、苄嘧磺隆、醚磺隆 4 种磺酰脲类除草剂的方法，即采用酸化乙腈超声提取，QuEChERS 净化的方法处理稻谷样品，利用 UPLC－MS－MS 分析。

方法操作步骤：分别称取糙米、稻壳样品各 5.0g 于 50mL 离心管中，加入 10mL 水，放置 30min，加入 10mL 乙腈（含乙酸 1%），超声波提取 10min，加入 6g 无水硫酸镁和 1.5g 无水乙酸钠，涡旋 1min，超声 5min，4000r/min 离心 5min。取 3mL 上层提取液，加入 5mL 离心管中，加入 150mg PSA、150mg C_{18} 和 450mg 无水硫酸镁，涡旋 1min，10000r/min 离心 2min，取 1mL 上清液加入 1mL 水混匀，过 0.22μm 有机系滤膜于样品瓶中，待测。

QuEChERS 方法最初应用于含水量大的蔬菜和水果，取样量通常为 10g。本试验针对含水量少的糙米和稻壳取样量适当减少为 5g，加水 10mL 浸润 30min，以利于极性的磺酰脲类除草剂的提取，从而提高农药的回收率。样品的颗粒度对前处理中操作的可行性也很重要，样品的颗粒太小会影响离心分离的效果和上清液的吸取，为保证均匀度和样品处理的可操作性，本试验采用糙米、稻壳样品粉碎后过 20 目筛备用的方法。另外，在净化试剂中加入 150mg C_{18} 可有效去除谷物中的油脂和一些天然的非极性物质。

4 种除草剂在 10～200μg/L 范围内线性良好，相关系数在 0.995～0.998。平均加标回收率为 75.2%～113.3%，相对标准偏差在 0.6%～8.3%。该方法适用于稻谷中 4 种除草剂残留的测定。

2. QuEChERS－LC－MS/MS 检测稻谷中苯氧羧酸类除草剂的含量

Urairat 等建立了稻谷中苯氧羧酸类除草剂残留量测定的超高效液相色谱－串联质谱方法。该方法将样品用 5% 的甲酸乙腈溶液提取，并加入缓冲盐促进农药残留向乙腈中转移，然后提取液经 *N*－丙基乙二胺（PSA）和中性氧化铝净化，用液相色谱串联质谱检测和确证，外标法定量。

方法操作步骤：准确称取 10g 经过研磨粉碎的稻谷样品，加入到 50mL 离心试管中，加入 10mL 的 0.5% 的甲酸乙腈溶液和 5mL 水，涡旋振荡萃取 1min。然后加入 4g 无水 $MgSO_4$ + 1.0g NaCl + 1.0g 柠檬酸钠和 0.5g 柠檬酸二氢钠，涡旋 1min 并离心。取出全部上清液，加入 1.5g $MgSO_4$，0.1g 中性氧化铝 + 0.25g C_{18}，涡旋 2min，并以 10000r/min 高速离心，取上清液直接过膜上机检测。

该文献认为苯氧羧酸是一类相对较强的酸（$pK_a<4$），因此萃取溶剂的 pH 是一个关键的因素，需要稳定控制。实验分别对乙腈和 0.5% 的甲酸乙腈溶液进行考察，当使用 0.5% 的甲酸乙腈溶液作为提取剂的时候，绝大部分除草剂的回收率有明显的提高，这是因为苯氧羧酸除草剂容易变成离子形式并溶解在水中，而在酸性条件下可以抑制其电离，保持分子形式。因为大米含有大量的碳水化合物，在这种情况下在提取液中加入 NaCl 可以更容易

地促使乙腈和水相的分层，乙腈层中的微量水分可以通过 $MgSO_4$除去，进一步促进分析物向乙腈中分配。因此本方法采用 0.5% 的甲酸乙腈溶液作为提取剂。

不同的固相分散萃取材料对苯氧羧酸类农药回收率有显著的影响。在 QuEChERS 方法中，PSA 是最常见的一种固相分散萃取材料，它是一种弱阳离子交换剂。由于苯氧羧酸同样也会被强烈地吸附在 PSA 表面，导致其回收率较低。作者尝试使用 C_{18}代替 PSA，13 种分析物中有 9 种分析物的回收率有明显的提高，提高范围在 5% ~20%；另外 2 种分析物的回收率有小幅度的降低，而氨氯吡啶酸降幅非常明显，从 84% 降到 0。二氯吡啶酸不管是用 PSA 还是 C_{18}均检测不出。

由于共萃取基质和吸附剂之间存在基于物理化学结构和极性导致的特异性和非特异性作用，作者使用 C_{18} - 石墨化炭黑（GCB）和 C_{18} - 中性氧化铝 2 种混合吸附材料用于从酸化的乙腈提取液中分离共萃取物。实验结果表明，使用 C_{18} - GCB 作为分散固相萃取材料，大多数苯氧羧酸类农药回收率明显降低，因为 GCB 具有离子交换作用、疏水作用、氢键等，吸附作用较强。虽然 GCB 可以很好地除去色素、甾醇类化合物，但是由于它对分析物同时也有较强的吸附，因此 GCB 并不适合于此类农药的净化。

稻谷中含有碳水化合物、蛋白质、脂肪、维生素、矿物质和水，仅使用 C_{18}一种吸附剂时不能有效地除去所有非极性的共提取物，使用中性氧化铝（pH =6 ~8）可以较好地除去维生素、糖苷、生物甾醇类，同时对某些脂肪、矿物质也有较好的净化效果。当使用 0.25g C_{18} - 0.25g 中性氧化铝混合时，大部分分析物的回收率较 C_{18}单独使用、C_{18} - GCB 混合使用时均有明显提高，但是二氯吡啶酸和氨氯吡啶酸几乎为 0。因为加入 0.25g 中性氧化铝后，一些脂肪、维生素和矿物质的活性位点吸附的目标物被释放出来，大部分的苯氧羧酸类除草剂回收率都达到可接受的水平（ >75%）。少量的中性氧化铝即可除去脂肪等共提取物，但过量（0.25g）的中性氧化铝加入会导致回收率有所下降，甚至被完全吸附。因为苯氧羧酸类物质在此 pH 条件下呈分子形式会强烈地吸附在中性氧化铝表面，这正是二氯吡啶酸和氨氯吡啶酸回收率几乎为 0 的原因。当加入 0.1g 的中性氧化铝时，二氯吡啶酸和氨氯吡啶酸回收率均达到 70% 以上，所有 13 种苯氧羧酸类除草剂的回收率在 71.5% ~97.9%。

3. QuEChERS - GC - MS/MS 检测粮谷中二硝基苯胺类除草剂的含量

陈其勇等建立了粮谷中 11 种二硝基苯胺类除草剂（异丁烯氟灵、氟乐灵、异丁氟灵、环丙氟灵、氯乙氟灵、氨基乙氟灵、氨基丙氟灵、双丁乐灵、异丙乐灵、二甲戊乐灵、磺乐灵）残留量的气相色谱 - 串联质谱（GC - MS/MS）

测定方法，即样品经乙腈提取、QuEChERS 法净化，采用 GC－MS/MS 在多反应监测模式下进行快速分析，外标法定量。

方法操作步骤：准确称取 5.0g 试样于 50mL 带螺旋盖的聚丙烯离心管中，加入 10mL 水，涡旋混合 30s，放置 10min。加入 5g 无水硫酸镁、2g 氯化钠、20mL 正己烷饱和的 0.5% 乙酸乙腈溶液于离心管中，振摇使试样分散，超声 30min，静置 10min。将上清液转移至 150mL 烧瓶中，再次加入 10mL 正己烷饱和的 0.5% 乙酸乙腈溶液于离心管中，重复提取 1 次，40℃ 以下浓缩除去乙腈；用 2mL 乙腈溶解残渣，待净化。将上述样品转移至装有 300mg 无水硫酸镁、200mg PSA 填料和 100mg C_{18} 填料的小试管中；充分涡旋 1min，取 1mL 溶液至 15mL 离心管中，氮吹浓缩至干，用 1mL 正己烷溶解，过 0.22μm 滤膜，供 GC－MS/MS 测定。

方法讨论：二硝基苯胺类除草剂在粮谷类样品中能与脂类物质结合，不易分离，提取溶剂需渗入组织内部才能得到良好的提取效果。正己烷饱和乙腈、丙酮和乙酸乙酯均能对此类农药充分提取，但丙酮和乙酸乙酯提取的共萃物中油脂含量较高，不利于净化，故本方法采用正己烷饱和的乙腈作为提取溶剂，而添加 0.5% 乙酸可起到分析保护剂作用。常用的提取方法主要有超声提取、振荡提取与均质提取等，均质提取主要用于果蔬类样品，振荡提取与超声提取对此类除草剂均具有良好的提取效果，本方法最终采用超声提取。

目前粮谷中二硝基苯胺类除草剂的净化方法主要有凝胶色谱净化法、固相萃取柱净化法及 QuEChERS 法等。凝胶色谱法对去除色素、油脂等大分子杂质有良好的效果，但有机溶剂用量较多，操作时间较长；而 GB/T 19649—2006 采用的固相萃取净化法则需将 3 个固相萃取柱串接。经过对比研究，本文最终采用 QuEChERS 法作为粮谷类样品基质的净化方法。QuEChERS 法中，无水硫酸镁吸水的同时也放热，使萃取液的温度达 45℃ 左右，促进了农药的萃取；乙二胺－N－丙基硅烷（PSA）吸附剂能够清除许多极性基质成分如样品共萃取物中的脂肪酸、亲脂性色素和糖类等，且对农药残留物无吸附作用。

方法评价：在优化实验条件下，11 种二硝基苯胺类除草剂的线性范围均为 1.0～20.0μg/L，相关系数大于 0.996，方法定量下限为 5μg/kg；在加标水平为 5、10、20μg/kg 时，大米、大豆、小麦样品中 11 种二硝基苯胺类除草剂的平均加标回收率为 65%～110%，相对标准偏差（$n=7$）为 2.6%～10.2%。

第六节

植物生长调节剂的检测

植物生长调节剂，是用于调节植物生长发育的一类农药，包括人工合成的具有天然植物激素相似作用的化合物和从生物中提取的天然植物激素，在农业生产上使用，有效调节作物的生育过程，达到稳产增产、改善品质、增强作物抗逆性等目的。

常见的植物生长调节剂有延长贮藏器官休眠的胺鲜酯（DA－6）、氯吡脲、复硝酚钠、青鲜素；打破休眠促进萌发的赤霉素、激动素、胺鲜酯（DA－6）、氯吡脲、复硝酚钠、硫脲、氯乙醇、过氧化氢；促进茎叶生长的赤霉素、胺鲜酯（DA－6）、6－苄基氨基嘌呤、油菜素内酯、三十烷醇；促进生根的吲哚丁酸、萘乙酸、2，4－D、比久、多效唑、乙烯利、6－苄基氨基嘌呤；抑制茎叶芽生长的多效唑、优康唑、矮壮素、比久、青鲜素；促进花芽形成的乙烯利、比久、6－苄基氨基嘌呤、萘乙酸、2，4－D、矮壮素；抑制花芽形成的赤霉素；疏花疏果的萘乙酸、甲萘威、乙烯利、赤霉素、吲熟酯、6－苄基氨基嘌呤；保花保果的2，4－D、胺鲜酯（DA－6）、氯吡脲、复硝酚钠、防落素、赤霉素、6－苄基氨基嘌呤；延长花期的多效唑、矮壮素、乙烯利、比久；诱导产生雌花的乙烯利、萘乙酸、吲哚乙酸、矮壮素；诱导产生雄花的赤霉素；形成无籽果实的赤霉素、2，4－D、防落素、萘乙酸、6－苄基氨基嘌呤；促进果实成熟的胺鲜酯（DA－6）、氯吡脲、复硝酚钠、乙烯利、比久；延缓果实成熟的2，4－D、赤霉素、比久、激动素、萘乙酸、6－苄基氨基嘌呤；延缓衰老的6－苄基氨基嘌呤、赤霉素、2，4－D、激动素；提高氨基酸含量的多效唑、防落素、吲熟酯；提高蛋白质含量的防落素、西玛津、莠去津、萘乙酸；提高抗逆性的脱落酸、多效唑、比久、矮壮素。

然而，随着科技与农业的发展，植物生长调节剂的种类越来越多，应用也日益广泛，按照登记批准标签上标明的使用剂量、时期和方法，使用植物生长调节剂对人体健康一般不会产生危害。如果使用上出现不规范、盲目或过量使用，可能会使作物过快增长，或者使生长受到抑制，甚至死亡，对农产品的品质会有一定影响，并且对人体健康产生危害。

一、瓜果中植物生长调节剂的检测

黄何何等建立了高效液相色谱－串联质谱法（HPLC－MS/MS）同时测定水果中21种植物生长调节剂残留量的方法。样品经 QuEChERS 法进行预处理，选用含 1%（体积分数）乙酸的乙腈溶液提取，无水硫酸镁和十八烷基硅烷（C_{18}）粉末净化，以 C_{18} 色谱柱分离待测物，采用电喷雾电离源，正负离子分段扫描和多反应监测模式（MRM）检测，基质匹配标准溶液外标法定量。

方法操作步骤：称取 10.00g（精确至 0.01g）样品于 50mL 离心管中，加入 10mL 含 1%（体积分数）乙酸的乙腈溶液，匀浆 2min 后，加入脱水试剂（4g 无水硫酸镁和 1.5g 醋酸钠），涡旋振荡 1min，以 4000r/min 离心 3min，取 2.0mL 上清液于分散固相萃取管（25mg C_{18} 和 150mg 无水硫酸镁）中，涡旋混匀 1min 后于 16000r/min 速率下离心 5min，所得上清液经 0.22μm 有机滤膜过滤后，待测定。

该文献比较了乙腈、含 1%（体积分数）乙酸的乙腈、2%（体积分数）乙酸的乙腈和含 1%（体积分数）1mol/L NaOH 的乙腈溶液，4 种不同提取溶剂对 21 种植物生长调节剂的提取效果。结果显示，当提取溶剂为 1%（体积分数）乙酸乙腈时，21 种目标物的回收率均大于 80%。其中，氯化胆碱、氯吡脲、抗倒胺、抑芽唑和抗倒酯在采用不同的提取溶剂时均有较高回收，而三碘苯甲酸、赤霉素、环丙酸酰胺、脱落酸、2，4 - D、调果酸、对氯苯氧乙酸、1 - 萘乙酸和吲哚 - 3 - 乙酸因结构中均含有羧基，在酸化乙腈条件下，萃取效率较高。这是由于酸性条件抑制了羧基在溶液中电离成离子形态，从而提高了回收率。因此，综合各物质的提取效率，选择 1%（体积分数）乙酸乙腈作为本研究的提取溶剂。

该文献试验比较了 $MgSO_4$ + PSA、$MgSO_4$ + C_{18}、$MgSO_4$ + PSA + C_{18} 和 $MgSO_4$ + PSA + GCB 的净化效果，结果显示，在使用含有 PSA 的净化材料时，极性较强的化合物（丁酰肼、矮壮素、助壮素和氯化胆碱）和含羧酸结构的化合物（三碘苯甲酸、赤霉素、环丙酸酰胺、脱落酸、2，4 - D、调果酸、对氯苯氧乙酸、1 - 萘乙酸和吲哚 - 3 - 乙酸）被吸附，回收率均低于 30%；氯吡脲、抗倒胺、多效唑、烯效唑和抑芽唑在 $MgSO_4$ + PSA、$MgSO_4$ + C_{18} 和 $MgSO_4$ + PSA + C_{18} 三种净化条件下有较高的回收率，均大于 75%。但净化材料中含有 GCB 时，其回收率明显降低，表明 GCB 对目标化合物有一定的吸附作用。采用 $MgSO_4$ + C_{18} 作为净化剂时，21 种目标化合物的回收率均高于 75%，因此最终选其为本研究的净化材料。

二、蔬菜中植物生长调节剂的检测

1. QuEChERS - LC - MS/MS 检测蔬菜中 6 种植物生长调节剂的含量

周纯洁等建立了同时测定蔬菜中 6 种羧酸类植物生长调节剂（吲哚 - 3 - 乙酸、吲哚 - 3 - 丁酸、2，4 - D、α - 萘乙酸、赤霉酸、4 - 氯苯氧乙酸）残留量的 QuEChERS - 超高效液相色谱 - 串联质谱方法。样品采用含 1% 乙酸的乙腈提取，无水硫酸镁 - 氯化钠盐析，无水硫酸镁 - 石墨化炭黑（GCB）分散固相萃取（d - SPE）净化。液相色谱以 BEH C_{18}柱（50mm ×2.1mm，1.7μm）为分析色谱柱，乙腈和 0.01% 乙酸水溶液作流动相进行梯度洗脱。质谱分析采用电喷雾负离子电离、多反应监测模式，以基质匹配标准曲线外标法定量。

方法操作步骤：准确称取 5g（精确至 0.01g）已均质的蔬菜样品于 50mL 具塞离心管中，加入 10mL 含 1% 乙酸的乙腈，涡旋 1min 混匀。加入 4g 无水硫酸镁和 1g 氯化钠的混合粉末，迅速振摇，涡旋振荡 1min，以 4000r/min 离心 5min。转移 2mL 上清液至装有 200mg 无水硫酸镁和 10mg 石墨化炭黑（GCB）的具塞离心管中，涡旋混合 1min，以 10000r/min 离心 2min。取上清液过 0.22μm 有机系滤膜，待测。

方法讨论：6 种植物生长调节剂在水中溶解性均较小，因此本实验采用有机溶剂作为提取剂。由于蔬菜中通常含有大量的色素，若采用非极性有机溶剂容易将色素同时提取出来，所以考虑采用乙腈提取。乙腈对于不同极性的物质均有一定的溶解能力，且所提取的色素等干扰物质较少，满足多种物质同时检测时提取剂的要求。考虑到待测化合物分子结构中均含有羧基，乙酸的加入有利于其存在形态从离子态向分子态转变，从而增加其在乙腈中的溶解度，以增加乙腈的提取效率。实验分别考察了用乙腈和 1% 乙酸乙腈作为提取剂时各化合物的回收率。结果发现，乙酸的加入对赤霉酸的提取效率影响较大，其回收率可由 35% 提高到 90%。因此，实验选择用 1% 乙酸乙腈作为提取剂。

实验分别考察了加入无水硫酸镁 - 氯化钠和无水硫酸镁 - 无水乙酸钠时各化合物的回收率。结果表明，采用无水硫酸镁 - 无水乙酸钠体系作为分配剂时，6 种化合物的回收率均较低。这可能是由于缓冲体系的使用使提取液中杂质增多，且弱碱性乙酸钠的引入抑制了各化合物由离子态向分子态的转变。因此，实验选择在提取步骤中加入无水硫酸镁 - 氯化钠作为分配剂。

实验考察了无水硫酸镁 + PSA、无水硫酸镁 + C_{18}粉和无水硫酸镁 + GCB 的净化效果，结果表明，GCB 可以有效去除提取液中的色素，但 C_{18}粉和 PSA 脱色效果不明显，提取液和净化液颜色差异很小。当采用无水硫酸镁 + PSA 作为吸附剂时，赤霉酸、2，4 - D 和 4 - 氯苯氧乙酸的回收率明显降低；而采用无水硫酸镁 + C_{18}粉作为吸附剂时，吲哚 - 3 - 丁酸的回收率相对较低。虽然 GCB 对吲哚 - 3 - 丁酸也有一定的吸附作用，但为了有效去除提取液中大量的色素，延长色谱柱的使用寿命，本实验选择无水硫酸镁 + GCB 作为吸附剂。由于 GCB 的用量与其吸附能力相关，实验还对 GCB 的加入量进行了优化，当加入 1.25mg/mL GCB 时，脱色效果较差；随着 GCB 加入量的增加，脱色效果逐渐增强，当加到5mg/mL GCB 以上时，提取液中的色素脱除效果比较理想，净化后溶液呈淡黄色；继续增加 GCB 的用量，虽然脱色效果更好，但各化合物的回收率明显降低，实验吸附剂 GCB 的用量选择 5mg/mL。

以3倍信噪比（*S/N* =3）浓度估算方法检出限（LOD），以10倍信噪比（*S/N*=10）所对应浓度作为方法定量限（LOQ），6种植物生长调节剂方法检出限在0.5～6μg/kg，方法定量限在1.5～18μg/kg。以黄瓜和番茄为代表基质，进行添加回收和精密度实验。3个添加水平的回收率为81.6%～108%，相对标准偏差（RSD）均不大于8.4%。

2. QuEChERS－LC－MS/MS 检测蔬菜中17种植物生长调节剂的含量

Shurui Cao 等通过结合改进的 QuEChERS 技术和超高效液相色谱－离子阱－串联质谱（UPLC－QTrap－MS/MS）检测蔬菜中17种植物生长调节剂。采用 ODS＋ Generik ChlorF（GCF）复合吸附剂用于除去提取液中的叶绿素、脂类等干扰物，不会导致具有平面二维结构的植物生长调节剂的损失。

方法操作步骤：将蔬菜样品用匀浆机匀浆后，称取10g 样品于50mL 离心管中，移取20mL 乙腈－甲酸混合溶液（99:1，体积比）至离心管中，将离心管置于涡漩混合振荡仪上振荡8min。然后向离心管中加入5g 氯化钠，立即于漩涡混合振荡仪上振荡2min，以5000r/min 离心3min。移取上清液10mL 于15mL 具塞离心管中，加入500mg 无水硫酸镁、50mg GCF 及100mg ODS 吸附剂，于漩涡混合振荡仪上振荡1.5min，以5000r/min 的速率离心3min。把上清液全部转移到25mL 的圆底烧瓶中，在40°C 条件下旋转蒸发至近干，残留物用1mL 的乙腈－水溶液（90:10，体积比）溶解。经0.22μm 有机相滤膜过滤后进 LC－MS/MS 检测。

方法讨论：赤霉酸、3－吲哚乙酸、4－氯苯氧乙酸、脱落酸、对氟苯氧乙酸和2，4－氯苯氧乙酸都含有羧基。酸性乙腈对这些化合物有更好的提取效率，因为酸性条件可以抑制这些农药转变成离子状态，从而提高提取效率，因此选择含1%乙酸的乙腈溶液用作提取溶剂。

作者对 PSA、ODS、GCB 和 GCF 四种不同的吸附剂的净化效果进行了比较。当吸附剂用量为50mg 时，GCF 和 ODS 对大部分农药的回收率高于其他两种吸附剂，且 GCF 的净化效果优于其他吸附剂，作者选择 GCF＋ODS 复合吸附剂。分别优化了 GCF 和 ODS 的用量对吸附效果的影响，比较了5种不同用量的 ODS（0，50，100，150，200mg）对回收率的影响，结果显示，当 ODS 用量为100mg 时，各农药有最高回收率。然后作者固定 ODS 的用量为100mg，再加入不同量的 GCF（0，50，100，150，200mg），考察了 GCF 对回收率的影响。随着 GCF 用量的增加，大部分的农药回收率都呈下降趋势，这可能是由

GCF 某种程度上对农药的吸附造成的，但是基质中的干扰物也同时除去，提高了分析物的信号响应。为了获得更高的回收率和更好的净化效果，选择 100mg ODS + 50mg GCF 复合吸附剂。

方法评价：采用基质配标的方式配制 17 种生长调节剂的标准工作曲线，线性相关系数在 0.9990 ~ 0.9999。检出限（LOD）和定量限（LOQ）在 0.01 ~ 0.70μg/kg 和 0.04 ~ 2.32μg/kg。

第七节

杀菌剂的检测

杀菌剂又称杀生剂、杀菌灭藻剂、杀微生物剂等，通常是指能有效地控制或杀死水系统中的微生物——细菌、真菌和藻类的化学制剂。在国际上，通常是作为防治各类病原微生物的药剂的总称。

杀菌剂按原料来源可分为无机杀菌剂（如硫磺粉、石硫合剂、硫酸铜、升汞、石灰波尔多液、氢氧化铜、氧化亚铜等）；有机硫杀菌剂（如代森铵、敌锈钠、福美锌、代森锌、代森锰锌、福美双等）；有机磷、砷杀菌剂（如稻瘟净、克瘟散、乙磷铝、甲基立枯磷、退菌特、稻脚青等）；取代苯类杀菌剂（如甲基托布津、百菌清、敌克松、五氯硝基苯等）；唑类杀菌剂（如粉锈宁、多菌灵、恶霉灵、苯菌灵、噻菌灵等）；抗生素类杀菌剂（井冈霉素、多抗霉素、春雷霉素、农用链霉素、抗霉菌素 120 等）；复配杀菌剂（如灭病威、双效灵、炭疽福美、杀毒矾 M8、甲霜铜、DT 杀菌剂、甲霜灵·锰锌、拌种灵·锰锌、甲基硫菌灵·锰锌、广灭菌乳粉、甲霜灵 - 福美双可湿性粉剂等）；其他杀菌剂（如甲霜灵、菌核利、腐霉利、扑海因、灭菌丹、克菌丹、特富灵、敌菌灵、瑞枯霉、福尔马林、高脂膜、菌毒清、霜霉威、喹菌酮、烯酰吗啉·锰锌等）。

按传导特性分类可分为内吸性杀菌剂、非内吸性杀菌剂、保护性杀菌剂。内吸性杀菌剂能被植物叶、茎、根、种子吸收进入植物体内，经植物体液输导、扩散、存留或产生代谢物，可防治一些深入到植物体内或种子胚乳内的病害，以保护作物不受病原物的浸染或对已感病的植物进行治疗，因此具有治疗和保护作用，如多菌灵、力克菌、绿亨 2 号、多霉清、霜疫清、噻菌铜、甲霜灵、乙磷铝、甲基托布津、敌克松、粉锈宁、甲霜铜、杀毒矾、拌种双等。非内吸性杀菌剂指药剂不能被植物内吸并传导、存留。大多数品种都是非内吸性的杀菌剂，此类药剂不易使病原物产生抗药性，比较经济，但大多数只具有保护作用，不能防治深入植物体内的病害，如硫酸锌、硫酸铜、多果定、百菌清、绿乳铜、表面活性剂、增效剂、硫合剂、草木灰、波尔多液、代森锰锌、福美双、百菌清等。

杀菌剂是用于防治由各种病原微生物引起的植物病害的一类农药。但大量杀菌剂的使用导致了严重的农药残留问题，其中有些杀菌剂残留严重威胁着人体健康，即使是少量的农药残留也可能导致癌症以及一些神经系统和生殖系统疾病的发生。

一、果蔬中杀菌剂的检测

1. QuEChERS－GC－MS/MS 检测果蔬中 20 种杀菌剂的含量

谢建军等建立了果蔬中 20 种杀菌剂（三环唑、五氯硝基苯、嘧霉胺、乙烯菌核利、百菌清、三唑酮、戊菌唑、腐霉利、三唑醇、多效唑、稻瘟灵、抑霉唑、咯菌腈、氟硅唑、腈菌唑、肟菌酯、丙环唑、咪鲜胺、腈苯唑、苯醚甲环唑）残留量的 QuEChERS－GC/MS 快速测定方法。方法以生菜、毛瓜、葡萄、李子为原料，样品经乙腈提取，PSA 粉 50.0mg、Al_2O_3粉 50.0mg 和氨丙基粉（NH_2）30.0mg 除杂净化后，用 GC－MS 外标法定量。

方法操作步骤：称取 10g（精确至 0.01g）试样于 50mL 离心管中，加入 10mL 乙腈，涡旋 1min 后加入 4.0g 无水硫酸镁、1.0g 氯化钠、1.0g 柠檬酸钠和 0.5g 倍半水合柠檬酸二钠，迅速振荡，置于水平振荡器中振荡 5.0min，以 4500r/min 离心 5.0min，待净化。取 1mL 上清液于 1.5mL 高速离心管中，加入 150mg 无水硫酸镁、50mg PSA、50mg Al_2O_3粉、30mg 氨丙基粉（NH_2），涡旋 1min，以 12000r/min 离心 10min 后取 0.8mL 上清液于带刻度试管中，置于氮吹仪中用氮气吹至近干，用乙酸乙酯定容至 0.8mL，过 0.22μm 滤膜于气相进样瓶中，待气相色谱质谱联用仪（GC－MS）测定。

方法讨论：由于 QuEChERS 文献报道方法主要使用 PSA、C_{18}和 GCB 吸附剂来去除提取液中的干扰基质，而有些杀菌剂在 C_{18}或 GCB 吸附剂中损失较多，故通过研究其他吸附剂达到较好的回收和净化的目的。本方法采用回收试验法筛选吸附剂的种类和用量，分别称取 PSA 粉、C_{18}粉、GCB、Al_2O_3粉和氨丙基粉（NH_2）于 1.5mL 高速离心管中，每种吸附剂分别称取 50、100、150mg 三个水平，加入 0.1mg/L 的 20 种杀菌剂混合标准溶液，涡旋 1min，静置 10min 后，以 12000r/min 离心 10min，取上清液过 0.22μm 滤膜，经过GC－MS 分析，结果见表 3－2。

表 3－2　　3 种不同用量吸附剂对 20 种杀菌剂回收率的影响

杀菌剂	PSA			Al_2O_3粉			氨丙基粉（NH_2）		
	50mg	100mg	150mg	50mg	100mg	150mg	50mg	100mg	150mg
三环唑/%	116	125	118	103	101	104	104	103	106
五氯硝基苯/%	84	91	89	97	104	103	99	102	107
嘧霉胺/%	92	94	81	98	99	104	94	86	92
乙烯菌核利/%	104	109	101	101	101	106	99	94	94
百菌清/%	77	65	47	103	109	116	62	38	26
三唑酮/%	102	107	99	98	98	99	101	101	97
戊菌唑/%	100	104	97	99	94	99	103	98	103
腐霉利/%	97	100	94	99	101	103	102	101	104
三唑醇/%	101	99	95	92	72	82	94	92	94
多效唑/%	104	109	100	110	88	107	109	95	113
稻瘟灵/%	108	111	103	103	101	107	102	101	102
抑霉唑/%	100	102	94	98	76	88	109	97	110
咯菌腈/%	89	87	83	105	96	103	97	92	95
氟硅唑/%	97	101	92	103	98	104	108	102	109
腈菌唑/%	99	102	96	101	94	100	105	99	103
肟菌酯/%	98	102	96	10	99	103	104	100	106
丙环唑/%	109	115	103	107	104	108	108	105	116
咪鲜胺/%	102	105	110	99	95	98	112	104	106
腈苯唑/%	112	116	104	100	94	105	108	100	104
苯醚甲环唑/%	93	97	83	110	101	103	107	97	108

结果发现，C_{18}吸附剂对咪鲜胺、抑霉唑和五氯硝基苯三种杀菌剂的影响比较大，在 C_{18}吸附剂存在的情况下，20 种杀菌剂中咪鲜胺、抑霉唑和五氯硝基苯的回收率数值偏低，回收率低于 80%；其余 17 种杀菌剂的回收率在 80% ～130%。GCB 吸附剂对咪鲜胺、咯菌腈、抑霉唑和百菌清的吸附很强，这 4 种杀菌剂的回收率为零，苯醚甲环唑、腈苯唑、嘧霉胺和五氯硝基苯的回收率也很低，低于 60%，其余 12 种杀菌剂的回收率在 80% ～110%。PSA、Al_2O_3粉和氨丙基粉（NH_2）的添加回收率，除百菌清的回收率稍低外，其余杀菌剂的回收率都在 80% ～110%。得到以上数据后，将 PSA、Al_2O_3粉和氨丙基粉（NH_2）按一定质量混合，再用同样的回收试验方法进行筛选，结果发现

在 PSA 粉 50. 0mg、Al_2O_3 粉 50. 0mg 和 NH_2 粉 30. 0mg 混合时，20 种杀菌剂回收率除百菌清的回收率稍低为 51%，其余 19 种杀菌剂的回收率都在 87% ~ 110%，故选择该三种吸附剂的此种组合进行回收率及精密度实验。

方法评价：本方法采用空白基质溶液配制 20 种杀菌剂的混合标准工作溶液，采用外标法定量，20 种杀菌剂在 0. 025 ~ 0. 25mg/L 范围内线性关系良好，相关系数 R^2 达到 0. 9974 ~ 1. 0000。向生菜、毛瓜、葡萄和李子空白样品中分别添加 0. 05、0. 1、0. 2mg/kg 三个水平的标准工作液，每个添加水平重复 6 次，计算该 20 种杀菌剂的平均回收率和相对标准偏差，除百菌清外，其余 19 种杀菌剂平均回收率均处于 83% ~ 112%，相对标准偏差（RSD）小于 11. 0%，方法的检出限（LOD）为 0. 2 ~ 11. 8μg/kg。

2. QuEChERS – LC – MS/MS 检测谷物、蔬菜和水果中 5 种咪唑类杀菌剂的含量

Fengshou Dong 等用 QuEChERS 技术同时测定了谷物（大米和小麦）、蔬菜（莴苣、番茄和黄瓜）、水果（苹果和葡萄）中 5 种新型的咪唑类杀菌剂（联苯吡菌胺、氟唑菌酰胺、福拉比、唑菌胺酯、吡咪唑）。通过乙腈从不同的基质中提取出以上 5 种杀菌剂，然后通过 C_{18} 或石墨化炭黑（GCB）净化，最后进 LC – MS/MS 分析。

方法操作步骤：取约 500g 的样品（大米、小麦、黄瓜、番茄、莴苣、苹果、葡萄）剁碎混匀。称取上述混匀的样品 10g 到 50mL 具塞离心管中。加入 5mL 的水（仅适用于大米和小麦样品）和 10mL 乙腈，涡旋振荡 3min，然后将其置于 –20℃的冰箱中放置 30min。然后，往离心管中加入 4. 0g 无水硫酸镁、1. 0g 氯化钠，盖好盖子并立即置于涡旋振荡器中振荡 1. 0min，然后离心。取 1. 5mL 上清液（乙腈层）于 1. 5mL 高速离心管中，加入 150mg 无水硫酸镁、50mg C_{18}（大米、小麦、番茄、苹果样品）、25mg GCB（莴苣、黄瓜、葡萄），涡旋 1min，以 12000r/min 离心 5min，上清液过 0. 22μm 的尼龙滤膜后进 UPLC – MS/MS。

方法讨论：QuEChERS 比较适合用于分析含水量高（大于 80%）的基质，如水果和蔬菜。本方法中除大米和小麦外，其余的基质都是含水率比较高，因此对于大米和小麦样品，在提取前加入一定量的水，调节样品的含水率以获得更好的回收率。本方法对比了加入不同体积（3mL、5mL、8mL）的水对回收率的影响。试验结果表明加入 5mL 和 8mL 的水，结果回收率接近，与 3mL 相比有小幅的增加。然而当加入 8mL 水时，需要消耗更多的 $MgSO_4$/NaCl，因此对于大米和小麦样品选择加入 5mL 水。

为了获得满意的净化效果，本方法考察了 PSA（50mg）、C_{18}（50mg）、GCB（25mg）3 种常用的吸附剂对不同样品基质净化效果的影响。可以得出，

当 PSA 和 C_{18}应用于苹果、番茄和大米基质净化时，农药回收率和 RSD 都令人满意，但是当 GCB 用于苹果和番茄基质净化时，回收率较差，其中嘧菌胺脂和吡咪唑的回收率小于 50%。这可能是由在特殊基质条件下，某些目标分析物被 GCB 选择性地保留导致的。由于 C_{18}比 PSA 相对便宜，因此 C_{18}用于苹果、番茄和谷物（大米和小麦）样品基质的净化。但是当 C_{18}和 PSA 用于莴苣、黄瓜和葡萄样品基质的净化时，部分分析物的回收率很低（呋吡菌胺和吡咪唑回收率小于 52%），这可能是这些样品基质净化不彻底，其中干扰的杂质没有得到很好的除去。相比之下，当这些样品用 GCB 进行净化时，回收率和 RSD 令人满意，这可能与 GCB 较好地除去莴苣、黄瓜和葡萄中的色素有关。由于使用单一一种吸附剂已经可以满足实验要求，因此本法没有进一步考虑 2 种或 2 种以上吸附剂混合使用的情况。最后本方法确定 C_{18}（50mg）用于苹果、番茄和谷物类样品的净化，GCB（25mg）用于莴苣、黄瓜和葡萄样品的净化。

方法评价：本方法采用空白基质溶液配制混合标准工作溶液，采用外标法定量，5 种杀菌剂在 5～1000μg/L 范围内线性关系良好，相关系数 $R^2 \geqslant 0.985$，在三种不同的添加水平下（10、100、1000μg/kg），样品回收率在 70.0%～108%，相对标准偏差小于 21%。

二、烟叶和土壤中杀菌剂的检测

1. QuEChERS－LC－MS/MS 检测烟叶和土壤中壬菌铜的含量

壬菌铜（Cuppric nonyl phenolsulfonate），化学名为对壬基酚磺酸铜，是国内自主研发的苯环类有机铜农药新品种。壬菌铜广谱高效，是波尔多液、硫酸铜、氢氧化铜等无机铜农药以及农用硫酸链霉素的理想替代产品。壬菌铜为大分子聚合结构，不仅避免了铜离子在使用过程中的药害问题，而且药效期长，缓释作用明显，对蔬菜、瓜类、果树、花卉等农作物的霜霉病、炭疽病、白粉病、软腐病、细菌性角斑病、叶枯病、疫病等均具有出色的防治效果。

王秀国等采用 QuEChERS 为样品前处理方法，建立了高效液相色谱－串联质谱快速检测烟叶和土壤中新型杀菌剂壬菌铜残留的分析方法。样品中的壬菌铜经硫化钠破络、乙腈提取、*N*－丙基乙二胺吸附剂（PSA）净化后，以乙腈－水作为流动相进行梯度洗脱，电喷雾正离子（ESI^+）模式电离，三重四极杆串联质谱以多反应监测模式进行测定。

方法操作步骤：分别称取鲜烟叶样品 5.0g、干烟叶样品 2.0g、土壤样品 5.0g，加入 5.0mL 水充分润湿，加入 10mL 乙腈、0.5g 硫化钠，于旋涡混匀器上涡旋约 2min（直至沉淀溶解为止），静置 1h。加入 4g 无水硫酸镁、1g 氯化钠、1g 柠檬酸钠、0.5g 柠檬酸氢二钠，涡旋 2min，4000r/min 离心 5min。移取样品提取液 1.5mL 于离心管中，加入 150mg 无水硫酸镁和 25mg PSA，旋涡振荡 2min，以 13000r/min 离心 10min，吸取上清液 800μL，加入 200μL 甲酸，经 0.22μm 有机相滤膜过滤后用于分析。

方法讨论：壬菌铜是苯环类大分子聚合物，在色谱上分析时响应非常低，难以满足检测需要。除此之外，壬菌铜分子结构中有金属离子，长期使用会造成金属离子的富集，对仪器造成不利影响。因此在进样前，有必要采用破络剂进行破络，去除金属离子，通过测定破络得到的壬基酚磺酸表征壬菌铜含量。研究了硫化钠、次氯酸钠、硫酸亚铁、氢氧化钠对壬菌铜的破络效果，发现硫化钠的破络时间最短、破络最彻底。因此，本实验选择以硫化钠作为破络剂。研究了硫化钠的添加量和反应时间对破络的影响，结果表明，0.5g 硫化钠、反应 1h，对 0.2mg/L 壬菌铜的破络效果最好。在 0.01 ~2.0mg/L 浓度范围内，以 0.5g 硫化钠、反应 1h 为破络条件，壬菌铜到壬基酚磺酸的转化率达 87.3% ~88.8%，完全能够满足分析检测的要求。

选择用量均为 50mg 的 PSA、GCB 和 C_{18} 为分散固相萃取吸附剂，分别比较了 3 种吸附剂的净化效果。结果显示，GCB 净化效果最好，PSA 次之，C_{18} 较差。GCB 能有效去除色素、类胡萝卜素等杂质的干扰，而 PSA 能有效去除脂肪酸、碳水化合物、酚类和少量色素。但以 GCB 作为吸附剂时，壬菌铜在烟叶中的回收率最低，平均回收率仅有 50.5% ~65.8%。因此，本实验选择 PSA 作为吸附剂。分别比较了 5，10，25，50，100mg PSA 对壬菌铜回收率的影响，发现 PSA 添加量对回收率并无显著影响，以上用量下，壬菌铜的平均回收率均能达到 75% 以上。但当 PSA 用量为 5mg 和 10mg 时，杂质较多，净化效果较差。因此本实验最终选择 25mg PSA 作为吸附剂。

方法评价：在 0.001 ~1.0mg/L 浓度范围内线性关系良好，不同基质中壬菌铜破络产物——壬基酚磺酸的线性系数均大于 0.99。在 0.01 ~2.0mg/kg 加标水平下，壬菌铜在鲜烟叶、干烟叶和土壤中的平均回收率分别为 84.7% ~92.5%、87.1% ~103.2%、83.0% ~90.9%，相对标准偏差（RSD）分别为 6.9% ~ 8.3%、5.8% ~ 10.6%、6.0% ~ 9.0%，方法的定量下限为 0.01mg/kg。

2. QuEChERS - LC - MS/MS 检测烟叶杀菌剂的含量

杨飞等建立了一种烟草中 6 种杀菌剂的液相色谱 - 串联质谱（LC - MS/MS）测定方法，烟草样品提取液经处理后，在 Atlantis dC_{18} 柱上以乙腈 - 水（含 0.1% 甲酸）为流动相进行分离，用 LC - MS/MS 在多反应监测（MRM）模式下测定，以内标法（氯唑磷）定量。

方法操作步骤：称取 2g 样品（精确至 0.01g）于 50mL 具盖离心管中，加入 10mL 水，振荡，直至样品被水充分浸润。静置 10min，移取 10mL 乙腈至离心管中，并加入 50μL 内标添加液，然后将离心管置于涡漩混合振荡仪上以

2000r/min 的速率振荡 1min。将离心管置于 0℃条件下保持 10min，然后向离心管中加入 4g 无水硫酸镁和 1g 氯化钠、1g 柠檬酸钠和 0.5g 柠檬酸二氢钠，立即于漩涡混合振荡仪上以 2000r/min 振荡 2min，然后以 4000r/min 离心 10min。移取上清液 1mL 于 1.5mL 离心管中，加入 150mg 无水硫酸镁及 25mg PSA 吸附剂，于漩涡混合振荡仪上以 2000r/min 的速率振荡 2min，以 6000r/min的速率离心 2min。吸取上清液经 0.45μm 有机相滤膜过滤，移取 200μL，用乙腈稀释至 1mL，LC-MS/MS 检测。

方法评价：为了减少基质效应的影响，采用空白样品提取液来配制标准曲线来减小基质的干扰，实验可知，各种杀菌剂线性关系良好（相关系数 $R^2>0.999$）。由于基质效应的不同，对于香料烟和白肋烟，必须分别使用香料烟和白肋烟的空白样品提取液来配制标准曲线来减小基质的干扰。

在空白的烤烟、香料烟和白肋烟样品中添加一定量的霜霉威、甲基硫菌灵、三唑醇、三唑酮、多菌灵和苯菌灵标准溶液，然后提取、测定，计算回收率。选用 0.25，0.50 和 1.00mg/kg 3 种不同浓度的加标回收实验来考察方法的准确度，方法的精密度以回收率的相对标准偏差（*RSD*）来评价。同一样品平行测定 5 次，计算 6 种化合物含量的 *RSD*。香料烟和白肋烟的回收率分别在 80.8%～105.8%和 91.2%～108.5%，*RSD* 均小于 8%。

第八节

多种农药残留同时检测

多种类农药残留分析是指对包括有机氯、有机磷、拟除虫菊酯等不同种类、不同极性的农药进行同时检测的方法。而 QuEChERS 方法相对于其他前处理方法的优势正在于其能保证在除杂净化的基础上对大部分不同种类的农药回收率较好，而且操作简单快速、稳定性好，因此在多种农药残留同时检测中，QuEChERS 方法结合 GC-MS、GC-MS/MS 和 LC-MS/MS 能发挥其最大的优势。

一、蔬菜中多种农药残留同时检测

蔬菜种类较多，包括瓜果根茎叶菜等不同基质，不同种类的蔬菜其农药残留状况也大不相同，利用多种类农药同时检测方法可实现对不同基质、不同种类农药的同时检测，有利于对蔬菜农残现状进行有效的监控和处理。在应用

QuEChERS 多农残分析方法时，一般将蔬菜分为以下几类：含水较多的样品（生菜、黄瓜等），含脂较多的样品（花生、冬瓜等），富含类胡萝卜素和叶绿素的样品（菠菜、胡萝卜等），含硫化物的样品（葱、姜、蒜等），不同种类的蔬菜在前处理过程中也略有不同。

董静等将 QuEChERS 方法改进后结合 GC－MS 应用于果蔬中包括有机磷、有机氯、拟除虫菊酯类、氨基甲酸酯类等在内的 54 种农药的检测，检出限在 3～25 ng/g，当添加含量在 0.05～1.0mg/kg 时，回收率在 65%～120%，相对标准偏差 4%～14%。样品提取的改进主要是将振荡提取改为均质提取，提取效率更高，尤其是对于纤维较长、不易制备为均匀试样的样品，然后取 10mL 提取液浓缩后再净化，主要起到除水和富集的效果，与原方法相比检出限大大降低。样品净化方面，PSA 去除脂肪酸效果较好，去除色素、甾醇、维生素效果一般，而 ODS－C_{18}粉和石墨化炭黑除维生素、色素、甾醇效果较好，因此考虑加入 ODS－C_{18}粉、PSA 和石墨化炭黑的混合型吸附剂进行净化，菠菜样品由于其色素含量较高，石墨化炭黑用量要稍高于白菜和黄桃样品。值得注意的是，当用此方法检测葱、蒜、韭菜等含硫的辛辣蔬菜时，需要先进行微波消解，破坏会释放含硫干扰物的酶，根据样品量调节微波消解的功率和时间。

葱、姜、蒜是一类较为特殊的蔬菜，由于内含的一些硫化物其性质与农药相似，不易除去，会对目标化合物的分析造成严重影响。刘瑜等采用 QuEChERS 前处理技术，结合 GC－MS/MS 建立了葱、姜、蒜中 120 种农药同时检测的方法。样品用含 1% 冰乙酸的乙酸乙酯－乙腈溶液提取，提取液离心后，上清液经 PSA、活性炭、无水硫酸钠净化，浓缩、复溶后进行 GC－MS/MS 测定，采用多反应监测模式，内标法定量。实验结果表明，120 种农药的添加水平在 0.01～0.5mg/kg 时回收率是 40%～124%，其相对标准偏差为 4%～20%，该方法样品前处理简单、分析时间短、灵敏度和准确性高，适用于复杂基质中农药的多残留检测。

圆葱由于含有大量有机硫化合物和辛辣物质，基质中的活性酶会在样品粉碎时促使蔬菜释放出硫化合物，严重干扰其残留农药的定性定量分析。依靠常见的样品前处理技术，很难去除这些较强的干扰峰，导致很多农药无法检出，因此此类蔬菜的农药多残留分析一直是农残分析领域的难点。周长民等利用改进后的 QuEChERS 方法，并结合 GC－MS/MS，建立了圆葱中 134 种农药残留同时检测的方法。农药目标物包含有机磷、有机氯、拟除虫菊酯、除草剂、杀菌剂等不同种类，为了兼顾不同农药的提取效率，确定了采用乙腈－乙酸乙酯的混合溶剂作为提取剂；为了更好地去除类胡萝卜素、叶绿素等杂质，选择了 PSA 与石墨化炭黑的混合净化剂。优化后的前处理方案为：匀浆后的样品加水后，加入乙酸乙酯－乙腈（15∶85）混合溶剂，超声萃取后过滤至含硫酸镁的离心管中，涡旋离心后取上清液用 PSA、石墨化炭黑和无水硫酸镁进行净化和进一步除水，浓缩后进 GC - MS/MS 测定，内标法定量。结果表明，在 0.01 ~ 5.00μg/mL 范围内，线性关系良好；在 0.005 ~ 0.1mg/kg 添加水平范围内，回收率为 60.1% ~ 120.6%，相对标准偏差为 4.3% ~ 17.8%。该方法可有效去除圆葱中的杂质干扰，有效解决了圆葱等蔬菜中多种农药残留同时检测的难题，具有一定的应用价值。

卢大胜等采用 QuEChERS 前处理方法和在线凝胶过滤色谱 - 气相色谱 - 质谱联用法（GPC - GC - MS）对蔬菜水果样品中的 25 种有机氯、菊酯和杀螨剂等农药残留进行测定。首先用 QuEChERS 方法进行样品前处理，即乙腈提取，提取溶液经脱水后离心，用分散性吸附剂去除离心提取液中的干扰基质（如脂肪酸和色素等），然后直接进行在线 GPC - GC/MS 分析。GPC - GC/MS 系统中的 GPC 能弥补 QuEChERS 方法去除干扰物质不彻底的问题，从而降低了分析背景，改善了峰形，提高了分析结果的准确性和相关质谱图的匹配性。在加标 0.01mg/kg 情况下，3 种样品（菠菜、黄瓜和苹果）的回收率均在 80% ~ 120%，相对标准偏差（RSD）均小于 20%。

马杰等同样是建立了在线凝胶渗透色谱 - 气相色谱质谱联用法（GPC - GC - MS）测定蔬菜、水果中有机磷、氨基甲酸酯、拟除虫菊酯类 20 种农药残留的分析方法。农药残留经过乙腈与 QuEChERS 试剂包提取、净化、浓缩，经在线凝胶渗透色谱 - 气相色谱质谱仪分析测定，选择离子模式定量。结果 GPC - GC/MS 系统中的 GPC 弥补了 QuEChERS 方法净化干扰物质不彻底的问题，从而降低分析背景，改善峰形，提高分析结果的准确性和相关质谱图匹配性。在 0.01mg/kg 加标情况下，3 种样品（芹菜、橘子和韭菜），除橘子和韭菜中甲胺磷、敌敌畏和氧化乐果由于基质的影响而回收率偏低外，其他均在 80% ~120%，3 种样品平行样的相对标准偏差均在 15% 以下，并且该方法与传统的固相萃取小柱净化法进行加标比对，回收率无明显差异。

王建忠等采用改进的 QuEChERS 方法，利用 UPLC - MS/MS 检测分析，建立了叶菜类（油菜、芹菜）、甘蓝类（甘蓝）、根茎类（茎用莴苣）、茄果类（辣椒、番茄）和豆类（豇豆）5 大类 8 种蔬菜 77 种农药残留的分析方法。样品用乙腈提取，提取液经盐析后，经氨丙基粉（NH_2）、C_{18} 和石墨化炭黑（GCB）的混合粉末净化，采用 UPLC - MS/MS 在正负离子模式下以多反应监测扫描方法进行检测，结果表明：组合净化剂可有效去除杂质干扰；以豇豆为首试对象，77 种农药的定量下限（LOQ）范围在 0.001 ~ 0.1mg/kg，在 0.5LOQ、1LOQ、2LOQ、5LOQ、10LOQ 和 20LOQ 的添加水平下，空白添加浓度范围内线性良好（$r^2 \geq 0.990$）；8 种蔬菜分别在 0.01、0.05、0.1mg/kg 3 种浓度水平下进行添加回收试验，该方法的平均回收率为 77.4% ~100.7%，相对标准偏差为6.7% ~12.4%。结果表明，本方法简便、快速、安全、价格低廉、重现性良好，具有一次处理样品可同时测定77种农药残留的特点，适合于不同种类蔬菜中多农药残留的高通量定量检测。

2011年，Sung Woo Lee等建立了一种干冰分层的QuEChERS方法，结合LC－MS/MS用于测定红辣椒中的168种农药残留。具体操作流程为：均质后的辣椒样品，加入乙腈和水后，超声提取1min，加入10g干冰促进分层，然后取5mL上层乙腈萃取液加入PSA、石墨化炭黑和无水硫酸镁进行净化，涡旋振荡离心后过膜进LC－MS/MS测定。结果表明，168种农药的回收率均大于76%，相对标准偏差小于20%，对于几种较难测定的农药，该方法的回收率明显优于柠檬酸缓冲液的QuEChERS方法，且基质效应较小。

2010年，曲琳娟分别使用GC－MS和GC－MS/MS建立了蔬菜中多种农药残留的检测方法。首先，对包括有机氯、有机磷、除草剂、菊酯类、氨基甲酸酯类等在内的85种农药，采用QuEChERS前处理后GC－MS进行测定：选择白菜和菠菜为蔬菜代表进行检测，白菜不加入石墨化炭黑吸附剂，菠菜因为色素含量较多，需加入石墨化炭黑吸附剂除去叶绿素，以SIM方式对目标物进行监测，白菜样品的回收率在73% ~124%，相对标准偏差在1.6% ~16.2%，方法的定量限在0.006 ~0.06mg/kg；菠菜样品的回收率在68% ~124%，相对标准偏差在1.1% ~20.0%，方法的定量限在0.012 ~0.18mg/kg。接着，对韭菜中的20种有机磷农药残留，选择GC－MS/MS进行测定：为有效消除韭菜中含硫化合物对检测的干扰，需要对韭菜进行微波预处理后，用0.1%乙酸/乙腈溶液进行提取，然后加入吸附剂进行净化，20种有机磷农药的回收率在81.0% ~109.4%，相对标准偏差在1.3% ~10.4%，方法的定量限均小于0.005mg/kg。经对比表明，三重四极杆串联质谱具有并超越了单极四极杆的功能，在选择性、灵敏度方面有很大的优势。

2016年，张爱芝等以QuEChERS为前处理方法，超高效液相色谱－串联质谱为检测仪器，建立了蔬菜中250种农药残留的快速筛查检测方法。采用含1%乙酸的乙腈溶液提取样品，以无水硫酸镁为脱水剂，经PSA、C_{18}和石墨化炭黑混合净化剂净化，UPLC－MS/MS进行测定。250种农药在韭菜中3个添加水平下的回收率为60.1% ~120.0%，相对标准偏差为3.5% ~19.5%，检出限均小于0.05mg/kg。该方法简单、快速、可靠，可用于蔬菜中多种农药残留的快速筛查与确证的日常工作中，具有一定的推广价值。

在蔬菜的多种农药残留检测分析工作中，QuEChERS正逐渐成为各个实验室的首选方案，简单、快速、便宜、适用性广、稳定性好等优点使得QuEChERS方法备受广大分析工作人员的喜爱，该方法在前处理过程中的改进以及与不同检测仪器的串接可以满足绝大部分蔬菜中绝大部分农药残留的检测要求。

二、水果中多种农药残留同时检测

2005 年，SJ Lehotay 等利用 GC - MS 和 LC - MS/MS，建立了 QuEChERS 方法用于测定生菜和橘子中的 229 种农药残留，其基本步骤为：15g 均质后的样品加入 15mL 乙腈后涡旋振荡，然后再加入无水硫酸镁和氯化钠进行除水和分层；取上层提取液加入 PSA 进行吸附净化，振荡离心后取上清液进 GC - MS 或 LC - MS/MS 检测，大部分农药的回收率在 70% ~120%，且相对标准偏差基本都小于 10%。在净化过程中 PSA 会吸附羧酸类物质，因此百菌清、三氯杀螨醇等农药的回收率相对较差。

2005 年，F. J. Camino - Sánchez 等利用 QuEChERS 结合 GC - MS/MS 建立了同时测定蔬菜水果中 121 种农药残留的方法，且已经实践应用在 1463 个果蔬样品的实际检测中。回收率和稳定性实验选取了有代表性的九种果蔬（番茄、辣椒、生菜、黄瓜、茄子、南瓜、冬瓜、西瓜和苹果），结果表明平均回收率均在 80% ~116%，相对标准偏差均小于 20%。

张雪莲等建立了 QuEChERS 结合气相色谱 - 串联质谱快速检测柑橘中包含有机磷、有机氯、菊酯类、氨基甲酸酯类等在内的 52 种农药残留的方法。样品经乙腈提取、无水硫酸镁和氯化钠盐析后，用 PSA 进行净化，GC - MS/MS 在 MRM 模式下进行分析检测，检出限均小于 0.006mg/kg，平均回收率 77.3% ~117.8%，相对标准偏差小于 13.8%。该方法简单、快速、安全、重现性好，适用于柑橘类水果（包括金橘、柚子、橙子和宽皮柑橘等）农药多残留检测。

黄何何等建立了高效液相色谱 - 串联质谱（HPLC - MS/MS）同时测定水果中 21 种植物生长调节剂残留量的方法。样品经 QuEChERS 法进行预处理，选用含 1% 乙酸的乙腈溶液提取，无水硫酸镁和 C_{18} 粉末净化，以 C_{18} 色谱柱分离待测物，采用鞘流电喷雾离子化，正负离子分段扫描和多反应监测模式（MRM）检测，基质匹配标准溶液外标法定量。不同种类的农药在相应的浓度范围内线性关系良好，相关系数均大于 0.990。21 种目标物的方法定量限均小于 0.015mg/kg，样品添加回收试验的平均回收率为 73.0% ~111.0%，相对标准偏差为 3.0% ~17.2%。该方法快速简便，定量准确，可满足多种水果中 21 种植物生长调节剂的残留检测要求。

侯向昶等应用超高效液相色谱 - 四极杆 - 飞行时间质谱（UPLC - Q - TOFMS）建立了三华李和葡萄等水果中 34 种农药残留的筛查方法。液相色谱 - 飞行时间质谱技术具有高分辨率和采集速率高等优点，可以进行全质量数扫描，获得测定精确质量，使食品中未知物质的筛查检测成为可能。三华李和葡萄等水果样品经水洗净去核后，用搅拌机搅碎混匀，经 QuEChERS 净化处理，以电喷雾（ESI）正模式电离，UPLC－Q－TOFMS 筛查检测。结果表明，大部分农药获得了精确的分子离子质量，质量偏差的绝对值低于 3×10^{-6}；34 种农药在 0.005～1.0mg/L 范围内线性关系良好（$r\geqslant0.99$），方法检出限为 0.002～0.027mg/kg；在 0.05mg/kg 和 0.10mg/kg 两个添加水平，平均回收率（$n=6$）在 45.7%～121.8%，相对标准偏差（RSD）在 2.3%～14%。该方法适用于三华李和葡萄等水果中多种农药残留的快速筛查检测。

彭兴等建立了基于农药化合物列表（Database）无需标准品定性筛查水果蔬菜中 210 种农药的 LC－TOF/MS 方法。农药化合物列表包含农药的名称、保留时间、分子式和精确质量数。实验对检索中所需的精确质量数、保留时间窗口和离子化形式等进行了对比优化，用以提高筛查准确度，避免假阳性和假阴性结果的产生。农药多残留分析在快速发展的同时也遇到了一些瓶颈，即仪器扫描速度和驻留时间的限制导致很难在一次测定中监测超过 200 种农药，另外标准品的购买和更新也大大增加了实验成本。以飞行时间质谱（TOF/MS）为代表的高分辨质谱检测技术，具有分辨率高、精确质量数测定、全扫描下高灵敏度等优点，可对复杂基质中的化合物进行定性确认且能保证大量目标物的同时筛查，因此 TOF/MS 被广泛应用于土壤、水和食品中农药残留的筛查与确证。采用标准溶液和基质添加样品，对方法的准确性、稳定性以及检测能力进行了探讨，结果表明，所有农药均能在 10μg/kg 下检出，化合物检索得分的相对标准偏差（RSD）均小于 20%。只需通过 1 次样品前处理，1 次仪器测定，借助农药化合物列表即可实现无标准品对照下 210 种农药的快速定性筛查，并且其性能指标均能够满足日常检测的需要。

2015 年，HR Norli 等利用 QuEChERS 结合 GC－MS/MS 的方法对水果、蔬菜和谷物中的 109 种农药残留进行测定，并着重考察了在大体积进样和反吹技术基础上，吸附剂净化步骤的省略对农药残留测定的影响。以黄瓜空白基质制作基质匹配标准曲线，对生菜、橘子和小麦中 109 种农药在 0.01mg/kg 和 0.1mg/kg 两个加标水平下的回收率和精密度进行测定。从回收率角度分析，未净化萃取液中有 80%～82% 的农药能保证其回收率在 70%～120%，而净化萃取液中有 80%～84% 的农药能保证其回收率在 70%～120%，相差不大；从 RSD 角度分析，分别有 95%（未净化）和 93%～95% 的农药（净化）其 RSD 小于 20%；从基质效应角度分析，未净化的萃取液中 79% 的农药在基质效应方面与净化液中基本一致；在 2010—2012 年间实验室参加的五次共同实验（黑麦、柑橘、大米、梨、大麦），当时也均采用未净化的 QuEChERS 方法进行前处理，数据满意度较高。连续进样 70 针未净化的萃取液，仪器并不需要额外的维护。因此，在反吹技术和大体积进样的基础上，生菜、橘子和小麦中的这 109 种农药的测定可以采用未净化的 QuEChERS 方法进行处理，因为回收率、精密度和仪器的稳定性等各方面均能满足要求。

同年，C. Christia 等对比分析了不同缓冲盐的 QuEChERS 前处理方式在 LC－MS/MS 分析桃子、葡萄、苹果、香蕉、梨、草莓等水果中多农残时的应用。研究的主要目的有：评估不同的缓冲盐体系对不同基质的适应性；分析水果中的农药残留；不同区域水果中残留农药的种类和浓度差异；评估农药在果皮和果肉之间的分布。结果表明，对大部分水果基质来说，醋酸盐缓冲液 QuEChERS 方法更适合：从回收率数据分析，只有梨子在柠檬酸缓冲液中更适合，而其他的水果如桃子、葡萄、苹果、香蕉、草莓等都更适合于醋酸盐缓冲液。石墨化炭黑的加入会大大削弱部分目标物的回收率，绝大部分样品均未超标，有机磷农药与氨基甲酸酯类检出频率较高，苹果和梨子的农药残留比率相对要多一些。不同地区的农药残留种类差异较大，说明其农药施药状况不同。桃子和梨的果皮和果肉上的农药残留量相差不大，说明果皮上的农药已经渗透到果肉中。

大部分蔬菜和水果，都属于相对来说基质较为干净的样品，因此在常规的实验室检测分析中，会出现如上文所述省去 QuEChERS 方法的净化步骤，或是采取一种样品做空白基质匹配标准溶液，对其他果蔬可直接进行测定等情况。而下文中所述的烟草、茶叶等均属于复杂基质，共萃取物多，对目标物的干扰大，因而前处理和检测过程中对净化的要求更高。

三、茶叶中多种农药残留同时检测

我国作为茶叶生产和出口的大国，近年来随着国际贸易竞争的不断加剧以及各国对食品安全要求的提高，各茶叶进口国家和地区纷纷对茶叶制订了更为严格的农药残留限量标准，且农药残留检测项目不断增多。茶叶样品基质复杂，干扰物质多，其样品前处理是农药残留检测过程中耗时最长、工作量最大的部分，并决定分析方法的准确度和精密度。QuEChERS 方法作为一种农药多残留分析的前处理方法，由于具有快速、简单、廉价、有效、可靠、安全的特点而成为近年来茶叶多农药残留分析应用研究的热点。

与其他植物源性食品相比，茶叶富含生物碱、茶多酚和色素类化合物，易对检测造成干扰。因此，优化茶叶样品的前处理条件，对降低检测限、提高检测效率尤为重要。在使用 QuEChERS 方法前处理时，通常需优化取样量、提取剂和净化剂的种类及其用量等，以满足农药残留检测的要求。QuEChERS 方法最初设计时是针对含水量较高的蔬菜和水果的，其取样量通常为 10g，对含水量低的茶叶而言，取样量需适当减少，通常为 2g。同时，为确保茶叶中的待分析物容易被提取出来，常添加一定量的水进行浸泡。

由于 QuEChERS 方法所具有的诸多优点，分析人员对其在茶叶农药残留检测中的应用也开展了较多研究，并取得了一定进展。叶江雷等建立了 QuEChERS 结合 GC－MS 技术检测茶叶中 47 种农药残留的方法，样品采用乙腈提取，PSA 和 GCB 净化，结果表明，方法的加标回收率在 81%～102.2%，精密度在 6.5%～18.3%，定量限在 0.0029～0.0712mg/kg，所有农药的加标回收率、精密度、检测限、定量限基本符合日本和欧盟对农药残留“一律标准”的要求。Lozano 等首先利用空白绿茶样品加标实验考察了三种不同的前处理方式（即改进后的 QuEChERS 方法、乙酸乙酯萃取法、miniLUKE 法）在 LC－MS/MS 和 GC－MS/MS 分析茶叶中 86 种农药残留时的差异。结果表明，QuEChERS 方法能对大部分农药提供更好的回收率，而且其共萃取基质含量较小。接着该课题组就利用改进的 QuEChERS 方法分析绿茶、红茶和黑茶中的 86 种农药残留。采用乙腈提取，柠檬酸盐缓冲溶液调节 pH，无水氯化钙代替无水硫酸镁除去多余的水分，LC－MS/MS 和 GC－MS/MS 检测。结果表明，86 种农药中大多数农药的回收率都在 70%～120%。

提取剂的选择是开发多残留分析方法的关键因素之一，其选择合理与否直接影响农药回收率的高低及后续净化的难易程度。乙腈是采用 QuEChERS 方法分析茶叶农药残留时最常用的提取溶剂，但在乙腈的作用下，某些农药（如三氯杀螨醇等）易发生降解，通常可采用添加分析物保护剂的方式解决该问题，如在乙腈中添加 0.1% 醋酸或者柠檬酸。此外，采用乙腈提取茶叶中的农药残留时，某些分析保护剂（如 5% 的氨水）不但可以提高农药回收率，还能降低茶叶中茶多酚、咖啡碱的影响，利于后续的净化操作。

QuEChERS 方法的核心是寻求能够选择性吸附样品提取溶液中干扰物质的净化剂，以达到净化样品的目的。目前使用较多的净化剂是 PSA，它能有效去除样品中的有机酸、极性色素、脂肪酸和糖。但和其他基质相比，茶叶除含有较多的生物碱、酚类物质和色素外，还含有蛋白质、氨基酸、果胶、有机酸和多糖等，其对净化剂的要求更高。因此，茶叶样品提取液通常需采用多种净化剂处理，以达到理想的净化效果。茶叶样品净化中常用的净化剂还有弗罗里硅土、C_{18}和 GCB 等。弗罗里硅土对蜡质等脂溶性杂质的去除效果明显；而 C_{18} 对非极性物质有较高的容量，对色素、甾醇和维生素的去除能力较强；GCB 对平面结构分子有很强的亲和性，能有效地去除固醇、叶绿素、咖啡碱和儿茶素等杂质，但 GCB 同时对具有平面结构的农药有吸附作用，导致农药的回收率偏低，可在乙腈中加入一定比例的甲苯进行洗脱。张芬等分别考察了 PSA、GCB、氨丙基硅胶、SCX 离子交换填料、弗罗里硅土、C_{18}和硅胶等 7 种净化剂对干茶提取液中杂质的去除效果，结果表明，PSA、GCB 和弗罗里硅土复合净化剂对提取液的净化效果最好，且不影响农药的回收率。随着研究的不断深入，许多新型净化剂应用于 QuEChERS 方法分析茶叶样品中的农药残留。Zhao

等在分析绿茶、乌龙茶和普洱茶中的 37 种农药残留时，采用多壁纳米管材料、PSA 和 GCB 吸附提取液中的干扰杂质。结果表明，在 10、20μg/kg 两个添加水平下，37 种农药的回收率为 70% ~111%，相对标准偏差均小于 14%，检测限在 5 ~20μg/kg。

关雅倩对 QuEChERS 方法进行了改进，并对目标物所受基质干扰进行了系统的研究，明确了合适的内标物质并确定了最佳的前处理条件。茶叶样品经过 5mL 超纯水浸泡 15min，10mL 乙腈振荡提取 30min，用 PSA、GCB 和无水 $MgSO_4$ 净化上层提取液。通过该方法得到空白茶叶样品中有机磷和氨基甲酸酯类等共 11 种农药的加标回收率为 88% ~103%，相对标准偏差均小于 7.6%，满足茶叶进出口农残检测需求。贾玮等建立了茶叶中 290 种农药的多残留分析方法。前处理采用改进的 QuEChERS 方法，样品经乙腈提取，氯化钠和无水硫酸镁盐析后，经 PSA、GCB 和无水硫酸镁混合型固相分散净化，提取液过滤膜后 LC - MS/MS 进行检测，外标法定量。结果表明：290 种农药在 1 ~200μg/L 范围内具有较好的线性关系，相关系数均大于 0.99；3 个添加水平（MRL、2MRL、4MRL）下，290 种农药的加标回收率为 67% ~119%；定量限均小于 10μg/kg，低于各国规定的限量要求。

和常规样品前处理技术相比，QuEChERS 方法较大程度地解决了传统样品前处理技术所需时间长、有毒溶剂使用量大、共存物易干扰定性和定量等问题，尤其在多残留检测方面优势明显。在与现在越来越普及的串联质谱结合后，QuEChERS 方法已成为各行业、各实验室对多种农药残留进行检测分析的首选。

四、烟草中多种农药残留同时检测

烟草作为一种农作物，其生长与储存过程中不可避免会有农药的使用，而 QuEChERS 方法作为一种简单、快速的多农药残留分析方法，在烟草农药残留分析应用领域得到了广泛的应用。QuEChERS 方法的优点在于前处理简单、耗时短、溶剂消耗量少，能对几十种、上百种农药目标物进行同时提取和净化，但相对来说其最终提取液中的净化程度不够完全，尤其是对于烟草这种复杂基质，其提取液中共萃取基质含量较高。因此，一般利用该方法与抗干扰能力强的二级质谱联用，克服了基质干扰和大部分的假阳性问题。

烟草富含生物碱、色素类化合物，易对检测造成干扰，在使用 QuEChERS 方法前处理时，通常需优化取样量、提取剂和净化剂的种类及其用量等，以满足农药残留检测的要求。QuEChERS 方法最初设计时是针对含水量较高的蔬菜和水果的，其取样量通常为 10g，对含水量低的烟草而言，取样量需适当减少，通常为 2g。同时，为确保烟草中的待分析物容易被提取出来，常添加一定量的水进行浸泡。

石杰等选取 QuEChERS 法处理并分析了烟草中 38 种有机磷杂环和酰胺类农药残留，该法选取乙腈提取农药残留，并加入无水硫酸镁和 PSA 吸附剂除杂，振荡离心后取上清液分析。严会会等应用 QuEChERS 法处理了烟草中吡蚜酮、磺吸磷等 15 种有机磷类和杂环类农药残留并检测，得到较好的回收率与准确度。

2008 年，韩国 KT&G 烟草公司的 Lee 等对 CORESTA 限定的 49 种农药在烟草中的残留进行了 GC－MS/MS 分析，该法对比了三种不同的前处理方法（加压溶剂萃取 PLE、液液萃取 LLE 及 QuEChERS），主要考察指标有基质效应、回收率、精密度和定量限等，结果表明 QuEChERS 方法简单、快速，而且回收率最好。

2012 年，陈晓水等利用 GC－MS/MS 检测技术，建立了检测烟草中 132 种农药残留的高灵敏度方法。分析过程中考察了不同萃取溶剂、不同缓冲盐体系、不同净化剂对目标化合物回收率的影响。最终确定烟草样品以乙腈进行提取，以 PSA 与 C_{18}的混合净化剂进行净化，氮吹近干后用正己烷－丙酮（9∶1，体积比）复溶，过有机相滤膜后进行 GC－MS/MS 测定，内标法定量。132 种农药在 20～2000μg/kg 线性关系良好，所有农药的方法定量限均低于20μg/kg，农药的平均回收率为 68.10%～123.15%，相对标准偏差（RSD）为 1.79%～19.88%。

同年，楼小华等研究了应用程序升温汽化进样－气相色谱－串联质谱（PTV－GC－MS/MS）技术检测烟草中 202 种农药品种 221 个组分的高效方法。以 QuEChERS 技术快速提取烟草中残留农药并净化，PTV 进样后在 TR－pesticide II 毛细管柱上分离，通过优化串联质谱参数，有效降低复杂基质干扰及农药组分重叠峰的相互串扰，以保留时间窗口和特征 SRM 离子对定性、峰面积定量。结果表明 202 种农药在 0.01～2.50mg/L 范围内线性良好，相关系数为 0.9800～0.9999，检测限 0.0002～0.0100mg/kg。

2013 年，陈晓水等以 GC－MS/MS 技术为基础，建立了适合烟草中上百种农药残留分析的 3 种 QuEChERS 前处理方法：溶剂转换法——乙腈提取 PSA 净化后，氮吹近干用弱极性溶剂复溶；提取液稀释法——乙腈提取盐析分层后加入甲苯稀释；正己烷液液萃取法——乙腈提取后省去净化步骤，而是利用正己烷和乙腈提取液在盐水中液液萃取，而后取正己烷上清液进样。以烟草中的有机磷、有机氯、拟除虫菊酯类、酰胺类、氨基甲酸酯类、二硝基苯胺类等共 155 种农药为研究对象，从基质效应、共萃取基质、色谱峰干扰、回收率和定量限等方面对 3 种前处理方式进行对比分析。经考察发现，3 种方法各有优缺点，正己烷液液萃取法得到的提取液中共萃取基质含量最少，但只能保证约

100 种目标化合物的回收率在 70% ~120%；溶剂转换法和提取液稀释法对绝大部分目标化合物都能保证回收率在 70% ~120%，适用于多农药残留分析检测。对有机氯和拟除虫菊酯类农药单独分析时，建议使用正己烷液液萃取法。对不同种类农药进行对比，发现有机磷、酰胺类和氨基甲酸酯类农药的基质效应相对较强，而有机氯和拟除虫菊酯类目标化合物的基质效应相对较弱。

国内有很多研究者利用 LC - MS/MS 检测烟草及烟草制品中的多种农药残留。刘惠民课题组先后建立了 LC - MS/MS 测定烟草中有机磷农药、氨基甲酸酯和杂环类农药的方法。这些方法普遍采用 QuEChERS 的方法进行前处理，首先用乙腈提取烟叶中的各种农药残留，然后用 PSA 吸附剂进行净化，经高效液相色谱分离，以 MRM 模式测定，该方法前处理快速、简单，灵敏度和准确性较好。

朱文静等建立了采用 QuEChERS 试剂盒对烟叶样品进行提取、净化，采用 LC - MS/MS 测定烟草中 57 种有机氮、有机磷农药分析方法。将烟草样品用水浸润后加入乙腈振荡，QuEChERS 试剂盒提取、净化，以电喷雾正离子多反应检测方式（MRM）进行检测。结果显示 57 种农药的加标回收率为 65.2% ~103.8%，相对标准偏差（RSD）为 1.9% ~8.6%。

2013 年，杨飞等建立了 LC - MS/MS 测定烟草中的 2，4 - 滴、2，4，5 - 涕和麦草畏三种有机氯苯氧羧酸类农药。前处理使用酸化乙腈提取，PSA 吸附剂进行净化，经高效液相色谱分离，以串联质谱多反应监测（MRM）模式下测定，回收率在 85% ~110%，定量限低于 0.05mg/kg。随后杨飞等人又建立了一种用 QuEChERS 方法对烟草样品进行提取净化，以乙腈和水为梯度流动相，C_{18}柱分离，液相色谱电喷雾正离子 MRM 模式定量分析同时检测烟草中 118 种常用的农药。结果表明，118 种农药的平均加标回收率 70% ~110%。

2015 年，余斐等建立了一种以多壁碳纳米管（MWCNTs）为吸附剂的分散固相萃取、液相色谱 - 串联质谱（LC - MS/MS）测定烟草中 114 种农药残留的分析方法。通过优化实验，选择并确定了 MWCNTs 的型号和用量，在 QuEChERS 方法的基础上改善了样品净化效果。结果表明，以外径 50nm、用量 5mg 的 MWCNTs 为净化剂材料，可以获得比 PSA 更好的净化效果；工作曲线线性良好（$r^2>0.99$），3 个添加水平（0.02，0.05，0.20mg/kg）的平均回收率为 69% ~119%，相对标准偏差为 1% ~19%，方法定量限在 0.2 ~40.0μg/kg。该方法准确度高、灵敏度好、操作简便，适用于烟草样品中 114 种农药残留的检测。

目前，烟草中的多种农药残留已普遍采用 QuEChERS 方法结合 GC - MS/MS 和 LC - MS/MS 等进行检测，刘惠民、唐纲岭等课题组在烟草多农残分析的发展和应用中做了大量的研究工作，目前使用较多的烟草行业标准 YC/T

405—2011《烟草及烟草制品多种农药残留量的测定》也大都采用 QuEChERS 方法进行前处理。

（一） QuEChERS 结合 LC－MS/MS 检测烟草中的多农残

近年来，LC－MS/MS 已逐渐成为农药残留量检测的主要常规仪器，烟草农药残留量的检测也不例外。常用检测原理：向粉碎后的样品中添加适量水，充分浸润后使用乙腈振荡提取，再加入混合盐，盐析离心分层，取上清液经吸附剂净化后，用高效液相色谱－串接质谱仪检测，内标法定量。本研究结合各文献中 QuEChERS 前处理模式和 LC－MS/MS 检测技术，总共可检测 139 种农药残留。

下面简要介绍烟草中 QuEChERS 和 LC－MS/MS 相结合检测多种农药残留量的测定方法：

1. 实验过程

（1）试剂与仪器　水为超纯水，应达到 GB/T 6682—2008 中二级水的要求。所有试剂应适用于农药残留量分析。所有溶剂应依照与样品测定（萃取和液相色谱测定）相同的程序做空白实验以检查其纯度，溶剂色谱图的基线上应没有明显会影响残留农药测定的峰出现。

农药标准物质，应使用有证标准物质；甲酸、乙腈，色谱纯；Agilent SampliQ QuEChERS EN 萃取试剂盒（Agilent 5982－5650），内含 4g 无水硫酸镁、1g 氯化钠、1g 柠檬酸钠和 0.5g 柠檬酸氢二钠，其他公司的类似萃取试剂盒也可以使用；Agilent SampliQ QuEChERS EN 萃取试剂盒（Agilent 5982－5021），内含 150mg 无水硫酸镁、25mg PSA，其他公司的类似萃取试剂盒也可以使用。

（2）操作步骤

① 试样制备：按 YC/T 31—1996 制备样品，研磨样品后，过 1～4 mm 筛网均可，然后测定样品水分含量。

② 样品前处理：称取约 2g 样品，精确至 0.01g，于 50mL 具盖离心管中，加入 10mL 水，振荡至样品被水充分浸润后静置 10min。移取 10mL 乙腈至离心管中，加入 100μL 内标工作液，并置于漩涡混合振荡仪上以 2000r/min 速度漩涡振荡 2min。将离心管在冰箱冷冻室（－18℃）中冷冻保存 10min 后，取出。在离心管中分别加入 4g 无水硫酸镁、1g 氯化钠、1g 柠檬酸钠和 0.5g 柠檬酸氢二钠，立即于漩涡混合振荡仪上以 2000r/min 速度漩涡振荡 2min，以防止无水硫酸镁遇水反应造成局部过热并结块，然后以 6000r/min 速度离心 3min。

移取样品提取液上清液约 1mL 于 2mL 离心管中，加入 150mg 无水硫酸镁和 25mg PSA 固相吸附剂，立即用手振摇，防止无水硫酸镁结块，于漩涡混合振荡仪上以2000r/min振荡2min，以6000r/min离心3min。吸取上清液200μL，用乙腈稀释至1mL，经0.22μm有机相滤膜过滤后用于分析。

③ 测定：LC－MS/MS检测。

2. 方法评价

烟草中含有大量的色素、烟碱等杂质，前处理困难。农药残留分析要求在复杂的基质中对目标化合物进行提取、富集和测定，尤其是在多组分残留分析中，由于检测农药品种的不同，被测物质的理化性质存在较大差异，选择合适的提取、净化等前处理方法显得尤为重要。本方法研究的139种农药结构不同，性质差异很大，极性范围很广，为了能够充分提取烟叶中的农药，同时尽可能少地提取烟叶中的杂质和色素，对比研究了乙酸乙酯、甲醇和乙腈对139种农药残留的提取效率。实验结果表明，乙酸乙酯组织渗透性不强，不能使烟草的植物纤维完全湿润展开，萃取效率较低。使用甲醇较难分层。实验使用乙腈提取，结果显示能够有效提取烟草中的绝大多数农药残留，萃取的干扰物较少，因此本方法选择乙腈作为提取溶剂。

分散固相萃取是近年来国际上兴起的农残前处理技术，因其具有快速、简单等特点被广泛用于农残分析。该技术涉及的萃取剂主要为PSA、石墨化炭黑和C_{18}等，其中PSA能有效去除基质中的极性杂质如糖类、脂肪酸等，而C_{18}能除去大部分的非极性脂肪、脂溶性色素和甾醇类等杂质。此外，向提取液中加入无水硫酸镁能有效去除其中的水分，并促进强极性农药如甲胺磷等向有机相中的分配，使其获得较高的回收率。本方法分别对PSA、C_{18}和无水$MgSO_4$的加入量进行了优化。结果表明，1mL提取液中分别添加150mg无水$MgSO_4$和25mg PSA时，可获得良好的净化效果以及较高的回收率，继续增加用量则对部分农药产生吸附作用。

使用已知浓度的混合标准溶液加入空白试样，陈化2h待溶剂完全挥发干后，按照本方法描述的操作步骤进行提取、净化、检测和计算。实验选取烤烟进行0.1mg/kg和0.5mg/kg两个添加水平下的加标回收率及5次重复实验，得到具体的实验结果见表3－3。

表3－3　烤烟型卷烟样品加标回收率及方法重复性

序号	农药名称	添加水平1		添加水平2	
		回收率/%	RSD/%	回收率/%	RSD/%
1	2，4，5－三氯苯氧乙酸	86.6	3.5	91.5	5.5
2	2，4－二氯苯氧乙酸	91.5	3.5	87.5	3.4
3	三羟基克百威	88.2	8.7	90.2	5.6

续表

序号	农药名称	添加水平 1		添加水平 2	
		回收率/%	RSD/%	回收率/%	RSD/%
4	阿维菌素	90. 5	3. 2	105. 6	9. 5
5	啶虫脒	86. 2	8. 2	105. 0	5. 6
6	苯并噻二唑	81. 5	10. 3	95. 2	9. 8
7	甲草胺	99. 6	5. 3	85. 1	4. 6
8	丙硫多菌灵	109. 8	3. 9	105. 6	11. 6
9	涕灭威	90. 8	6. 9	117. 8	10. 3
10	涕灭威砜	89. 6	4. 2	72. 1	10. 6
11	涕灭威亚砜	75. 9	6. 9	99. 1	8. 4
12	嘧菌酯	109. 3	2. 0	98. 2	7. 5
13	益棉磷	98. 5	1. 7	84. 3	5. 6
14	谷硫磷	95. 1	8. 8	88. 8	8. 9
15	苯霜灵	93. 8	2. 0	79. 8	11. 6
16	丙硫克百威	105. 1	3. 5	101. 2	13. 4
17	苯菌灵	76. 5	6. 5	70. 4	5. 5
18	乐杀螨	87. 3	7. 2	95. 7	10. 8
19	双苯三唑醇	93. 7	2. 3	108. 7	8. 5
20	除草定	91. 4	6. 6	77. 8	4. 9
21	噻嗪酮	90. 6	4. 4	87. 4	5. 6
22	仲丁灵，止芽素	102. 6	3. 3	80. 5	8. 7
23	硫线磷	86. 6	4. 8	105. 9	3. 5
24	甲萘威	79. 2	4. 0	94. 6	7. 7
25	多菌灵	78. 8	5. 5	90. 5	14. 5
26	克百威	90. 8	3. 5	99. 7	12. 5
27	丁硫克百威	108. 4	1. 8	105. 7	9. 8
28	杀虫脒	78. 3	1. 2	89. 7	7. 8
29	氯虫苯甲酰胺	95. 4	1. 9	79. 4	5. 9
30	毒虫畏	80. 3	10. 6	86. 1	9. 4
31	噻虫胺	88. 8	4. 3	90. 5	3. 8
32	毒死蜱	79. 6	8. 2	79. 4	8. 4

续表

序号	农药名称	添加水平 1		添加水平 2	
		回收率/%	RSD/%	回收率/%	RSD/%
33	异恶草酮	94.4	6.2	90.5	9.4
34	霜脲氰	86.9	4.3	94.1	10.8
35	比久	80.5	4.0	82.2	3.8
36	甲基内吸磷	84.6	3.8	97.9	5.8
37	茅草枯	88.6	4.7	90.3	3.8
38	甲基内吸磷亚砜	89.2	5.9	80.4	5.6
39	磺吸磷	80.5	5.0	87.3	5.0
40	二嗪磷	98.2	2.9	90.9	9.4
41	麦草畏	88.8	3.5	92.7	5.0
42	恶醚唑	90.8	2.3	84.4	10.7
43	除虫脲	104.4	8.7	81.2	7.8
44	甲氟磷	78.8	9.3	85.2	8.7
45	菌核净	80.5	4.3	85.5	2.8
46	乐果	76.6	10.9	78.4	9.8
47	烯酰吗啉	79.7	6.2	77.3	12.3
48	双苯酰草胺	98.8	10.3	86.2	8.5
49	乙拌磷	80.0	10.3	76.8	9.4
50	乙拌磷砜	77.2	9.2	80.1	10.2
51	乙拌磷亚砜	75.3	3.8	101.3	7.8
52	甲氨基阿维菌素苯甲酸盐	80.5	5.8	82.2	3.4
53	苯硫磷	80.1	4.9	81.5	11.7
54	乙硫磷	85.7	11.7	90.5	10.3
55	灭线磷	83.2	7.3	70.0	10.6
56	恶唑菌酮	96.9	5.3	98.2	13.5
57	咪唑菌酮	102.7	4.2	93.3	9.8
58	苯线磷	87.8	11.4	89.0	4.5
59	苯线磷砜	70.2	6.0	95.4	10.7
60	苯线磷亚砜	80.5	13.1	70.0	11.2
61	丰索磷	90.5	7.5	73.5	8.7

续表

序号	农药名称	添加水平 1		添加水平 2	
		回收率/%	RSD/%	回收率/%	RSD/%
62	倍硫磷	95.0	6.9	112.4	9.7
63	倍硫磷砜	78.8	5.2	80.5	9.4
64	倍硫磷亚砜	85.9	6.4	84.5	5.7
65	吡氟禾草灵	103.4	7.8	83.3	7.8
66	氟虫酰胺	105.3	3.2	99.5	2.3
67	氟吗啉	84.5	1.5	98.7	6.4
68	地虫磷	95.2	5.6	79.5	8.4
69	安硫磷	87.2	4.8	105.4	4.5
70	庚虫磷	87.3	7.1	95.4	12.7
71	噁霉灵	79.6	3.3	80.3	4.4
72	吡虫啉	82.4	2.5	83.6	9.5
73	茚虫威	77.9	2.0	93.2	8.4
74	异稻瘟净	102.2	3.5	109.1	10.5
75	异菌脲	118.8	6.4	85.5	13.2
76	氯唑磷	80.6	3.3	85.4	4.0
77	稻瘟灵	108.5	2.2	98.7	8.8
78	马拉硫磷	98.5	2.4	98.1	10.1
79	苦参碱	70.5	6.5	69.6	4.2
80	灭蚜磷	92.6	5.2	85.7	3.6
81	甲霜灵	118.0	10.2	75.5	5.8
82	甲胺磷	79.9	10.2	106.5	7.4
83	异丙甲草胺	98.5	2.9	80.3	5.6
84	杀扑磷	87.3	4.1	85.7	12.4
85	灭虫威	88.6	5.2	84.0	8.5
86	灭虫威砜	83.2	4.5	88.6	7.9
87	灭虫威亚砜	90.4	2.9	78.8	10.5
88	烯虫酯	99.8	6.9	87.4	11.6
89	灭多威	83.4	6.4	89.5	7.9
90	速灭磷	90.4	9.8	94.6	4.5

续表

序号	农药名称	添加水平 1		添加水平 2	
		回收率/%	RSD/%	回收率/%	RSD/%
91	久效磷	90. 9	6. 5	102. 3	6. 3
92	杀虫单	70. 3	4. 2	66. 4	4. 9
93	腈菌唑	108. 5	2. 5	99. 3	14. 5
94	敌草胺	101. 3	6. 2	84. 2	10. 2
95	氧乐果	83. 3	8. 4	105. 9	9. 8
96	恶霜灵	103. 5	8. 5	109. 8	8. 5
97	杀线威	94. 4	9. 4	82. 2	8. 6
98	对硫磷	90. 0	5. 0	77. 4	9. 4
99	克草敌	98. 5	4. 2	75. 8	11. 2
100	戊菌唑	109. 7	2. 5	100. 3	12. 5
101	二甲戊灵	116. 2	3. 5	90. 5	5. 3
102	五氯酚	88. 6	3. 5	80. 5	6. 0
103	甲拌磷	90. 2	9. 9	99. 3	4. 6
104	伏杀硫磷	84. 4	10. 5	81. 6	9. 8
105	磷胺	99. 5	8. 1	97. 5	7. 7
106	辛硫磷	93. 1	5. 6	85. 7	10. 2
107	增效醚	97. 2	4. 5	79. 4	8. 4
108	抗蚜威	89. 8	3. 8	76. 4	8. 2
109	甲基嘧啶磷	95. 6	5. 2	89. 8	7. 0
110	咪鲜胺锰盐	90. 6	5. 2	81. 6	3. 5
111	丙溴磷	90. 0	5. 5	94. 2	7. 8
112	霜霉威	84. 7	4. 9	86. 7	9. 4
113	残杀威	80. 6	4. 4	88. 8	12. 2
114	丙硫磷	92. 2	5. 6	102. 5	10. 8
115	吡蚜酮	88. 8	4. 7	86. 7	8. 4
116	定菌磷	95. 9	6. 5	78. 4	9. 4
117	喹硫磷	90. 3	8. 1	92. 4	14. 7
118	精喹禾灵	102. 6	7. 9	84. 5	10. 6
119	抑食肼	89. 7	9. 5	78. 8	4. 9

续表

序号	农药名称	添加水平 1		添加水平 2	
		回收率/%	RSD/%	回收率/%	RSD/%
120	螺虫乙酯	88.6	8.2	89.5	5.6
121	戊唑醇	90.5	3.2	96.4	2.5
122	特丁硫磷	92.2	3.5	96.8	3.9
123	特丁硫磷砜	79.4	6.6	90.5	8.5
124	特丁硫磷亚砜	86.5	4.9	86.0	7.7
125	杀虫畏	87.5	8.8	79.5	9.7
126	噻菌灵	86.4	5.0	90.8	4.1
127	噻虫嗪	84.5	5.7	85.4	10.9
128	硫双威	75.9	3.5	95.7	12.8
129	虫线磷	93.2	4.4	78.9	11.4
130	甲基硫菌灵	86.9	5.7	84.5	8.8
131	三唑醇	77.9	2.2	82.5	9.3
132	三唑酮	92.7	2.4	94.8	9.7
133	三唑磷	115.4	6.2	77.8	10.6
134	敌百虫	72.5	8.9	83.2	12.7
135	杀虫脲	94.2	4.5	94.7	5.8
136	烯效唑	85.5	3.1	99.6	6.4
137	蚜灭磷	98.8	5.1	102.3	4.8
138	蚜灭磷砜	90.2	3.5	88.6	4.2
139	蚜灭磷亚砜	85.3	4.6	81.6	4.5

（二）多壁碳纳米管 QuEChERS 结合 LC－MS/MS 检测烟草中的多农残

余斐等建立了一种以多壁碳纳米管（MWCNTs）为吸附剂的分散固相萃取（DSPE）、液相色谱－串联质谱（LC－MS/MS）测定烟草中 114 种农药残留的分析方法。通过优化实验，选择并确定了 MWCNTs 的型号和用量，在 QuEChERS 方法的基础上改善了样品净化效果。

方法操作步骤：称取约 2.00g 烟末样品于 50mL 具塞离心管中，加入 10mL 水振荡至样品充分浸润，加入 10mL 乙腈及内标，置于旋涡混合器上振荡 2min。然后向离心管中依次加入 4g 无水硫酸镁、1g 氯化钠、1g 柠檬酸钠和 0.5g 柠檬酸氢二钠，立即于旋涡混合器上振荡 2min，以防止无水硫酸镁遇水反应造成局部过热并结块，离心后取上清液 1mL 于 1.5mL 离心管中，加入 150mg 无水硫酸镁和 5mg MWCNTs，于旋涡混合器上振荡 2min 后离心，取上清液，经有机相滤膜过滤后进行 LC－MS/MS 分析。

方法讨论：为考察 MWCNTs 的种类及用量，选用空白样品，添加 114 种已知浓度农药目标物，依据前述方法进行样品前处理，并在净化阶段依据正交实验设计方案分别添加不同种类（5 种 MWCNTs）和用量（3，5，10，15 和 20mg）MWCNTs 净化，LC－MS/MS 检测后计算获得各目标物加标回收率，通过对比回收率来评判净化效果，结果显示，在相同用量 MWCNTs 条件下，随着 MWCNTs 外径尺寸的增大，回收率处于 70%～120% 的目标物数量逐渐增加，说明整体净化效果改善；在相同种类 MWCNTs 条件下，随着使用量的增加，尽管通过提取液颜色可以直观判断吸附效果增强，但回收率在 70%～120% 的目标物数量呈明显降低趋势，不能满足检测要求。

由于 5 种 MWCNTs 的主要区别在于外径尺寸，外径减小则比表面积增大，吸附力增强，但对基质吸附增强的同时也会对目标物产生吸附。同种 MWCNTs 使用量越大，吸附效果越强，也会在吸附除杂的同时造成目标物损失。可见，以 MWCNTs 作为吸附剂实现净化功能时，并非比表面积越大越好，而是尺寸和用量要合适，控制吸附净化作用以满足实验需要。由表 3－4 可知，选用 MWCNTs 5、用量为 3mg 和 5mg 时目标物回收率均在 70%～120%，但实验中发现，用量 5mg 较 3mg 的除杂效果更好。因此，确定净化剂材料为 MWCNTs 5，用量为 5mg。

表 3－4　不同 MWCNTs 种类和用量条件下 114 种农药中满足回收率 70%～120%的农药数量（种）

MWCNTs 用量/mg	MWCNTs 种类				
	1	2	3	4	5
3	97	100	104	110	114
5	96	98	102	109	114
10	78	86	92	96	102
15	67	72	88	90	96
20	52	57	67	74	93

为比较 MWCNTs 与 PSA 对烟末样品提取液的净化效果，实验选用空白烟末样品依前述方法提取后分别使用 MWCNTs（5mg）和 PSA（25mg）净化，并进行 LC－MS/MS 检测。比较二者的总离子流图后发现，使用 MWCNTs 净化可以获得比 PSA 更好的净化效果。由于 MWCNTs 市售价格更为低廉，用量也仅

为 PSA 的 1/5，因而有效降低了成本。在本实验中，还与以 PSA 为净化剂的传统 QuEChERS 方法的定量限进行了比较。结果发现，以 MWCNTs 作为吸附剂的方法定量限最低可至 0.2μg/kg 水平，在 114 种农药目标物中，定量限多数在 5 ~ 20μg/kg；传统 QuEChERS 方法的最低定量限为 8μg/kg，114 种农药目标物中，定量限多数在 15 ~ 30μg/kg。显然，MWCNTs 比 PSA 有更加优异的表现。这是由于 MWCNTs 具有纳米级别的中空管状结构、大的比表面积和疏水的表面，能强烈吸附某些重金属离子和有机化合物，具有较强的吸附和去除色素的能力，因此目标物的定量限更低。

方法评价：为了减少基质效应的影响，实验采用基质匹配标准工作溶液制定标准曲线。基质匹配标准工作溶液的质量浓度分别为 2，5，10，20，50，100 和 200ng/mL。分别对这些标准溶液进行 LC - MS/MS 检测，并对 114 种目标物进行线性回归分析，检测限和定量限分别以 3 倍和 10 倍信噪比来确定，同时还考察了 0.02，0.05 和 0.20mg/kg 3 个添加水平的加标回收率。结果显示，各标准曲线的线性关系良好（$r^2 > 0.999$），平均回收率在 69% ~ 119%，RSD 均不大于 20%。可见，方法的回收率和精密度较好。

（三）QuEChERS 结合 GC - MS/MS 检测烟草中有机氯、拟除虫菊酯和二硝基苯胺类多种农药残留的检测

陈晓水等以 QuEChERS 方法为模板并进行适当改进，用液液萃取法代替 PSA 净化方式，建立了一种可同时检测烟草样品中有机氯、拟除虫菊酯和二硝基苯胺类农药残留的 GC - MS/MS 方法。烟草样品经水浸润后，加入乙腈和内标物后涡旋提取、盐析分层，之后用氯化钠水溶液与正己烷进行二次盐析和液液萃取，取正己烷上清液，以 GC - MS/MS 进行测定。

1. 实验部分

（1）试剂和仪器　Trace Ultra GC 气相色谱，TSQ Quantum GC 三重四级杆串联质谱仪（美国 Thermo Fisher 公司），配 AI/AS 3000 自动进样器；Talboys 数显型多管式旋涡混合器（美国 Talboys 公司）；高速冷冻离心机（德国 Sigma 公司）；Milli - Q 超纯水系统（美国 Millipore 公司）。

乙腈、正己烷、丙酮（均为色谱纯，美国 J. T. Baker 公司）；氯化钠（分析纯）；无水硫酸镁（分析纯，天津科密欧试剂公司，500℃ 马弗炉内烘 5h，冷却后置于干燥器内备用）；实验用水为 Milli - Q 纯水系统所制超纯水。

45 种农药及内标标准品（纯度 > 92 %，德国 Dr. Ehrenstorfer GmbH 公司）。

（2）操作步骤　烟草样品首先按照 YC/T 31—1996 进行粉碎处理。

称取 2.0g 已粉碎的烟草样品于 50mL 具塞离心管中，加入 10mL 水浸润样品，静置 10min。取 10mL 乙腈到离心管中，并加入 100μL 的内标溶液（TPP

的浓度为 20.0μg/mL），于旋涡混合器上以 2000r/min 速度振荡 1min，把离心管放入 -20°C 冰箱冷冻 10min。然后向离心管中加入盐析试剂包（含 4g 无水硫酸镁、1g 氯化钠、1g 柠檬酸钠和 0.5g 柠檬酸氢二钠），立即于旋涡混合器上以 2000r/min 振荡 2min，以 5000r/min 离心 3min。

取 1.0mL 上清液于 15mL 离心管中，内含 5mL 氯化钠/水溶液（20∶100，质量比）和 1mL 正己烷。于旋涡混合器上以 2000r/min 振荡 2min，以 5000r/min离心 3min 后，取正己烷上清液过 0.22μm 有机相滤膜后，进 GC - MS/MS 检测。

2. 结果与讨论

（1）前处理方法的选择　在以往的文献报道中，烟草中有机氯、拟除虫菊酯和二硝基苯胺类农药一般采用正己烷 - 丙酮、环己烷或正己烷等溶剂萃取后，弗罗里硅土小柱净化，而后 GC - ECD 检测的方法。现代多农残分析中常用的一种简单快速的净化方法 QuEChERS，其操作简单，只需要萃取液与 PSA、C_{18}E、GCB 等吸附剂进行混合振荡后离心，取上清液即可达到净化的要求。本文以 QuEChERS 方法为模板，参照文献所述，对样品前处理条件进行了调整和优化。

①萃取溶剂的选择：正己烷等非极性溶剂作萃取剂时，烟草提取液中的极性共萃取基质较少，但实际操作中发现对硫丹硫酸酯等中等极性目标物的萃取效率较差。常用的溶剂中，丙酮萃取的杂质较多，而且对硫酸镁具有一定的溶解性，溶液中含盐对色谱柱不利；乙酸乙酯对部分极性目标物萃取效率不高，而且与正己烷互溶；乙腈作为 QuEChERS 前处理方法中的一种通用极性溶剂，可同时萃取极性和非极性目标物，而且有利于下一步与正己烷的液液萃取。而对于不适合 GC 分析的目标物，也可以在乙腈提取后进 LC 分析，这样就可以使两种仪器的萃取步骤合并，有利于实际过程中减少有机溶剂的使用。因此，选定乙腈作为萃取溶剂。

②净化方式的选择：在以 QuEChERS 前处理方法处理样品时，一般采用基质分散固相萃取方式进行净化，即乙腈萃取液与 PSA 等吸附剂混合振荡离心净化。而有机氯、拟除虫菊酯和二硝基苯胺类农药的极性都较弱，适合用正己烷进行液液萃取，因此实验考查对比了 d - SPE 净化与正己烷 LLE 净化两种方式，以选择最优的前处理方法。

回收率考察：取空白烟草样品，加标浓度为 0.1mg/kg，乙腈提取后，分别 d - SPE 净化与正己烷 LLE 净化，比较 45 种目标物的回收率发现，除六氯苯、灭蚁灵的回收率在 60% 左右外，其余目标物的回收率均在 70% ~120%。故判定两种净化方式都能保证目标物的回收率，其差异不大。

共萃取基质：用“质量测定”的方法来考察提取液中共萃取基质的含量，

具体步骤是取 2mL 最终净化液于已称重的洁净试管中，氮气吹干后于 110℃烘箱中干燥 1h，取出冷却后称量，与原试管质量之差即为共萃取基质的含量。通过对比乙腈萃取液、d－SPE 净化液和正己烷 LLE 净化液中的共萃取基质含量发现，正己烷 LLE 法得到的净化液中共萃取基质含量最少，这主要是因为正己烷是非极性溶剂，乙腈萃取液中的大部分极性杂质在液液分配过程中未进入正己烷层。

正己烷 LLE 净化的方法不仅能保证目标物的回收率，而且得到的提取液中基质含量最少，从而对仪器造成的干扰最小，有利于仪器的稳定性，降低了仪器的维护频率。因此选定正己烷 LLE 的方法作为 GC－MS/MS 检测烟草中有机氯等三类农药的前处理方案。

③正己烷液液萃取方法的优化：实验主要考查了正己烷与乙腈提取液的体积比、氯化钠水溶液的添加对液液分配萃取结果的影响。

首先，对空白烟草样品加标后进行样品前处理，取 1mL 乙腈萃取液，加入 1mL 正己烷进行液液萃取，对 45 种目标物的回收率进行考察。实验发现，只有艾氏剂、六氯苯等少数几种目标物的回收率指标正常，而其他大部分目标物的回收率较差。这可能是由于在液液分配过程中，正己烷虽然极性弱，符合相似相溶原理，但正己烷∶乙腈（1∶1，体积比）的体积比对大部分的目标物萃取效率很差，而增大正己烷的体积可以提高萃取效率，但由于稀释作用，会降低方法的灵敏度。

然后考察不同体积的氯化钠水溶液（20∶100，质量比）的盐析作用对正己烷液液萃取的作用。结果发现，乙腈萃取液、正己烷与氯化钠水溶液的体积比为 1∶1∶5 时，目标物的回收率均符合要求。

综上，实验选择乙腈提取后，在氯化钠水溶液条件下，用正己烷进行液液萃取，可以保证 45 种目标物的回收率，而且溶液中的共萃取基质含量大大降低。

（2）方法验证　检测限和回收率数据见表 3－5。

表 3－5　　45 种农药的回收率（n=6）、RSD 和定量限

序号	农药名称	回收率/%（RSD/%）			LOD /（ng/g）	LOQ /（ng/g）
		低	中	高		
1	艾氏剂	81（4）	85（5）	92（8）	0.6	2.0
2	狄氏剂	113（11）	106（8）	97（3）	1.2	4.0
3	氯丹（顺）	98（6）	93（4）	98（6）	1.8	6.0
4	氯丹（反）	75（6）	91（6）	103（8）	0.9	3.0

续表

序号	农药名称	回收率/%（RSD/%）			LOD /（ng/g）	LOQ /（ng/g）
		低	中	高		
5	百菌清	98（15）	86（14）	76（19）	3.0	10.0
6	氯酞酸甲酯	88（5）	93（5）	101（2）	0.9	3.0
7	*o*，*p*′-滴滴涕	100（1）	96（2）	96（4）	0.1	0.3
8	*p*，*p*′-滴滴涕	90（5）	102（4）	93（12）	0.2	0.5
9	*o*，*p*′-滴滴滴	92（4）	93（3）	99（6）	0.2	0.7
10	*p*，*p*′-滴滴滴	94（4）	96（2）	98（4）	0.1	0.3
11	*o*，*p*′-滴滴伊	85（4）	91（3）	96（6）	0.3	1.0
12	*p*，*p*′-滴滴伊	84（5）	91（5）	93（6）	0.3	1.0
13	氯硝胺	90（9）	76（5）	82（6）	0.9	3.0
14	α-硫丹	73（15）	89（9）	92（7）	3.0	10.0
15	β-硫丹	71（20）	82（13）	92（13）	1.1	3.5
16	硫丹硫酸酯	93（10）	101（3）	99（4）	1.8	6.0
17	异狄氏剂	96（4）	96（4）	98（4）	0.8	2.5
18	α-六六六	111（7）	90（9）	94（11）	1.8	6.0
19	β-六六六	102（9）	89（10）	88（9）	1.5	5.0
20	δ-六六六	93（7）	90（6）	96（4）	1.5	5.0
21	γ-六六六	92（13）	101（5）	99（3）	1.8	6.0
22	七氯	91（8）	92（8）	94（10）	0.9	3.0
23	环氧七氯（顺）	96（12）	99（2）	99（7）	2.1	7.0
24	环氧七氯（反）	82（19）	99（8）	106（3）	0.9	3.0
25	六氯苯	78（5）	75（8）	81（8）	1.8	6.0
26	甲氧滴滴涕	103（4）	113（6）	98（9）	0.3	1.0
27	灭蚁灵	65（7）	74（4）	87（3）	0.6	2.0
28	三氯杀螨砜	99（19）	93（8）	100（7）	1.5	5.0
29	联苯菊酯	105（5）	97（2）	102（6）	0.3	1.0
30	氟氯氰菊酯	95（7）	99（5）	104（4）	4.5	15.0
31	氯氟氰菊酯	99（3）	98（3）	101（2）	0.2	0.8
32	氯氰菊酯	123（8）	92（5）	98（8）	1.8	6.0
33	溴氰菊酯	105（6）	92（7）	94（6）	0.5	1.6

续表

序号	农药名称	回收率/%（RSD/%）			LOD /（ng/g）	LOQ /（ng/g）
		低	中	高		
34	氰戊菊酯	88（6）	90（4）	95（4）	0.5	1.5
35	氟氰戊菊酯	108（9）	103（4）	108（3）	0.2	0.8
36	氯菊酯（顺）	109（6）	96（6）	101（2）	0.9	3.0
37	氯菊酯（反）	112（2）	95（4）	99（6）	0.6	2.0
38	七氟菊酯	70（7）	95（10）	98（12）	0.3	1.0
39	乙丁氟灵	112（9）	102（5）	99（5）	2.4	8.0
40	仲丁灵	106（7）	94（4）	96（7）	0.6	2.0
41	氟节胺	103（5）	100（6）	102（7）	1.2	4.0
42	异丙乐灵	101（8）	90（3）	93（9）	0.9	3.0
43	除草醚	109（4）	94（4）	97（5）	0.6	2.0
44	二甲戊灵	87（10）	95（8）	98（10）	1.2	4.0
45	氟乐灵	91（13）	96（9）	97（8）	3.0	10.0

（四） QuEChERS 结合 GC－MS/MS 检测烟草中 168 种农药残留量

本方法基本原理为：向粉碎后的样品中添加适量水，充分浸润后使用乙腈振荡提取，再加入甲苯、混合盐，盐析离心分层，取上清液经吸附剂净化后，用气相色谱－串联质谱仪检测，内标法定量。

1. 实验部分

（1）主要试剂和仪器　试剂应适用于农药残留量分析，并应采用与样品测定（萃取和气相色谱－串联质谱法测定）相同的方法做空白实验以检查其纯度，空白溶剂色谱图的基线上应没有影响残留农药测定的峰出现。水应达到 GB/T 6682—2008 中一级水的要求。

乙腈、甲苯、丙酮（均为色谱纯，美国 J. T. Baker 公司）；氯化钠、柠檬酸钠、柠檬酸氢二钠（分析纯，天津科密欧试剂公司）；无水硫酸镁（分析纯，天津科密欧试剂公司，650°C 马弗炉内烘 5h，冷却后置于干燥器内备用）；*N*－丙基乙二胺（PSA）吸附剂、碳18（C_{18}E）吸附剂、石墨化炭黑（GCB）吸附剂（均购自美国 Supelco 公司）；实验用水为 Milli－Q 纯水系统所制超纯水。

200 余种农药及内标莠去津（Atrazine）、磷酸三苯酯（Triphenyl phosphate，TPP）标准品（纯度＞95%，德国 Dr. Ehrenstorfer GmbH 公司）。

Trace Ultra GC 气相色谱，TSQ Quantum GC 三重四极杆串联质谱仪（美国

Thermo Fisher 公司)，配 AI/AS 3000 自动进样器、电子轰击离子源（EI)、分流/不分流进样口和程序升温气化进样口（PTV)；Talboys 数显型多管式旋涡混合器（美国 Talboys 公司)；高速冷冻离心机（德国 Sigma 公司)；Milli－Q 超纯水系统（美国 Millipore 公司)。

（2）试样制备 按 YC/T 31—1996 制备样品，测定样品水分含量。

（3）操作步骤

① 提取：称取约 2g 样品于 50mL 具盖离心管中，精确至 0.01g，加入 10mL 水，手持离心管振荡直至样品与水充分混合后，静置 10min。分别移取 10mL 乙腈和 0.1mL 混合内标工作溶液于该离心管中，并置于漩涡混合振荡仪上以 2000r/min 速率振荡 2min。将离心管在－20～－18℃条件下冷冻保存 10min 后，取出。向离心管中分别加入 5mL 甲苯、4g 无水硫酸镁、1g 氯化钠、1g 柠檬酸钠、0.5g 柠檬酸氢二钠，立即手持离心管剧烈振荡以防结块，再置于漩涡混合振荡仪上以 2000r/min 速度振荡 2min，然后以 4000r/min 离心 5min。收集上层清液备用。

注：“加入 4g 无水硫酸镁、1g 氯化钠、1g 柠檬酸钠、0.5g 柠檬酸氢二钠”的步骤可改为“加入 Agilent SampliQ QuEChERS EN 萃取试剂盒（Agilent 5982－5650)”，其他公司的类似萃取试剂盒也可以使用。

② 净化：移取 1.5mL 样品提取液上层清液于 2mL 离心管中，加入 150mg 无水硫酸镁、50mg PSA 吸附剂，于漩涡混合振荡仪上以 2000r/min 速率振荡 2min，以 4000r/min 离心 5min，收集上清液，待检测分析。

注：“150mg 无水硫酸镁、50mg PSA 吸附剂”的步骤可改为加入“Agilent QuEChERS 2mL 分散固相萃取试剂盒（Agilent 5982－5022)”。

③ 测定：GC－MS/MS 测定。

2. 方法评价

（1）样品前处理条件的选择与优化

① 萃取剂的选择：本方法所考察的农药目标化合物覆盖了有机氯、有机磷、氨基甲酸酯类、拟除虫菊酯类、酰胺类、杂环类等极性与溶解度差异较大的多种类农残，因此，要求提取溶剂对目标农药有足够的溶解性和稳定性。而且，烟草是复杂基质，干扰物质多，在保证目标农药的萃取效率的前提下，应使萃取液中的共萃取基质含量尽可能低。目前农药多残留分析体系中，应用较多的溶剂有乙腈、丙酮、乙酸乙酯以及丙酮－正己烷等混合溶剂。

本文以烟草样品的加标回收率为指标，考察了六种不同的溶剂对烟草样品中农药的提取效率。考察溶剂包括乙腈、含 1% 乙酸的乙腈、乙腈－乙酸乙酯（1:1，体积比)、正己烷－乙酸乙酯（1:1，体积比)、正己烷－丙酮（1:1，体积比)、乙酸乙酯。

结果表明，在以乙腈－乙酸乙酯（1∶1，体积比）、正己烷－乙酸乙酯（1∶1，体积比）或乙酸乙酯为萃取剂时，有超过30%的农药目标化合物的回收率<70%，其他三种萃取剂的萃取效率都较好。

利用质量测定的方法考察乙腈、含1%乙酸的乙腈、正己烷－丙酮（1∶1，体积比）萃取液中的共萃取基质（Co－extracted matrix）。对同一份烟草样品，各取2g，用不同的溶剂萃取，净化之前取2mL置于预先称重的洁净试管中，每个样品两个平行。氮气吹干后于110℃烘箱中1h，取出冷却后称重，两次称量之差即为萃取液中提取的共萃取基质。考察净化之后的提取液中的共萃取基质的含量，步骤类似。结果显示，对乙腈提取液，平均1g烟样中有0.075g的基质被提取出来，而用PSA净化后的最终萃取液中基质含量为0.036g。正已烷－丙酮（1∶1，体积比）混合溶剂在初级萃取液中的基质含量相差不大，但不利于净化，最终提取液中的基质含量最高，约0.058g。

与乙腈相比，正已烷－丙酮（1∶1，体积比）作为提取溶剂虽然可以减少色素的提取，对一些有机氯农药（如六氯苯、DDT、灭蚁灵等）的提取效率也明显较高，但不利于净化步骤，其最终提取液中的基质含量较高，对仪器的维护提出了更高的要求，基质的增加也使定性定量的稳定性变差。另外，对于一些拟除虫菊酯类农药及一些极性较大的农药（如氯氰菊酯等），相对来讲还是乙腈的提取效率较好。乙腈中加入1%体积分数的乙酸，可提高灭螨猛、速灭磷等农药的回收率，但乙酸的加入会严重损伤色谱柱，进样10针可使保留时间提前0.1～0.2min。因此，最终选定乙腈作为提取溶剂。

② 缓冲盐体系的选择：2003年，Anastassiades等提出了适用于水果和蔬菜的多残留分析方法，而后，该方法迅速发展，并不断修正以适用于不同的目标化合物，如谷物的检测要先加水浸润等。原始方法没有加缓冲盐，因此一些对碱敏感的农药如灭菌丹、吡蚜酮等可能会受到基质的影响而使回收率变差。Anastassiades等后来采用加入柠檬酸盐的方法以获得稳定的pH，该方法被欧盟认可为标准化方法EN 15662；Lehotay等用醋酸盐作缓冲，被AOAC认定为官方方法2007.01。本文对这三种不同的方法在烟草基质中多农药分析的提取效率进行了考察。前处理过程相同，不同之处在于盐析试剂包，其中：

A：4g $MgSO_4$ + 1g NaCl（无缓冲盐）

B：4g $MgSO_4$ + 1g NaCl + 1g $Na_3Cit \cdot 2H_2O$ + 0.5g $Na_2HCit \cdot 1.5H_2O$（柠檬酸缓冲盐体系）

C：4g $MgSO_4$ + 1g NaOAc（醋酸缓冲盐体系，提取溶剂中要加入1%体积分数的醋酸）

结果显示，大部分农药目标化合物的回收率不受缓冲体系的影响，但在不加缓冲盐条件下，敌敌畏、乙酰甲胺磷、安硫磷、灭菌丹的回收率明显下降。虽然醋酸盐缓冲体系的 pH 更小，但醋酸盐与柠檬酸盐缓冲体系差别不大，故在此还是选择柠檬酸盐缓冲体系。

③净化吸附剂的选择：在 QuEChERS 前处理方法中，常用的净化剂有 PSA、C_{18}E、GCB 等。其中，PSA 同时具有弱阴离子的交换作用与极性吸附作用，可除去提取液中的碳水化合物、脂肪酸、有机酸、酚类和少量的色素；C_{18}E 可去除脂肪和酚类化合物；GCB 主要用于除色素。按照实验步骤考察不同净化剂作用后的共萃取基质的含量（图 3－2）可知，PSA 的净化效果较好，混合净化剂的净化效果没有明显提高，而且 C_{18}E 的加入会大大降低如灭螨猛、百菌清、灭菌丹等一些农药的回收率至 40% 左右，GCB 对某些平面结构的农药吸附严重，导致回收率很低。故选择 PSA 作为净化剂。

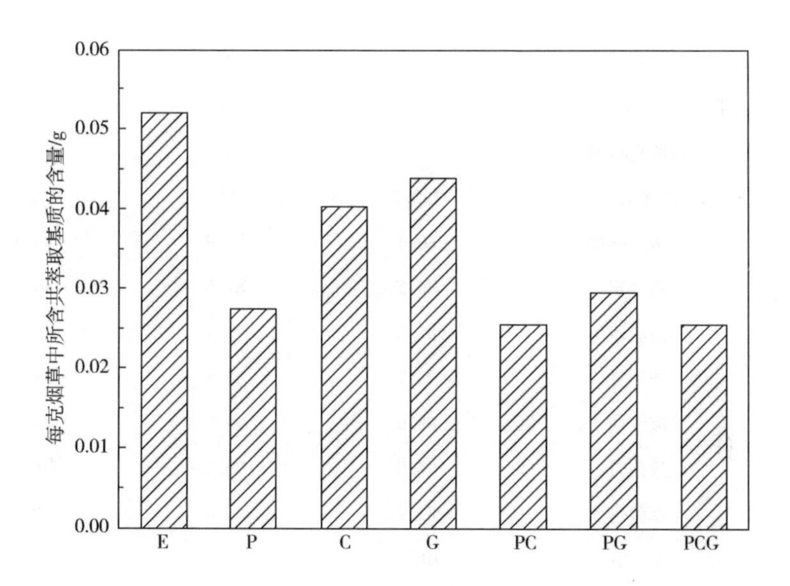

图 3－2　净化前及采用不同净化剂作用后的萃取液中的共萃取基质的含量

E 代表净化前，P 代表 PSA，C 代表 C_{18}E，G 代表 GCB，PC 代表 PSA + C_{18}E，PG 代表 PSA + GCB，PCG 代表 PSA + C_{18}E + GCB

（2）方法学验证

①回收率：选择空白烟草样品，进行回收率测试。将低、中、高不同质量浓度水平的混合农药工作溶液添加到空白烟草样品中，分别制成 50、250、500μg/kg 的加标样品溶液，静置 2h 后，进行前处理和测定，回收率结果见表 3－6，可以看出 168 种目标化合物的平均回收率为 70.4% ～116.8%，满足烟草农残分析的回收率 70% ～120% 要求。

表 3－6　168 种农药的回收率　单位：%

序号	农药名称	添加浓度 50μg/kg	添加浓度 250μg/kg	添加浓度 500μg/kg
1	乙酰甲胺磷	102.1	87.6	83.3
2	啶虫脒	87.9	97.2	98.1
3	阿拉酸式苯－*S*－甲基	92.0	88.3	89.7
4	甲草胺	116.1	100.7	106.9
5	艾氏剂	78.7	90.3	94.0
6	狄氏剂	73.2	95.6	91.8
7	益棉磷	102.0	93.4	92.1
8	保棉磷	95.3	91.9	87.5
9	嘧菌酯	89.4	87.0	86.8
10	苯霜灵	103.1	106.2	105.7
11	乙丁氟灵	91.5	100.8	113.4
12	丙硫克百威	75.4	78.0	88.3
13	联苯菊酯	113.2	103.5	100.2
14	联苯三唑醇	80.7	79.9	84.3
15	除草定	89.5	87.6	86.1
16	溴硫磷	85.0	96.4	102.9
17	仲丁灵	93.2	88.8	93.5
18	硫线磷	88.6	93.8	98.1
19	敌菌丹	98.0	96.4	105.7
20	克菌丹	81.2	72.4	76.1
21	甲萘威	107.7	81.5	87.9
22	克百威	112.3	109.6	116.8
23	3－羟基克百威	95.8	91.9	102.4
24	丁硫克百威	88.2	101.4	92.7
25	灭螨猛	89.6	87.2	101.0
26	氯虫苯甲酰胺	105.8	82.1	81.6
27	氯丹（*Z*）	84.2	97.6	102.8
28	氯丹（*E*）	83.2	97.5	97.1
29	杀虫脒	92.7	95.6	96.7
30	毒虫畏（*E*）	103.3	83.8	82.2

续表

序号	农药名称	添加浓度 50μg/kg	添加浓度 250μg/kg	添加浓度 500μg/kg
31	毒虫畏（*Z*）	86.7	91.5	94.2
32	草枯醚	95.3	88.4	89.6
33	百菌清	74.2	79.1	83.8
34	毒死蜱	95.6	95.5	102.1
35	甲基毒死蜱	94.7	89.6	99.3
36	氯酞酸甲酯	74.0	88.5	90.9
37	乙酯杀螨醇	86.2	101.4	100.6
38	异噁草酮	104.4	97.0	99.8
39	氟氯氰菊酯	85.2	94.1	93.4
40	氯氟氰菊酯	98.8	99.6	97.3
41	氯氰菊酯	101.3	96.8	88.5
42	棉隆	77.2	85.6	85.3
43	二溴氯丙烷	101.7	91.8	90.5
44	*o*，*p*' －DDT	90.9	92.4	94.8
45	*p*，*p*' －DDT	87.3	91.4	93.8
46	*o*，*p*' －DDD	98.9	97.6	100.2
47	*p*，*p*' －DDD	78.4	96.2	98.7
48	*o*，*p*' －DDE	77.6	95.9	98.3
49	*p*，*p*' －DDE	74.3	94.1	95.6
50	溴氰菊酯	74.7	87.6	91.3
51	甲基内吸磷	103.8	81.9	87.2
52	砜吸磷	114.4	93.7	90.2
53	内吸磷－*O*	97.8	74.3	83.0
54	内吸磷－*S*	84.1	88.6	87.4
55	二嗪磷	91.6	79.9	83.3
56	敌敌畏	100.7	97.4	110.2
57	氯硝胺	95.3	94.9	98.5
58	苯醚甲环唑	90.7	89.4	88.8
59	除虫脲	101.3	99.7	100.9
60	甲氟磷	90.6	102.3	102.6

续表

序号	农药名称	添加浓度 50μg/kg	添加浓度 250μg/kg	添加浓度 500μg/kg
61	菌核净	92.1	93.8	96.4
62	乐果	75.2	94.4	108.1
63	烯酰吗啉（*E*）	90.8	86.9	86.5
64	烯酰吗啉（*Z*）	102.4	91.7	90.2
65	双苯酰草胺	91.7	94.5	91.3
66	乙拌磷	74.2	71.6	87.1
67	乙拌磷亚砜	91.3	93.2	102.7
68	乙拌磷砜	93.6	95.8	90.4
69	α -硫丹	75.8	84.1	88.6
70	β -硫丹	72.2	88.6	89.8
71	硫丹硫酸酯	92.7	88.2	89.5
72	异狄氏剂	90.6	91.8	95.0
73	苯硫磷	111.3	95.4	87.1
74	乙硫磷	98.8	107.3	104.6
75	灭线磷	70.4	87.7	89.2
76	噁唑菌酮	87.9	101.0	103.3
77	苯线磷	114.6	97.4	96.6
78	苯线磷亚砜	86.1	92.2	90.8
79	苯线磷砜	85.8	102.3	106.6
80	皮蝇磷	102.9	91.2	96.3
81	杀螟硫磷	84.3	98.7	99.4
82	丰索磷	78.2	74.6	85.2
83	倍硫磷	87.6	93.3	94.5
84	倍硫磷亚砜	78.1	95.5	94.0
85	倍硫磷砜	77.9	74.8	73.3
86	氰戊菊酯	87.0	87.4	85.8
87	氟氰戊菊酯	89.7	103.2	98.1
88	氟节胺	77.6	91.9	96.0
89	灭菌丹	80.4	84.6	86.2
90	地虫硫磷	81.3	86.6	101.8

续表

序号	农药名称	添加浓度 50μg/kg	添加浓度 250μg/kg	添加浓度 500μg/kg
91	安硫磷	97.0	81.5	82.2
92	α-六六六	87.5	89.2	93.1
93	β-六六六	78.6	101.3	103.7
94	δ-六六六	100.8	89.9	95.4
95	林丹	105.3	93.6	104.2
96	七氯	94.6	91.3	95.8
97	环氧七氯（顺式）	80.8	88.4	93.3
98	环氧七氯（反式）	92.0	83.6	91.7
99	庚烯磷	89.2	81.1	86.8
100	六氯苯	71.9	93.4	95.2
101	茚虫威	77.6	102.5	100.8
102	异稻瘟净	108.4	89.2	93.6
103	异菌脲	79.2	90.0	90.4
104	氯唑磷	115.4	108.2	106.8
105	异丙乐灵	82.6	91.5	97.9
106	稻瘟灵	77.2	71.4	81.7
107	溴苯磷	86.0	87.3	87.6
108	马拉硫磷	116.2	98.6	103.7
109	甲霜灵	80.2	83.6	86.3
110	甲胺磷	81.8	72.9	83.4
111	杀扑磷	74.5	89.1	87.6
112	甲硫威	100.3	98.2	101.7
113	甲硫威砜	96.2	92.8	96.4
114	灭多威	103.1	110.0	90.8
115	烯虫酯	69.3	83.7	91.3
116	甲氧滴滴涕	110.6	96.0	95.1
117	异丙甲草胺	105.4	92.7	96.2
118	速灭磷（E）	107.2	89.8	104.5
119	速灭磷（Z）	102.6	97.2	87.7
120	兹克威	108.0	99.3	95.5

续表

序号	农药名称	添加浓度 50μg/kg	添加浓度 250μg/kg	添加浓度 500μg/kg
121	灭蚊灵	81.8	96.6	99.7
122	久效磷	103.4	85.2	89.3
123	腈菌唑	86.4	96.7	97.2
124	二溴磷	82.6	86.8	96.2
125	敌草胺	89.0	75.6	81.8
126	除草醚	94.3	97.5	102.2
127	氧乐果	87.5	73.0	77.8
128	噁霜灵	100.8	105.2	98.6
129	杀线威	73.3	84.6	89.2
130	对硫磷	85.5	97.9	103.2
131	甲基对硫磷	83.2	96.5	98.1
132	戊菌唑	72.1	91.3	94.8
133	二甲戊灵	82.0	82.5	85.6
134	氯菊酯（顺式）	110.9	102.0	102.3
135	氯菊酯（反式）	111.5	100.3	98.5
136	甲拌磷	108.1	89.0	94.6
137	伏杀硫磷	100.6	107.3	105.1
138	磷胺（*E*）	110.3	82.5	84.6
139	磷胺（*Z*）	84.4	89.3	91.6
140	增效醚	97.3	98.6	96.2
141	抗蚜威	99.0	94.6	99.3
142	甲基嘧啶磷	81.4	83.7	87.2
143	丙溴磷	96.9	94.7	95.4
144	残杀威	99.8	86.5	90.0
145	丙硫磷	79.8	96.6	100.6
146	吡菌磷	104.1	97.5	91.8
147	喹硫磷	96.4	98.0	101.4
148	精喹禾灵	84.2	85.3	86.1
149	八甲磷	96.7	85.4	98.2
150	氟苯脲	84.4	95.2	92.0

续表

序号	农药名称	添加浓度 50μg/kg	添加浓度 250μg/kg	添加浓度 500μg/kg
151	七氟菊酯	92.3	100.6	99.7
152	特丁硫磷	97.8	93.1	95.8
153	特丁硫磷砜	104.9	112.3	96.2
154	杀虫畏	81.6	88.6	90.3
155	三氯杀螨砜	82.4	84.0	84.6
156	噻虫嗪	83.6	100.8	96.9
157	虫线磷	72.8	75.0	85.1
158	三唑酮	81.2	87.6	92.3
159	三唑醇	90.4	91.7	89.9
160	三唑磷	111.3	97.6	97.4
161	敌百虫	98.1	75.2	73.8
162	杀铃脲	94.1	98.0	105.9
163	氟乐灵	89.4	84.5	92.6
164	烯效唑	78.5	83.4	91.7
165	蚜灭磷	72.2	73.7	80.3
166	毒杀芬 Parlar – NO 26	85.8	87.9	94.0
167	毒杀芬 Parlar – NO 50	88.2	92.3	92.5
168	毒杀芬 Parlar – NO 62	86.8	91.2	94.8

②重复性：同回收率测定方案一致，选择空白烟草样品，进行精密度测试。低、中、高三个不同质量浓度水平的混合农药工作溶液添加到空白烟草样品中，按照操作步骤进行前处理和测定。每个水平重复测定 6 次做日内分析，得到日内精密度，连续分析 5 天，得到日间精密度。表 3 – 7 所示，本方法的日内和日间精密度都小于 20%，满足烟草农残分析的相对标准偏差小于 20% 的技术要求，说明本方法的重复性较好。

表 3 – 7　168 种农药目标化合物的日内和日间精密度

序号	农药名称	日内精密度/%			日间精密度/%		
		低	中	高	低	中	高
1	乙酰甲胺磷	12.7	7.0	6.9	15.8	9.3	8.6
2	啶虫脒	10.5	4.5	2.1	15.0	13.8	13.9

续表

序号	农药名称	日内精密度/%			日间精密度/%		
		低	中	高	低	中	高
3	阿拉酸式苯-S-甲基	12.1	7.4	8.5	11.7	6.6	6.3
4	甲草胺	13.0	11.7	6.4	13.4	7.6	6.5
5	艾氏剂	10.4	9.5	7.0	12.0	6.6	4.7
6	狄氏剂	10.9	9.6	8.6	13.6	10.3	9.3
7	益棉磷	7.4	3.8	3.6	9.8	8.6	9.8
8	保棉磷	7.4	5.2	3.0	13.2	11.2	10.0
9	嘧菌酯	9.9	4.1	3.8	7.0	7.7	6.3
10	苯霜灵	10.9	3.9	3.0	11.5	7.4	6.6
11	乙丁氟灵	13.1	14.3	11.5	17.6	12.9	11.3
12	丙硫克百威	8.6	5.3	4.9	12.2	6.0	8.7
13	联苯菊酯	6.3	3.0	2.7	13.4	6.2	4.5
14	联苯三唑醇	6.0	3.2	3.5	8.7	5.2	6.7
15	除草定	13.4	8.5	3.3	9.8	7.1	5.9
16	溴硫磷	15.2	13.6	10.8	19.7	12.6	10.2
17	仲丁灵	9.8	6.4	8.7	11.0	7.6	6.5
18	硫线磷	11.4	8.7	6.1	12.8	7.8	7.6
19	敌菌丹	10.2	6.2	7.1	12.4	12.7	8.4
20	克菌丹	13.4	13.3	7.2	11.2	12.6	9.2
21	甲萘威	8.7	8.8	6.9	10.3	8.9	7.4
22	克百威	12.4	12.0	7.9	12.2	9.4	6.8
23	3-羟基克百威	10.0	14.2	5.3	14.8	8.3	4.7
24	丁硫克百威	18.6	10.2	8.8	12.7	10.3	6.5
25	灭螨猛	15.0	13.1	11.7	17.3	15.8	15.3
26	氯虫苯甲酰胺	18.9	11.4	8.1	16.1	12.2	13.0
27	氯丹（*Z*）	11.8	10.8	9.7	13.9	12.1	6.2
28	氯丹（*E*）	13.7	9.1	10.6	16.2	7.3	5.5
29	杀虫脒	18.6	12.4	10.8	15.8	8.4	8.3
30	毒虫畏（*E*）	11.3	9.6	4.8	6.3	5.7	6.1
31	毒虫畏（*Z*）	9.7	7.5	5.7	9.6	6.1	4.7

续表

序号	农药名称	日内精密度/%			日间精密度/%		
		低	中	高	低	中	高
32	草枯醚	9.3	7.3	4.7	9.0	9.9	6.8
33	百菌清	17.8	16.0	14.1	18.9	14.0	12.0
34	毒死蜱	9.8	9.9	5.1	7.7	5.6	5.4
35	甲基毒死蜱	9.8	8.8	4.9	8.8	8.5	7.3
36	氯酞酸甲酯	9.6	10.7	9.7	11.6	7.0	2.4
37	乙酯杀螨醇	8.6	4.9	3.4	10.2	8.2	7.0
38	异噁草酮	9.7	5.3	4.0	6.3	6.9	4.5
39	氟氯氰菊酯	6.8	5.9	2.8	9.8	8.2	7.4
40	氯氟氰菊酯	9.5	4.7	2.8	11.9	5.1	3.9
41	氯氰菊酯	13.7	7.2	5.8	16.9	10.1	7.0
42	棉隆	13.5	10.1	4.5	12.5	11.9	7.3
43	二溴氯丙烷	8.6	5.0	8.7	11.8	10.2	7.7
44	*o*, *p*' -DDT	4.3	3.2	2.2	11.9	6.5	6.1
45	*p*, *p*' -DDT	6.8	3.7	2.8	14.6	9.2	9.7
46	*o*, *p*' -DDD	4.0	5.1	1.7	10.2	7.5	6.5
47	*p*, *p*' -DDD	8.8	2.7	2.6	13.5	7.2	4.3
48	*o*, *p*' -DDE	9.7	4.8	3.0	10.3	8.6	5.8
49	*p*, *p*' -DDE	9.9	4.6	3.1	14.0	9.3	6.4
50	溴氰菊酯	9.9	8.2	4.3	16.1	12.0	9.0
51	甲基内吸磷	11.0	6.6	9.2	10.1	8.3	4.3
52	砜吸磷	12.2	7.6	7.0	11.2	11.6	7.2
53	内吸磷 -*O*	12.7	11.7	9.5	17.9	15.6	13.4
54	内吸磷 -*S*	15.6	12.3	10.5	16.2	13.5	14.0
55	二嗪磷	13.5	9.5	7.9	15.8	16.7	12.1
56	敌敌畏	11.3	4.8	6.5	11.2	10.2	7.9
57	氯硝胺	12.4	8.5	4.2	13.7	5.0	4.8
58	苯醚甲环唑	7.6	2.8	3.1	8.2	4.8	3.7
59	除虫脲	16.0	10.5	4.1	18.1	10.2	8.2
60	甲氟磷	10.4	7.1	5.2	14.9	12.0	12.6

续表

序号	农药名称	日内精密度/%			日间精密度/%		
		低	中	高	低	中	高
61	菌核净	11.1	8.7	3.8	14.4	5.9	5.4
62	乐果	18.2	17.9	16.5	19.5	18.3	16.9
63	烯酰吗啉（E）	7.1	2.4	2.9	8.4	7.1	6.9
64	烯酰吗啉（Z）	5.1	2.8	2.0	6.9	4.4	5.2
65	双苯酰草胺	4.9	2.6	3.7	14.7	7.4	5.6
66	乙拌磷	9.6	8.3	6.6	14.6	10.2	10.5
67	乙拌磷亚砜	17.8	13.6	6.3	18.7	14.6	8.9
68	乙拌磷砜	11.3	9.0	4.5	12.8	9.6	8.0
69	α -硫丹	15.4	11.8	9.2	10.3	13.1	8.2
70	β -硫丹	12.2	15.0	13.0	15.7	13.3	10.9
71	硫丹硫酸酯	7.1	6.1	3.4	13.4	10.8	8.8
72	异狄氏剂	9.5	5.0	4.7	12.5	7.7	6.7
73	苯硫磷	11.3	5.5	5.4	14.8	8.2	7.6
74	乙硫磷	7.4	5.0	2.9	9.4	7.1	6.0
75	灭线磷	11.4	12.9	12.4	15.8	10.1	8.2
76	噁唑菌酮	12.7	3.9	4.8	17.6	7.2	6.2
77	苯线磷	11.1	10.3	6.5	14.1	12.8	6.9
78	苯线磷亚砜	9.5	8.1	6.5	15.2	6.9	6.6
79	苯线磷砜	14.4	6.4	3.9	13.0	8.3	9.9
80	皮蝇磷	9.1	3.6	2.8	10.2	6.8	7.7
81	杀螟硫磷	11.1	9.5	10.9	12.9	7.7	8.0
82	丰索磷	12.5	8.3	4.9	13.9	8.9	6.5
83	倍硫磷	9.5	6.1	9.3	12.1	8.6	6.4
84	倍硫磷亚砜	14.5	10.2	8.3	17.2	12.1	10.8
85	倍硫磷砜	12.3	9.3	11.5	14.7	15.0	12.0
86	氰戊菊酯	11.9	7.4	4.7	12.5	6.9	7.8
87	氟氰戊菊酯	13.6	4.6	4.4	16.7	7.6	4.0
88	氟节胺	9.8	6.3	4.9	10.7	8.1	4.2
89	灭菌丹	14.6	6.3	3.8	12.0	12.2	10.1

续表

序号	农药名称	日内精密度/%			日间精密度/%		
		低	中	高	低	中	高
90	地虫硫磷	13.5	13.6	8.8	17.9	10.0	7.3
91	安硫磷	13.1	10.6	5.4	18.8	17.5	14.7
92	α -六六六	12.3	10.0	9.6	16.1	9.5	10.7
93	β -六六六	10.9	10.5	9.3	14.8	10.3	7.1
94	δ -六六六	11.9	8.7	6.1	12.9	9.8	6.2
95	林丹	11.6	9.0	10.7	13.5	12.0	8.6
96	七氯	12.2	10.0	7.9	10.6	6.6	6.1
97	环氧七氯（*Z*）	10.5	7.2	5.6	14.4	7.1	7.1
98	环氧七氯（*E*）	11.3	6.8	6.8	16.8	11.3	8.8
99	庚烯磷	13.9	11.4	12.6	17.6	13.5	7.2
100	六氯苯	14.4	10.1	8.6	15.6	9.6	8.0
101	茚虫威	9.6	8.2	7.5	14.1	13.1	10.7
102	异稻瘟净	10.4	5.7	5.0	12.9	6.5	5.2
103	异菌脲	13.8	12.4	7.0	17.6	13.6	8.4
104	氯唑磷	13.3	10.0	8.2	14.2	10.6	8.0
105	异丙乐灵	7.6	6.1	6.3	10.5	6.0	5.7
106	稻瘟灵	9.8	9.9	7.3	10.9	8.2	9.6
107	溴苯磷	5.8	5.0	3.1	16.3	11.5	13.5
108	马拉硫磷	7.8	7.1	10.7	14.6	7.0	6.4
109	甲霜灵	15.8	7.7	7.2	16.6	10.9	5.9
110	甲胺磷	15.5	9.0	6.4	12.8	14.7	12.9
111	杀扑磷	14.6	9.9	4.6	14.9	9.5	7.8
112	甲硫威	11.5	10.1	8.8	15.0	11.8	9.6
113	甲硫威砜	6.3	8.4	5.9	10.7	9.0	7.2
114	灭多威	11.9	10.6	12.5	15.7	16.6	12.6
115	烯虫酯	13.2	9.4	7.7	14.2	14.0	8.1
116	甲氧滴滴涕	5.0	5.4	4.1	13.8	8.1	11.4
117	异丙甲草胺	8.9	4.8	5.7	8.9	4.4	5.8
118	速灭磷（*E*）	11.1	7.8	3.7	15.8	11.9	8.9

续表

序号	农药名称	日内精密度/%			日间精密度/%		
		低	中	高	低	中	高
119	速灭磷（*Z*）	12.5	8.1	5.6	14.7	12.8	7.9
120	兹克威	13.7	9.4	7.2	15.5	12.0	10.7
121	灭蚁灵	8.9	5.2	2.2	15.8	10.7	7.5
122	久效磷	14.2	9.2	10.9	17.0	12.4	11.5
123	腈菌唑	9.1	5.5	4.0	10.6	9.4	7.4
124	二溴磷	13.8	12.6	9.2	16.7	14.1	10.8
125	敌草胺	11.1	7.0	3.3	13.9	10.2	8.0
126	除草醚	8.0	6.6	2.5	11.8	7.0	5.6
127	氧乐果	11.8	9.4	5.6	14.6	11.3	4.6
128	噁霜灵	5.7	3.1	3.9	9.0	7.4	6.1
129	杀线威	14.6	11.0	9.9	17.3	15.5	12.4
130	对硫磷	7.4	7.2	6.3	10.3	8.2	7.9
131	甲基对硫磷	7.5	4.5	6.9	11.0	12.3	6.7
132	戊菌唑	9.9	5.5	3.2	13.2	10.2	5.3
133	二甲戊灵	8.7	7.7	5.4	9.1	6.6	8.9
134	氯菊酯（*Z*）	9.3	4.5	2.6	15.4	6.7	7.0
135	氯菊酯（*E*）	6.0	3.5	2.5	14.0	7.5	7.2
136	甲拌磷	9.6	8.2	6.1	12.2	9.1	7.3
137	伏杀硫磷	9.2	1.3	3.3	9.9	8.9	9.6
138	磷胺（*E*）	13.5	12.0	8.0	15.5	9.7	7.6
139	磷胺（*Z*）	13.1	11.5	11.3	7.6	5.5	6.1
140	增效醚	14.9	8.1	4.7	15.3	10.8	7.7
141	抗蚜威	8.6	7.0	8.2	11.3	7.3	5.7
142	甲基嘧啶磷	12.1	9.1	8.7	13.0	10.0	12.1
143	丙溴磷	11.6	7.7	4.2	12.8	12.1	6.5
144	残杀威	9.1	8.1	7.9	13.4	8.5	6.4
145	丙硫磷	9.9	7.7	2.8	13.0	9.6	6.0
146	吡菌磷	6.0	4.5	2.9	11.7	9.5	9.1
147	喹硫磷	13.8	8.0	4.9	14.8	9.7	6.0

续表

序号	农药名称	日内精密度/%			日间精密度/%		
		低	中	高	低	中	高
148	精喹禾灵	11.6	6.4	2.8	12.8	8.4	7.3
149	八甲磷	17.2	11.6	7.4	10.7	10.2	8.7
150	氟苯脲	14.3	11.8	7.0	15.3	12.5	9.3
151	七氟菊酯	9.9	6.8	5.7	16.6	10.3	7.6
152	特丁硫磷	12.9	7.5	4.9	17.6	8.8	5.8
153	特丁硫磷砜	10.9	8.2	8.5	13.1	9.5	9.6
154	杀虫畏	10.9	7.5	5.3	12.5	9.5	9.1
155	三氯杀螨砜	13.2	9.4	5.6	19.1	14.2	8.6
156	噻虫嗪	5.9	4.0	4.1	7.3	4.6	3.8
157	虫线磷	18.4	17.9	16.2	19.3	18.4	15.4
158	三唑酮	11.3	8.5	7.6	16.6	4.7	5.9
159	三唑醇	12.8	8.5	3.1	14.8	6.6	6.4
160	三唑磷	12.1	5.5	2.7	12.7	7.3	6.2
161	敌百虫	15.2	14.1	13.2	18.8	14.9	13.5
162	杀铃脲	15.6	7.1	5.5	19.4	11.4	6.0
163	氟乐灵	16.8	11.7	8.3	18.7	12.5	9.2
164	烯效唑	10.2	9.9	5.4	13.0	11.0	6.1
165	蚜灭磷	14.6	9.2	8.2	16.3	10.5	10.2
166	毒杀芬 Parlar – NO 26	12.4	8.3	5.8	15.2	12.3	7.3
167	毒杀芬 Parlar – NO 50	13.5	7.9	6.2	14.9	12.6	7.5
168	毒杀芬 Parlar – NO 62	12.7	8.1	6.4	14.7	11.8	8.2

参考文献

[1] 仲维科，郝戬，樊耀波，等. 食品农药残留分析进展 [J]. 分析化学，2000，28（7）：904 –910.

[2] 高俊娥，李盾，刘铭钧，等. 农药残留快速检测技术的研究进展

[J]. 农药, 2007, 46 (6): 361 - 364.

[3] 陈宗懋. 农药的残留毒性和危险性分析 [C]. 第七届中国农药发展年会农药质量与安全文集, 2005: 6 - 11.

[4] Jones K C, de Voogt P. Persistent Organic Pollutants (POPs): state of the science [J]. Environ Pollut, 1999, 100: 209 - 221.

[5] 蒋煜峰, 王学彤, 孙阳昭, 等. 上海市城区土壤中有机氯农药残留研究 [J]. 环境科学, 2010, 31 (2): 409 - 414.

[6] 张荷丽, 张卢军, 马婧玮, 等. QuEChERS/GC - MS 检测土壤中 POPs 的含量 [J]. 分析测试学报, 2006, 25: 151 - 152.

[7] 蔡小虎, 蔡述伟, 时磊, 等. QuEChERS - GC/ECD 法分析土壤和沉积物中残留有机氯农药和多氯联苯 [J]. 环境监控与预警, 2016, 8 (3): 14 - 17.

[8] 张芬, 张新忠, 罗逢健, 等. QuEChERS 净化 GC/ECD 测定茶叶与土壤中噻虫嗪、虫螨腈及高效氯氟氰菊酯残留 [J]. 分析测试学报, 2013, 32 (4): 393 - 400.

[9] 陈晓水, 边照阳, 杨飞, 等. 对比 3 种不同的 QuEChERS 前处理方式在气相色谱—串联质谱检测分析烟草中上百种农药残留中的应用 [J]. 色谱, 2013, 31 (11): 1116 - 1128.

[10] 王亚男, 牛书涛, 贺小蔚, 等. QuEChERS 法提取水稻土壤中的五氯酚 [J]. 分析实验室, 2010, 29 (4): 73 - 76.

[11] 王兆炜, 林琦, 金海峰. 青紫泥中五氯酚的超声萃取 - 液相色谱法测定 [J]. 农业环境科学学报, 2005, 24 (6): 1249 - 1253.

[12] Cieslik E, Sadowska - Rociek A, Ruiz J M M, et al. Evaluation of QuEChERS method for the determination of organochlorine pesticide residues in selected groups of fruits [J]. Food Chemistry, 2011, 125 (2): 773 - 778.

[13] 贾宁, 李永刚. 分散固相萃取 - 气相色谱 - 质谱方法快速检测丝瓜中的六六六和滴滴涕 [J]. 硅谷, 2008 (18): 18 + 32.

[14] 吴剑威, 徐荣, 赵润怀, 等. QuEChERS - 气相色谱法快速检测五十种中药材中九种有机氯农药残留的方法研究 [J]. 分析科学学报, 2011, 27 (2): 167 - 170.

[15] Zuin G V, Vilegas H Y J. Pesticide residues in medicinal plants and phytomedicines [J]. Phytother Res., 2000, 14 (2): 73 - 88.

[16] 肖丽和, 刁璇, 谢耀轩, 等. QuEChERS 法联合在线 GPC - GC - MS 检测冠心丹参胶囊中 20 种有机氯农药残留 [J]. 中国新药杂志, 2014, 23 (15): 1749 - 1753.

[17] Howitz K T, Bitterman K J, Cohen H Y, et al. Small molecule activators of sirtuins extend Saccharomyces cerevisiae lifespan [J]. Nature, 2003, 425 (6954): 191 - 196.

[18] 刘俊，张晓萍，杨忠，等．QuEChERS 气相色谱法同时测定可食性包装材料中 21 种有机氯农药 [J]．中国卫生检验杂志，2015，25 (14)：2261 - 2264.

[19] 施洋明．成都市近地表大气尘的矿物学特征及其环境指示意义[J]．矿物岩石，2006，25 (6)：117 - 120.

[20] 崔邢涛，栾文楼，牛彦斌，等．石家庄城市近地表降尘重金属污染及潜在生态危害评价 [J]．城市环境与城市生态，2011，24 (1)：27 - 30.

[21] 周纯，王志畅，罗明标，等．QuEChERS - 凝胶渗透色谱/气相色谱 - 质谱法同时降尘中 18 种有机氯农药 [J]．分析测试学报，2013，32 (11)：1354 - 1358.

[22] Neil L R, Brian R. The historical record of PAH, PCB, trace metal and fly - ash partical deposition at a remote lake in north - west Scotland [J]. Environmental Pollution, 2002, 117 (1): 121 - 132.

[23] Greenstein D, Bay S, Jirik A, Brown J, et al. Toxicity assessment of sediment cores from Santa Monica Bay, California [J]. Marine Environmental Research, 2003, 56 (1 - 2): 277 - 297.

[24] Fox W M, Connor L, Copplestone D, et al. The organochlorine contamination history of the Mercey estuary, UK, revealed by analysis of sediment cores from salt marshes [J]. Marine Environmental Research, 2001, 51 (3): 213 - 227.

[25] 苏秋克，祁士华，吴辰熙，等．洪湖特色水产品对湖水及沉淀物中有机氯农药的积累模式 [J]．地质科技情报，2007，26 (4)：85 - 90.

[26] 范广宇，唐秀，孟祥龙，等．QuEChERS/GC - MS 法测定水产品中的硫丹及其代谢物 [J]．分析实验室，2014，33 (11)：1301 - 1304.

[27] 陈秀开，张望，李正高．泥鳅中硫丹残留的风险评估 [J]．检验检疫学刊，2013，23 (5)：64 - 66.

[28] 刘长令．世界农药大全除草剂卷 [M]．北京：化学工业出版社，2002.

[29] 张一宾，张怿．世界农药新进展 [M]．北京：化学工业出版社，2007.

[30] 齐文启，孙宗光，汪志国，等．环境荷尔蒙研究的现状及其监测分析 [J]．现代科学仪器，2000 (4)：32 - 38.

[31] Yang F, Bian Z Y, Chen X S, et al. Determination of chlorinated phenoxy acid herbicides in tobacco by modified QuEChRS extraction and high – performance liquid chromatography/tandem mass spectrometry [J]. Journal of AOAC International, 2013, 96 (5): 1134 – 1137.

[32] Liu S S, Bian Z Y, Yang F, et al. Determination of Multiresidues of Three Acid Herbicides in Tobacco by Liquid Chromatography/Tandem Mass Spectrometry [J]. Journal of AOAC International, 2015, 98 (2): 472 – 476.

[33] Steiniger D, Lu G, Butler J, et al. Determination of multiresidue pesticides in green tea by using a modified QuEChERS extraction and ion – trap gas chromatography/mass spectrometry [J]. Journal of AOAC International, 2010, 93 (4): 1169 – 1179.

[34] Walorczyk S. Development of a multi – residue method for the determination of pesticides in cereals and dry animal feed using gas chromatography – tandem quadrupole mass spectrometry: II. Improvement and extension to new analytes [J]. Journal of Chromatography A, 2008, 1208 (1 – 2): 202 – 214.

[35] 余苹中，贾春虹，赵尔成，等. GC – NCI – MS 快速检测食用菌中菊酯类农药 [J]. 农药科学与管理，2012，33 (5): 33 – 37.

[36] Shen C Y, Cao X W, Shen W J, et al. Determination of 17 pyrethroid residues in troublesome matrices by gas chromatography/mass spectrometry with negative chemical ionization [J]. Talanta, 2011, 84 (1): 141 – 147.

[37] 李贤波，赵嫚，李胜清，等. 分散液液微萃取 – 气相色谱法快速检测番茄中 3 种拟除虫菊酯类农药 [J]. 色谱，2012，30 (9): 926 – 930.

[38] Rawn D F K, Judge J, Roscoe V. Application of the QuEChERS method for the analysis of pyrethrins and pyrethroids in fish tissues [J]. Analytical and Bioanalytical Chemistry, 2010, 397 (6): 2525 – 2531.

[39] Salas J H, Gonzalez M M, Noa M, et al. Organophosphorus Pesticide Residues in Mexican Commercial Pasteurized Milk [J]. Journal of Agricultural & Food Chemistry, 2003, 51 (15): 4468 – 4471.

[40] 高晓晟，张艳，王松雪，等. 牛奶中拟除虫菊酯类农药残留检测——QuEChERS – 气相色谱分析方法的研究与建立 [J]. 中国奶牛，2010，8: 56 – 60.

[41] Kate M, Lehotay S. Evaluation of common organic solvents for gas chromatographic analysis and stability of multiclass pesticide residues [J]. Journal of Chromatography A, 2004, 1040 (2): 259 – 272.

[42] 周勇，王彦辉，周小毛，等. QuEChERS – 气相色谱法检测苎麻及其

土壤中8种有机磷农药残留 [J]. 农药学学报, 2013, 15 (2): 217-222.

[43] 王连珠, 周昱, 陈泳, 等. QuEChERS 样品前处理-液相色谱-串联质谱法测定蔬菜中66种有机磷农药残留量方法评估 [J]. 色谱, 2012, 30 (2): 146-153.

[44] Miao X X, Liu D B, Wang Y R, et al. Modified QuEChERS in combination with dispersive liquid-liquid microextraction based on solidification of the floating organic droplet method for the determination of organophosphorus pesticides in milk samples [J]. Journal of Chromatographic Science, 2015, 53 (10): 1813-1820.

[45] 洪萍, 李颖, 李峰, 等. 改良 QuEChERS-气相色谱法快速检测血中有机磷农药的方法研究 [J]. 中国卫生检验杂志, 2009, 19 (6): 1296-1298.

[46] Dmitrovic J, Chan S C, Chan S H. Analysis of pesticides and PCB congeners in serum by GC/MS with SPE sample cleanup [J]. Toxicology Letters, 2002, 134 (1-3): 253-258.

[47] 王连珠, 周昱, 黄小燕, 等. 基于 QuEChERS 提取方法优化的液相色谱-串联质谱法测定蔬菜中51种氨基甲酸酯类农药残留 [J]. 色谱, 2013, 31 (12): 1167-1175.

[48] 黎小鹏, 李拥军, 刘红梅, 等. QuEChERS 前处理-高效液相色谱仪检测多种蔬菜水果中10种氨基甲酸酯农药残留 [J]. 现代农业科技, 2014, 13: 138-140.

[49] 马锦陆, 闫伟丽, 王玮玮. QuEChERS-超高效液相色谱串联质谱法测定土壤中7种氨基甲酸酯类农药残留 [J]. 新疆农业科技, 2015, 6: 11-12.

[50] 张晶, 侥竹, 刘艳, 等. 土壤中痕量氨基甲酸酯和三唑类农药的样品提取方法研究 [J]. 岩矿测试, 2015, 34 (6): 692-697.

[51] Trösken E R, Straube E, Lutz W K, et al. Quantitation of lanosterol and its major metabolite FF-MAS in an inhibition assay of CYP51 by azoles with atmospheric pressure photoionization based LC-MS/MS [J]. Journal of the American Society for Mass Spectrometry, 2004, 15 (8): 1216-1221.

[52] 谢慧, 朱鲁生, 王军, 等. 涕灭威及其有毒代谢产物对土壤微生物呼吸作用的影响 [J]. 农业环境科学学报, 2005, 24 (1): 191-195.

[53] 侥竹. 环境有机污染物检测技术及其应用 [J]. 地质学报, 2011, 85 (11): 1948-1962.

[54] Pan D, Wang J P, Chen C Y, et al. Extraction Combined with

Titanium - plate Based Solid Phase Extraction for the Analysis of PAHs in Soil Samples by HPLC - FLD [J]. Talanta, 2013, 108: 117 - 122.

[55] 杨长志，陈丽，刘永，等. QuEChERS - HPLC - MS/MS 测定动物源食品中环己烯酮类除草剂残留量 [J]. 食品科学，2010，31 (14): 191 - 196.

[56] 梅梅，杜振霞，陈芸，等. QuEChERS - 超高效液相色谱串联质谱法同时测定土壤中 5 种常用除草剂 [J]. 分析化学，2011，39 (11): 1659 - 1664.

[57] 李芳，王纪华，平华，等. UPLC - MS/MS 法同时测定土壤中 3 种磺酰脲类除草剂残留 [J]. 分析实验室，2013，32 (9): 51 - 54.

[58] 夏虹，彭茂民，王小飞，等. QuEChERS 法和 UPLC - MS - MS 法快速测定稻谷中 4 种磺酰脲类除草剂的残留量 [J]. 食品科技，2015，40 (8): 325 - 328.

[59] Urairat Koesukwiwat, Kunaporn Sanguankaew, Natchanun Leepipatpiboon. Rapid determination of phenoxy acid residues in rice by modified QuEChERS extraction and liquid chromatography - tandem mass spectrometry [J]. Analytica chimica acta, 626 (2008): 10 - 20.

[60] 陈其勇，葛宝坤，韩红芳，等. 粮谷中 11 种二硝基苯胺类除草剂残留量的气相色谱 - 串联质谱法测定 [J]. 分析测试学报，2011，30 (5): 573 - 576.

[61] 黄何何，张缙，徐敦明，等. QuEChERS - 高效液相色谱 - 串联质谱法同时测定水果中 21 种植物生长调节剂的残留量 [J]. 色谱，2014，32 (7): 707 - 716.

[62] 周纯洁，赵博，吴丹，等. QuEChERS - 超高效液相色谱 - 串联质谱法同时测定蔬菜中 6 种植物生长调节剂 [J]. 食品工业科技，2011，10: 94 - 98.

[63] Shurui Cao, Xue Zhou, Cunxian Xi, et al. Cleaning Up Vegetable Samples Using a Modified "QuEChERS" Procedure for the Determination of 17 Plant Growth Regulator Residues by Ultra High Performance Liquid Chromatography - Triple Quadrupole Linear Ion Trap Mass Spectrometry [J]. Food Anal. Methods, 2016 (9): 2097 - 2104.

[64] 谢建军，陈捷，李菊，等. 改良 QuEChERS 法结合气相色谱串联质谱测定果蔬中 20 种杀菌剂 [J]. 食品安全质量检测学报，2013，4 (1): 82 - 88.

[65] Fengshou Dong, Xiu Chen, Xingang Liu, et al. Simultaneous determi-

nation of five pyrazole fungicides in cereals, vegetables and fruits using liquid chromatography/tandem mass spectrometry [J]. Journal of Chromatography A, 2012 (1262): 98 - 106.

[66] 王秀国，闫晓阳，宋超，等. QuEChERS/高效液相色谱 - 串联质谱法测定烟叶与土壤中的壬菌铜残留 [J]. 分析测试学报, 2015, 34 (1): 91 - 95.

[67] 杨飞，边照阳，唐纲岭，等. LC. MS/MS 同时检测烟草中的 6 种杀菌剂 [J]. 烟草科技, 2012, 11: 45 - 50.

[68] 王连珠，周昱，陈泳，等. QuEChERS 样品前处理 - 液相色谱 - 串联质谱法测定蔬菜中 66 种有机磷农药残留量方法评估 [J]. 色谱, 2012, 30 (2): 146 - 153.

[69] 刘满满，康澍，姚成. QuEChERS 方法在农药多残留检测中的应用研究进展 [J]. 农药学学报, 2013, 15 (1): 8 - 22.

[70] 董静，潘玉香，朱莉萍，等. 果蔬中 54 种农药残留的 QuEChERS/GC - MS 快速分析 [J]. 分析测试学报, 2008, 27 (1): 66 - 69.

[71] 刘瑜，蒋施，徐宜宏，等. 气相色谱 - 串联质谱法测定葱、姜、蒜中 120 种农药残留量 [J]. 化学通报, 2012, 75 (12): 1132 - 1139.

[72] 周长民，徐宜宏，张侃，等. 气相色谱 - 三重四级杆串联质谱法测定圆葱中 134 种农药的多残留 [J]. 福建分析测试, 2014 (4): 5 - 15.

[73] 卢大胜，熊丽蓓，温忆敏，等. QuEChERS 前处理方法联合 GPC - GC/MS 在测定蔬菜水果农药残留中的应用 [J]. 质谱学报, 2011, 32 (4): 229 - 235.

[74] 马杰，李青，白梅，等. QuEChERS 前处理技术与在线凝胶渗透色谱 - 气相色谱质谱联用法测定蔬菜水果中 20 种农药残留 [J]. 食品安全质量检测学报, 2016, 7 (1): 20 - 26.

[75] 王建忠，郭春景，李娜，等. 改进的 QuEChERS 方法结合 UPLC - MS/MS 同时快速检测 8 种蔬菜中 77 种农药残留 [J]. 江苏农业科学, 2014 (4): 248 - 252.

[76] Lee S W, Choi J H, Cho S K, et al. Development of a New QuEChERS Method Based on Dry Ice for the Determination of 168 Pesticides in Paprika Using Tandem Mass Spectrometry [J]. Journal of Chromatography A, 2011, 1218 (28): 4366 - 77.

[77] 曲琳娟. 单级质谱与多级质谱对蔬菜中农药多残留的检测研究 [D]. 山东大学, 2010.

[78] 张爱芝，王全林，曹丽丽，等. QuEChERS - 超高效液相色谱 - 串联

质谱法测定蔬菜中250种农药残留［J］. 色谱，2016，34（2）：158－164.

［79］Anastassiades M，Lehotay SJ，Stajnbaher D，et al. Fast and easy multiresidue method employing acetonitrile extraction/partitioning and "dispersive solid－phase extraction" for the determination of pesticide residues in produce［J］. Journal of Aoac International，2003，86（2）：412－31.

［80］Lehotay S J，De K A，Hiemstra M，et al. Validation of a fast and easy method for the determination of residues from 229 pesticides in fruits and vegetables using gas and liquid chromatography and mass spectrometric detection［J］. Journal of Aoac International，2005，88（88）：595－614.

［81］González－Curbelo M Á，Socas－Rodríguez B，Herrera－Herrera A V，et al. Evolution and applications of the QuEChERS method［J］. Trac Trends in Analytical Chemistry，2015，71：169－185.

［82］F. J. Camino－Sánchez，Zafra－Gómez A，Ruiz－García J，et al. UNE－EN ISO/IEC 17025：2005 accredited method for the determination of 121 pesticide residues in fruits and vegetables by gas chromatography－tandem mass spectrometry［J］. Journal of Food Composition & Analysis，2011，24（3）：427－440.

［83］张雪莲，张耀海，焦必宁，等. 气相色谱－串联质谱法结合QuEChERS方法快速检测柑橘中52种农药多残留［C］. 2012中国食品与农产品质量安全检测技术应用国际论坛，2012：152－155.

［84］黄何何，张缙，徐敦明，等. QuEChERS－高效液相色谱－串联质谱法同时测定水果中21种植物生长调节剂的残留量［J］. 色谱，2014（7）：707－716.

［85］侯向昶，陈立伟，冼燕萍，等. 超高效液相色谱－四极杆－飞行时间质谱法筛查水果中多种农药残留［J］. 分析试验室，2013（6）：68－74.

［86］彭兴，赵志远，康健，等. LC－TOF/MS无标准品定性筛查水果蔬菜中210种农药残留［J］. 分析试验室，2014（3）：282－291.

［87］Norli H R，Christiansen A L，Stuveseth K. Analysis of non－cleaned QuEChERS extracts for the determination of pesticide residues in fruit，vegetables and cereals by gas chromatography－tandem mass spectrometry.［J］. Food Additives and Contaminants－Part A Chemistry，Analysis，Control，Exposure and Risk Assessment，2015：300－312.

［88］Christia C，Bizani E，Christophoridis C，et al. Pesticide residues in fruit samples：comparison of different QuEChERS methods using liquid chromatography－tandem mass spectrometry［J］. Environmental Science & Pollution Research, 2015, 22 (17): 1 -12.

[89] 李琰，蔡跃，杨胜琴，等．改进的 QuEChERS 方法配合 GPC - GC - MS 在线联用系统测定果蔬中 31 种农药残留 [J]．中国卫生检验杂志，2011，21 (2): 277 -279.

[90] 石杰，严会会，刘惠民，等．LC - MS/MS 方法分析烟草中的 38 种农药残留 [J]．中国烟草学报，2011，17 (04): 16 -22.

[91] 严会会，胡斌，刘惠民，等．高效液相色谱串联质谱法分析烟草中 15 种农药残留 [J]．烟草科技，2011，(07): 43 -47.

[92] Lee J M, Park J W, Jang G C, et al. Comparative study of pesticide multi - residue extraction in tobacco for gas chromatography - triple quadrupole mass spectrometry [J]. Journal of Chromatography A, 2008, 1187 (1 -2): 25 -33.

[93] 陈晓水，边照阳，唐纲岭，等．气相色谱 - 串联质谱技术分析烟草中的 132 种农药残留 [J]．色谱，2012，30 (10): 1043 -1055.

[94] 楼小华，高川川，朱文静，等．GC - MS - MS 法同时测定烟草中 113 种有机磷、有机氯及拟除虫菊酯类农药残留 [J]．中国烟草科学，2012 (5): 83 -89.

[95] 陈晓水，边照阳，杨飞，等．对比 3 种不同的 QuEChERS 前处理方式在气相色谱 - 串联质谱检测分析烟草中上百种农药残留中的应用 [J]．色谱，2013，31 (11): 1116 -1128.

[96] 石杰，刘婷，刘惠民，等．液相色谱串联质谱法测定烟草中有机磷和氨基甲酸酯类农药残留量 [J]．化学通报，2010，73 (01): 63 -70.

[97] 石杰，杨静，刘惠民，等．超声波提取 - 固相萃取净化 - 气相色谱法分析烟草中拟除虫菊酯类农药及氟节胺残留 [J]．分析试验室，2010，29 (4): 28 -30.

[98] 朱文静，高川川，楼小华，等．LC - MS/MS 快速测定烟草中 57 种农药残留 [J]．中国烟草学报，2013 (02): 12 -16.

[99] Yang F, Bian Z, Chen X, et al. Analysis of 118 pesticides in tobacco after extraction with the modified QuEChRS method by LC - MS - MS [J]. Journal of Chromatographic Science, 2014, 52 (8): 788 -92.

[100] Yang F, Bian Z, Chen X, et al. Determination of chlorinated phenoxy acid herbicides in tobacco by modified quechERS extraction and high - performance liquid chromatography/tandem mass spectrometry. [J]. Journal of Aoac International, 2013, 96 (5): 1134 -1137.

[101] 余斐，陈黎，艾丹，等．多壁碳纳米管分散固相萃取 - LC - MS/MS 法分析烟草中 114 种农药残留 [J]．烟草科技，2015 (5): 47 -56.

［102］张媛媛，张卓，陈忠正，等．QuEChERS 方法在茶叶农药残留检测中的应用研究进展［J］．食品安全质量检测学报，2014（9）：2711－2716.

［103］叶江雷，金贵娥，吴云辉，等．QuEChERS 法提取净化结合气－质联法快速检测茶叶中农药残留［J］．食品科学，2013，34（12）：265－271.

［104］Lozano A，Rajski Ł，Belmonte－Valles N，et al. Pesticide analysis in teas and chamomile by liquid chromatography and gas chromatography tandem mass spectrometry using a modified QuEChERS method：Validation and pilot survey in real samples［J］．J Chromatogr A，2012，1268：109－122.

［105］Rajski Ł，Lozano A，Belmonte－Valles N，et al. Comparison of three multiresidue methods to analyse pesticides in green tea with liquid and gas chromatography/tandem mass spectrometry［J］．Analyst，2012，138（3）：921－931.

［106］张芬，张新忠，罗逢健，等．QuEChERS 净化 GC/ECD 测定茶叶与土壤中噻虫嗪、虫螨腈及高效氯氟氰菊酯残留［J］．分析测试学报，2013，32（4）：393－400.

［107］李媛，肖乐辉，周乃元，等．在茶叶农药残留测定中用四氧化三铁纳米粒子去除样品中的色素［J］．分析化学，2013，41（1）：63－68.

［108］Zhao P，Wang L，Jiang Y，et al. Dispersive Cleanup of Acetonitrile Extracts of Tea Samples by Mixed Multiwalled Carbon Nanotubes，Primary Secondary Amine，and Graphitized Carbon Black Sorbents［J］．Journal of Agricultural & Food Chemistry，2012，60（16）：4026－33.

［109］关雅倩．改良 QuEChERS 方法联合 LC－MS/MS 技术在茶叶中农药残留分析检测的应用研究［D］．北京化工大学，2013.

［110］贾玮，黄峻榕，凌云，等．高效液相色谱－串联质谱法同时测定茶叶中 290 种农药残留组分［J］．分析测试学报，2013，32（1）：9－22.

第四章

QuEChERS技术在兽药检测领域的应用

兽药（Veterinary drug），亦称动物药剂（Animal medicament），是指施于各种动物的具有预防、治疗、保健、诊断疾病或能提高动物生产性能的药物及其制品。食用动物养殖过程中，出于治疗、预防疾病或促进生长的因素，许多养殖人员会使用多种兽药，包括禁限用兽药。不科学的使用兽药会造成兽药在动物源性食品中残留。

按照兽药的化学结构和药理性质又可分为：磺胺类，是用于预防和治疗细菌感染性疾病的化学治疗药物；喹诺酮类，能抑制细菌DNA螺旋酶，组织穿透力强，已成为兽医临诊和水产养殖中最重要的抗感染药物之一；四环素类，属广谱抗生素，对革兰阳性和阴性细菌、立克次氏体等均有抑菌作用；大环内酯类，属于中谱抗生素；β-内酰胺类，能抑制细菌转肽酶的活性，防止细胞壁的形成，从而呈现很强的杀菌性；氯霉素类，属于广谱抗生素，能抑制细菌蛋白质的形成；苯并咪唑类，是一种广谱抗蠕虫药；硝基呋喃类药物，是人工合成的具有5-硝基基本结构的广谱抗菌药物；阿维菌素类，是一种抗寄生虫药；甾类激素是激素类药物，包括性激素和肾上腺皮质激素；氨基糖苷类，主要作用于细菌的核糖体，引起Trnad翻译mRNA上的密码时出现错误，合成异常的蛋白质，阻碍易合成蛋白质的释放，从而抑制细菌的生长；β-受体激动剂，能降低家畜脂肪、提高瘦肉率、促进家畜生长、改善肉质。

兽药残留是指给动物使用药物后积蓄或贮存在动物细胞、组织或器官的药物原形、代谢产物和药物杂质。大多数食品动物需长期使用至少1种药物，在家禽生产中90%的抗生素被作为兽药添加剂。目前有近百种兽药在使用，大量的动物性食品需要做兽药残留分析，检验任务既繁重又时间紧迫。兽药残留检验中至关重要的步骤是样品前处理，因此建立快速、有效、灵敏、可靠且实用的兽药残留分析方法对于食品安全具有重要的现实意义。

兽药分析的基质样品以动物源类基质为主，如动物组织肉、肝等、乳制品等，饲料为其次。QuEChERS之所以在兽药残留检测领域迅速占有一席之地，是因为其具有特殊的优势：可以根据不同基质和不同兽药的物理、化学性质，通过调整提取溶剂、pH、盐类或稀释剂等来适应不同情况。

QuEChERS 法在兽药残留检测方面主要有以下三方面的改进：一是萃取溶液的改进。经典 QuEChERS 法采用乙腈作为萃取溶剂，可以有效沉淀蛋白质等不溶物，但针对不同的目标物可以做相应的调整，比如为了避免四环素类药物与 Mg^{2+}、Ca^{2+} 离子的结合，适当的螯合试剂如 Na_2EDTA 可以提高目标物的回收率；为了避免含氨基化合物的质子化，加入缓冲溶液可以提高该类目标物的提取效率。二是吸附剂的改进。兽药基质与植物基质的区别在于含有大量的脂肪和蛋白质，在 PSA 吸附剂的基础上添加 C_{18}，可有效提高对脂类化合物的净化；此外笔者认为，虽然蛋白质可以在萃取环节从溶剂中沉淀下来，如能使用吸附剂将蛋白进一步除去，对检测结果将有正面的影响。三是增加浓缩步骤。QuEChERS 法不包含浓缩步骤，但是如果对待测试液进行适当的浓缩，虽然增加了前处理的时间，许多低含量的残留药物却可以得到检测。

QuEChERS 对于高蛋白和基质更复杂的样品如牛乳、肝脏等的应用还比较有限，所测试的药物也较有限。因此，开发新型的萃取剂和净化剂，扩大样品前处理的范围，QuEChERS 必将在兽药残留领域得到更广泛的应用。

第一节 磺胺类兽药的检测

磺胺类抗生素是指具有对氨基苯磺酰胺结构的一类药物的总称，用于预防和治疗细菌感染性疾病，具有抗病原体范围广、化学性质稳定、使用方便、易于生产等特点。

一、动物组织中磺胺类兽药的检测

动物组织中含有大量蛋白和脂肪。经典的 QuEChERS 法中的 PSA 吸附剂去除果蔬中的脂肪酸、有机酸效果好，去除色素、维生素的效果一般，几乎不能去除蛋白和脂肪。对于脂肪和蛋白含量高的动物组织，净化过程中可同时考虑 ODS C_{18}粉和中性氧化铝粉。目前研究人员在除杂吸附剂上进行改良，把 PSA 与 ODS C_{18}粉、中性氧化铝粉等相配合使用，拓展了 QuEChERS 法在动物组织中的应用。

耿士伟等将 QuEChERS 与 UPLC - MS/MS 相结合，测定了鸡肝中七种磺胺类兽药残留。

样品处理：试样制备，取适量新鲜或冷冻的空白或供试鸡肝组织，经均质器绞碎并使之均匀化。称取鸡肝组织试样 5g，加入 DisQuE 萃取管中，加入内标工作液 100μL 和乙腈 20mL，涡旋使之充分混合，振荡提取 30min，4℃下 10000r/min 离心 5min，移取上清液 10mL 至 DisQuE 净化管中，振荡 20min，10000r/min 离心 5min，取上清液 5mL，50℃下氮气流吹干，加入 2mL 0.1%甲酸水溶液－甲醇（10∶90）溶解残渣，0.45μm 滤膜过滤至进样瓶中，UPLC－MS/MS 测定。

讨论与结论：和鸡肉组织相比，鸡肝成分复杂，不仅含有蛋白质、脂肪等大分子物质，还含有碳水化合物、维生素、核黄素等小分子物质，因此，采用 QuEChERS 方法，通过乙腈使蛋白质变性，硫酸镁除去鸡肝基质中的水分，PSA（硅胶基伯胺仲胺键合相吸附剂）吸附除去极性干扰物（包括糖和有机酸），C_{18}吸附除去强疏水性干扰物（如脂肪），经方法学验证，符合兽药残留检测的要求。

结果显示，在 12.5～125ng/mL 范围内各磺胺类药物均呈良好的线性关系，高中低浓度回收率在 70%～115%，精密度小于 15%。该方法快速、简便，适于鸡肝中七种磺胺类药物的批量测定。

二、乳制品中磺胺类兽药的检测

郭伟等采用改进的 QuEChERS 技术建立了一种同时检测牛乳中 24 种磺胺类抗生素残留的分析方法。线性相关系数均大于 0.99，样品的平均回收率在 64.2%～110.9%，方法检出限为 0.21～1.62μg/kg。

贡松松等使用了 UPLC－Q－TOF 质谱建立了生鲜牛乳中 14 种磺胺类药物的快速筛查方法。牛乳使用 0.1%的甲酸乙腈溶液提取，再用 PSA 净化，14 种磺胺类药物的定量下限为 10μg/kg，在 3 个加标水平下的平均回收率为 72.5%～117.1%，相对标准偏差为 1.3%～10.9%。

样品前处理：准确称取 5.0g 牛乳样品于 50mL 离心管中，加入 20mL 0.1%甲酸乙腈溶液，涡旋振荡 1min，加入 4.0g 无水硫酸钠和 1.0g 氯化钠，涡旋振荡 5min，9000r/min 离心 5min。准确移取 10mL 上层清液于离心管中，加入 1.0g 无水硫酸钠和 0.2g PSA，涡旋振荡器振荡 5min，9000r/min 离心 5min，取 5mL 上清液于 40℃氮气吹至近干，用 1.0mL 乙腈－0.2%甲酸水溶液（10∶90）定容，涡旋 10s，过 0.22μm 滤膜后，供超高效液相色谱－四极杆飞行时间质谱测定。

作者利用正交试验设计助手设计 3 水平 4 因素实验，对提取剂（0.1%甲酸乙腈）、吸水剂（无水硫酸钠）和吸附剂（PSA 和 C_{18}）的用量进行优化，以药物的回收率作为评定依据。9 组实验结果表明，与其他组数据相比，H 组数据回收率介于60% ~120%，曲线较为平缓，故优化条件选择 H 组，具体条件为 20mL 0.1% 甲酸乙腈、1.0g 无水硫酸钠、0.2g PSA。

三、水产品中磺胺类兽药的检测

磺胺类药物是渔业养殖中的常用药物，但是长期作为饲料添加剂用于预防养殖动物疾病，会造成水产品中磺胺类药物残留现象严重。我国农业部235号公告要求动物源性食品中磺胺类兽药残留总量不大于100μg/kg。

张晓强等结合 QuEChERS 前处理技术，提出了测定鱼肉中 22 种磺胺类残留的超高效液相色谱 - 串联质谱法，方法使用了 0.1% 甲酸 - 乙腈作为溶剂提取鱼肉组织，再用 Cleanert Mas - Q 试剂管净化，使用 UPLC - MS/MS 进行检测。

方法操作步骤：称取罗非鱼鱼肉 5.000g，用组织破碎机匀浆后加入含 0.1% 甲酸的乙腈溶液 20mL 作为提取溶剂，均质、超声 5min，加无水硫酸钠 20g，在4℃下，以 10000r/min 转速离心 5min，移取上清液 5.00mL，在 50℃下用氮气浓缩至 1mL，加到 Cleanert MAS - Q 试剂管中，振摇 5min，以 10000r/min 转速离心 5min，取上清液，在 50℃氮气吹干后，用甲醇 -0.1% 甲酸（1 +9）溶液 1mL 溶解。经 0.22μm 滤膜过滤后，按仪器工作条件进行测定。

提取方法的选择：采用乙腈沉淀鱼肉中的蛋白，同时提取样品中的磺胺类药物残留。乙腈极性比甲醇弱，对极性较弱的磺胺硝苯提取效果较好。Cleanert MAS - Q 试剂盒中的 C_{18} 可以吸附鱼肉中的脂肪、色素和维生素，PSA 可以去除糖类和有机酸等基质干扰物，达到快速净化的目的。

方法的加标回收率在 78.2% ~118%，测定值的相对标准偏差（n =6）在 3.4% ~19%。

第二节 喹诺酮类兽药的检测

氟喹诺酮类药是第三代喹诺酮类药物，目前临床上常用氟喹诺酮类药物主要有诺氟沙星、培氟沙星（甲氟哌酸）、依诺沙星（氟啶酸）、氧氟沙星（氟嗪酸）、环丙沙星（环丙氟哌酸）和恩诺沙星（恩氟奎林酸）等。由于氟喹诺酮化学结构上的特点，有抗菌谱广、抗菌作用强、适用于治疗各类感染等特点，广泛用于人和动物的疾病治疗。

一、乳制品中喹诺酮类兽药的检测

徐芹等使用 QuEChERS 方法提取和净化生鲜牛乳，超高效液相色谱 - 串联质谱快速测定环丙沙星、沙拉沙星等 8 种氟喹诺酮类药物残留。

样品处理：称取在徐州某奶站采集的生鲜牛乳样品 5g，置于聚四氟乙烯管中，加入氧氟沙星 - D3 内标工作液 100μL、0.1moL/L EDTA - Mcllvaine 缓冲溶液（pH 4.0）5mL、乙腈 20mL，振荡提取 20min，再加入 BondElut QuEchERs 萃取剂振荡提取 5min，4℃下 10000r/min 离心 5min，精密量取上清液 10mL，置于 BondElut QuEChERS 净化管中，涡旋 1min，4℃下 10000r/min 离心 5min，精密量取上清液 5mL 置于一离心管中，50℃下氮气流下吹干，加入 1mL 甲醇 -0.1% 甲酸水溶液（1:9）溶解残渣，0.45μm PTFE 滤膜过滤至进样瓶中，UPLC - MS/MS 测定。

方法讨论：氟喹诺酮类药物是一种两性化合物，易溶于酸性或碱性溶液，本方法参考国家标准（GB/T 21312—2007），采用 pH4.0 的缓冲溶液和乙腈作为提取溶剂，可提取氟喹诺酮类药物，提取效果稳定。QuEChERS 净化剂通常由无水 $MgSO_4$、PSA（乙二胺 - *N* - 丙基硅烷）和 C_{18} 按不同成分和比例组成，本文对净化效果进行了比较，结果发现当净化管中存在 PSA 时，氟喹诺酮类药物的灵敏度下降、回收率不稳定、精密度变差，故本文选择不含 PSA 的净化条件。

本方法对氟喹诺酮类药物的测定线性范围为 2.0 ~ 100μg/kg。在 2.0、10、100μg/kg 低、中、高三个浓度的回收率为 80% ~120%。批内、批间精密度小于 20%。

二、水产品中喹诺酮类兽药的检测

李慧芳等利用改进的 QuEchERS 前处理方法提取鱼肉中依诺沙星（EO）、诺氟沙星（NRF）、盐酸环丙沙星（CPF HCl）和恩诺沙星（ERF）4 种氟喹诺酮类药物。本研究在 QuEChERS 前处理技术基础上，通过改进提取剂，结合分散固相萃取法，以固体颗粒 PSA 作净化剂，除去氟喹诺酮类药物样品提取液中杂质的方法，可以将提取、基质去除与净化一次完成。

鱼肉样品前处理：取新鲜鱼脊背肉样品进行匀浆，置于 -20℃冰箱内保存备用。准确称取 2.5g 鱼脊背肉样品，置于 15mL 离心管中，加入 1mL 稀盐酸（0.15moL/L）漩涡 1min。再加入 9mL 乙腈（1% 乙酸）涡旋 1min，4000r/min 离心 8min。取上清液加入 200mg PSA，漩涡 1min，离心，取上清液，50℃氮吹，2mL 流动相定容，过 0.45μm 微膜，滤液供 HPLC 检测。

净化剂的选择：对于鱼肉中的 FQs 药物残留，目前采取的净化方式主要是 SPE 和 DSPE 净化。SPE 方法设备比较昂贵，且会造成实验重现性降低。本实验采用 DSPE 净化法，比较了 cleanert C_{18}、NH_2和 PSA 固体颗粒对 FQs 药物的吸附作用强弱和净化能力大小。结果表明：C_{18}虽净化能力很强，但对 FQs 有一定的吸附作用；NH_2和 PSA 对药物的吸附极小，可忽略不计，但两者相比，NH_2净化能力较弱，且残留基质可影响检测回收率；故最终选择 PSA 作为净化剂。

第三节

β－激动剂类兽药的检测

β－受体激动剂（β－agonist），俗称瘦肉精，在化学上属于苯乙胺类药物，一般具有含苯乙醇胺的母体结构。这些药物高剂量添加在饲料中，可以选择性地作用于肾上腺，导致动物体内药物的脂肪分解代谢增强，促进蛋白质的合成，显著提高胴体瘦肉率。但如果长期食用含有过量β－受体激动剂残留的动物组织，会对人体造成很大伤害，因此我国农业部于 2010 年 12 月发布第 1519 号公告，禁止在动物饮水中使用班布特罗、齐帕特罗、氯丙那林、马布特罗、阿福特罗、溴布特罗、苯乙醇胺 A 等物质。

1. 18 种β－受体激动剂的测定

郑玲等结合 QuEChERS 和 HPLC－MS/MS，测定了兽药中的 18 种β－受体激动剂。前处理中，在乙腈提取溶剂中适当加入碱，比如 4% 的氨水，可以提高此类药物的回收率，可能是碱性条件能有效抑制这些化合物的离子化，从而增加在有机相中的分配比。作者选用了 25mg C_{18}和 50mg PSA 的净化吸附剂的组合，使得 18 种激动剂的回收率维持在 78.4%～107.1%。

2. 肉骨粉中莱克多巴胺的测定

莱克多巴胺也是β－受体激动剂的一种，被使用于动物饲料中以增加饲养效率。尽管有 25 个国家包括美国、加拿大和巴西允许莱克多巴胺的使用，但欧洲和亚洲的多数国家仍然禁止该成分的添加。

肉骨粉由家畜躯体、残余碎肉、骨、内脏等作原料制成，由于价格便宜，常搭配谷物用作牲畜或鱼类的饲料。但是如果食物链的某环节添加了莱克多巴胺，在肉骨粉中也会有莱克多巴胺的残留。

肉骨粉的成分中含有大量的蛋白和脂质化合物，在 Vanessa 等的方法中，使用蛋白酶和β-糖苷酶对样品进行水解，再将样品 pH 调节至 12 以充分释放莱克多巴胺。使用乙腈萃取样品后，萃取液使用硫酸镁、PSA 和 C_{18} 作净化处理，而后进行 LC-MS/MS 检测。方法回收率达到 96.3% ~107.0%，RSD 小于 9.1%。

第四节

其他类兽药的检测

为了防止动物感染病菌、提高瘦肉率或者增加存活时间等，动物源食品中添加兽药或禁用药物越来越多。现在市场上的兽药种类非常多，下面简单列举除前几节外的一些常用兽药的测定方法。

一、抗寄生虫药物及代谢物的检测

魏慧敏等研究建立了猪、鸡、牛、羊的肌肉、肝脏、肾脏，鸡蛋，牛奶，蜂蜜，鱼肉中多种类动物抗寄生虫药物及代谢物的样品前处理方法和高效液相色谱串联质谱筛选检测方法。样品采用改良的 QuEChERS 前处理技术，采用乙腈和乙酸乙酯重复提取，提取液采用分散固相萃取法净化，通过对几种常用吸附剂（PSA、NH_2、GCB、ODS）吸附杂质和药物能力的考察，最终选择了各项条件最优的 ODS 吸附剂，净化后取上清液，加入 1mL DMSO 于 40℃条件下氮气浓缩至 1mL，HPLC-MS/MS 上样检测。

在动物组织及产品中，阿维菌素类药物的回收率为 32.9% ~60.1%，变异系数 <20.6%；苯并咪唑类药物回收率为 44.3% ~83.6%，变异系数 <21%；聚醚类离子载体抗生素药物的回收率为 29.6% ~60.0%，变异系数 <19.9%；化学合成抗球虫药物的回收率为 34.2% ~71.0%，变异系数为 2.0%；杀虫剂类药物的回收率为 29.5% ~76.9%，变异系数 6%；其他抗寄生虫药物的回收率为 32.0% ~75.2%，变异系数 0.9%。方法考核结果表明，该方法符合兽药多残留筛选的要求，可用于动物性食品中抗寄生虫药物及杀虫剂残留的筛选。

本研究涉及的样品基质范围广，药物种类多，达到了筛选方法高通量的要求；并采用了系统的 QuEChERS 样品提取净化方法，有效节省分析时间，节约成本，提高回收率；在大量样品的残留筛选上有明显优势。本研究丰富了兽药残留筛选检测方法，完善了动物性食品中兽药残留监控体系。

二、β－内酰胺类药物的检测

王帅帅等采用 QuEChERs 前处理结合 UPLC－MS/MS 同时测定羊乳中 8 种 β－内酰胺类药物残留，样品超声提取后，上清液转移至预先加入 150mg 无水硫酸镁和 150mg PSA 的离心管中，涡旋后取上清上机检测，该法检出限0.25～1.0μg/kg，定量限为 1.0～2.0μg/kg，回收率在 83.8%～95.4%。

三、氯霉素的检测

蜂蜜是比较黏稠、含水量小的样品基质，其中含有糖类和有机色素等干扰物质，采用 PSA 可以有效吸附这些干扰物质。

Pan 等采用 QuEChERS－HPLC－MS 对蜂蜜中的氯霉素进行了测定，将蜂蜜溶于氯化钠溶液中，加入乙腈进行提取，以 PSA 为吸附剂进行固相萃取净化，用电喷雾质谱法负离子模式进行检测。三种添加水平（0.2，20 及 200μg/kg）的回收率为 78%～93%，RSD 为 3.7%～3.9%。该方法获得 EU2002/657 验证。

四、硝基呋喃类和硝基咪唑类抗生素的检测

Shendy 等对埃及蜂蜜中的硝基呋喃类（NF）和硝基咪唑类（NMZ）抗生素进行了 LC－MS/MS 测定。由于蜂蜜基质中含有糖、酶、蛋白质、脂质甚至蜡质，硝基呋喃代谢产物容易与蛋白或多肽结合，或与羰基化合物形成席夫碱，硝基咪唑类则会与糖形成糖苷化合物。因此作者使用酸性溶液溶解蜂蜜样品。溶液经过乙腈提取，加入 2－硝基苯甲醛进行衍生化，样品不经过净化直接进样测试。该方法的回收率在 90.96%～104.80%，相对偏差为 2.65%～12.58%。

五、那西肽残留量的检测

陈慧华等建立了 QuEChERS 样品前处理－高效液相色谱法测定鸡、猪组织中那西肽残留量的方法。动物组织样品中残留的那西肽用乙腈提取，经 C_{18} 和无水硫酸镁分散固相萃取净化，旋转蒸干复溶后，用高效液相色谱－荧光检测器测定。方法在 0.01～2.0μg/mL 的线性范围内，线性相关系数 r^2 为 0.9998；检测限和定量限分别为 5 和 10μg/kg。在 10～100μg/kg 添加浓度范围内，猪、鸡肌肉和肝脏等动物组织中那西肽平均回收率为 73.8%～93.0%，批内相对标准偏差（RSD）在 1.3%～11.1%，批间相对标准偏差（RSD）在 2.9%～10.9%。该方法条件易于控制，结果准确，重现性好，适用于动物组织中那西肽残留量的测定。

第五节

多种兽药同时检测

和 QuEChERS 在农药残留使用 GC 或 GC/MS 不同，兽药残留多数使用三重四极杆的液质联用仪，当 QuEChERS 技术与液相色谱 - 串联质谱仪联用时，因后者具有高灵敏度和高选择性的优势，已成为复杂的基体样品中多类兽药残留同时检测的主流方法。这些方法有的同时检测受体激动剂、喹诺酮和磺胺类兽药，有的同时检测四环素类与喹诺酮类兽药，有的同时检测大环内酯、磺胺类和氟喹诺酮类兽药。

尽管目前 QuEChERS 法在兽药残留高通量分析检测方面的成功案例较多，但高通量样品制备方法通常会存在一定的基质效应，这不仅会对方法的检测限、选择性，以及测试结果的准确定量产生影响，同时还会增加仪器的维护成本。因此，新净化体系和新净化材料的研究开发将是提高 QuEChERS 法在兽药残留检测方面净化效果的一个新的研究方向。

一、动物组织中多种兽药同时检测

1. 动物组织中 29 种兽药残留的同时测定

李娜等分别对液相色谱条件、质谱条件、提取溶剂、净化方法、吸附剂的选择及用量等样品前处理条件进行了优化研究，采用改进的 QuEChERS 方法提取、净化鸡肉、鸡肝、猪肉、猪肝样品，解决了四环素类兽药难与其他兽药同时检测的难题，结合超高效液相色谱 - 串联质谱仪检测，建立了动物源食品中四环素类、磺胺类、喹诺酮类和金刚烷胺 4 类 29 种禁限用兽药的同时快速检测方法。作者对 QuEChERS 方法进行改进，采用 McIlvaine 缓冲液 - 乙腈提取样品，然后用十八烷基硅烷（C_{18}）和氨丙基粉（NH_2）吸附剂分散固相萃取净化，最后用 HPLC - MS/MS 在正离子 MRM 模式下进行测定，解决了四环素类兽药难以与其他类兽药同时检测的难题。

方法操作步骤：准确称取试样 2.00g（精确至 0.01g）于 50mL 聚丙烯塑料离心管中，加入 2mL 0.1mol/L Na_2EDTA McIvaine 缓冲溶液和 3mL 乙腈，于旋涡混合器上涡旋 2min，4000r/min 离心 5min，收集上清液于另一个 50mL 离心管中；残渣中加入 5mL 乙腈，于旋涡混合器上涡旋 2min，4000r/min 离心 5min；合并上清液于上述 50mL 离心管中。于上清液中依次加入 200μL 乙酸、

1g 氯化钠，于旋涡混合器上涡旋 1min，4000r/min 离心 5min，取乙腈相（上层）2mL 于 10mL 聚丙烯塑料离心管中，加入 C_{18}和 NH_2吸附剂各 100mg，涡旋 1min，4000r/min 离心 5min，取上清液，氮气吹干。残渣中加入 1mL 甲醇 -0.1% 甲酸水（10:90，体积比）定容，过 0.22μm 有机滤膜。

提取溶剂的选择：提取溶剂的选择是本研究的难点。四环素类兽药很难与磺胺类、喹诺酮类兽药同时提取。先后采用乙腈 5% 醋酸乙腈、0.1mol/L Na_2EDTA McIvaine 缓冲液、5% 三氯乙酸和 0.1mol/L Na_2EDTA McIvaine 缓冲液乙腈混合溶液 5 种溶液进行提取。结果表明，乙腈提取时金刚烷胺、喹诺酮类和四环素兽药的回收率都较低；5% 醋酸乙腈提取时四环素类兽药回收率仅 20% ~30%；0.1mol/L Na_2EDTA McIvaine 缓冲液可以很好地提取四环素类和喹诺酮类兽药，但磺胺类的回收率仅 50% 左右；0.1mol/L Na_2EDTA McIvaine 缓冲液乙腈混合溶液提取时，4 类兽药的回收率都能够满足要求；5% 三氯乙酸提取，沉淀蛋白的同时，也能很好地提取 4 类兽药。因此，最终选择 0.1mol/L Na_2EDTA McIvaine 缓冲液、乙腈或者 5% 三氯乙酸作为提取液。经过反复试验摸索，最终确定称样 2.00g 时，加 0.1mol/L Na_2EDTA McIvaine 缓冲液的体积以 2mL 为宜，提取两次，第一次用 2mL McIvaine 缓冲液和 3mL 乙腈提取，第二次用 5mL 乙腈提取。

净化方法的确定，实验设计了两种试验方案。方案一：采用 0.1mol/L Na_2EDTA McIvaine 缓冲溶液，乙腈提取，盐析，取 2mL 乙腈相，C_{18}、PSA 或 NH_2分散固相萃取净化（吸附杂质），上清液氮气吹干，1mL 甲醇-0.1% 甲酸（10:90，体积比）定容。方案二：采用 5% 三氯乙酸提取，取 2mL 提取液，HLB 分散固相萃取净化（吸附目标兽药），用甲醇洗脱，收集洗脱液，氮气吹干，1mL 甲醇 0.1% 甲酸（10:90，体积比）定容。结果表明：方案一的净化效果好，4 类兽药的回收率结果都能满足要求。方案二净化效果虽好，但 4 类兽药的回收率均小于 60%。因此，选择方案一的方法净化。吸附剂的选择及用量：比较了 C_{18}、PSA 和 NH_2 3 种吸附剂的净化效果。结果表明，PSA 吸附磺胺类兽药，C_{18}和 NH_2协同净化效果较好。在 2mL 提取液中分别加入 C_{18}和 NH_2各 50mg、100mg、150mg 进行比较。结果显示，用量 150mg 时，少量兽药被吸附，用量 100mg 时比 50mg 净化效果好，且不会吸附兽药。因此，本研究确定 C_{18}和 NH_2的用量为 100mg。

盐析前加乙酸调 pH 的必要性：加乙酸 200μL，调 pH 至 3.5，目的是为了降低四环素类兽药在缓冲液中的溶解性，使其更易分配至乙腈相中，以提高回收率。

最终结果显示：在 29 种兽药的定量限（LOQ）水平、20μg/kg 和 50μg/kg 3 个添加水平下进行加标回收率试验，29 种兽药的平均回收率在 71.5% ~

93. 2%，相对标准偏差在 0. 8% ~7. 7%。29 种兽药的检出限为 0. 3 ~3. 0μg/kg，金刚烷胺的定量限为 1. 0μg/kg，四环素类兽药的定量限为 10. 0μg/kg，其他兽药的定量限均为 5. 0μg/kg。

2. QuEChERS－超高效液相色谱－串联质谱法同时检测猪肉中 121 种兽药

郭海霞等建立了 QuEChERS 结合超高效液相色谱－串联质谱同时检测猪肉中 β－激动剂类、氯霉素类、阿维菌素类、磺胺类、氟喹诺酮类、硝基咪唑类、头孢类、四环素类、大环内酯类和聚醚类等 10 余类性质差别较大的 121 种兽药的分析方法，可在 24h 内检测 40 个样本中的 121 种兽药，极大地降低了费用，缩短了检测周期，对生猪养殖和屠宰厂的质量安全控制具有较高的实用价值。

方法操作步骤：称取 4. 00g 匀浆后的样品，置于 50mL 聚丙烯离心管中，加入 2mL 0. 1mol/L 的 Na_2EDTA McIlvaine 缓冲溶液和 16mL 乙腈，以2000r/min 的转速涡旋混合 20s 以上，加入 7g 无水硫酸钠（使用前于 650℃烘烤 4h），混匀，超声提取 10min，以 4000r/min 的转速离心 5min 后，取上清液，进行分组净化。

Q1 组净化：取 5mL 上清液至 15mL 离心管中，加入 1. 0g 无水硫酸镁（需在使用前于 550℃烘烤 5h）、100mg C_{18} 和 100mg PSA，以 2000r/min 的转速涡旋混合 20s 以上，以 4000r/min 的转速离心 5min 后，准确移取 2mL 上清液至 3mL 玻璃管中，在 40℃下用氮气吹干。剩余的残渣中加入 0. 5mL 乙腈－5mmol/L 乙酸铵（90:10，体积比）溶液，过 0. 22μm 的聚四氟乙烯膜，滤液用于检测聚醚类化合物、阿维菌素类化合物、甲氧苄喹酯和癸氧喹酯。

Q2 组净化：取 5mL 上清液至 15mL 离心管中，加入 5g 无水硫酸钠（需在使用前于 650℃烘烤 4h）和 200mg C_{18}，加入 100μL 冰乙酸，以 2200r/min 的转速涡旋混合 20s 以上，以 4000r/min 的转速离心 5min，准确移取 2mL 上清液至 3mL 玻璃管中，40℃以下氮气吹干。残渣中加入 1mL 0. 5% 甲酸乙腈－1% 甲酸水（40:60，体积比）溶液，过 0. 22μm 的聚四氟乙烯膜，滤液用于检测剩余兽药。

提取剂的选择：本研究中涉及的 121 种兽药包含氯霉素类、β－激动剂类、磺胺类、氟喹诺酮类、硝基咪唑类、大环内酯类、阿维菌素类、聚醚类、头孢类、四环素类等化合物，种类多，化学性质差异较大。乙腈对本研究所测的大部分兽药有很好的提取效率，但四环素类化合物和头孢氨苄等极性较强的化合物，在乙腈中的溶解度很低，用乙腈提取回收率均小于 10%。四环素类化合物易与多价阳离子形成配合物，一般采用含有 EDTA 的 McIlvaine 缓冲溶液进行提取。氟喹诺酮类化合物和四环素类化合物属于酸碱两性化合物，在酸性或碱性条件下提取效率高。试验结果表明，使用 pH 4. 0 的 0. 1mol/L 的 Na_2EDTA

McIlvaine 缓冲溶液与乙腈的混合溶液作为提取剂。

净化吸附剂的选择：该文献比较了 C_{18}、PSA、NH_2和 GCB 4 种吸附剂对 121 种兽药的净化效果。通过前处理步骤获得待净化的提取液，加入无水硫酸镁除水后，用该溶液配制 10μg/L 的标准溶液，各取 5mL，分别加入 50，100，200，300，400，500mg 上述吸附剂，净化后取样进行液相色谱－串联质谱检测。C_{18}能够吸附脂肪等强疏水性干扰物，当单独使用 C_{18}的量增加到 300mg 时，β－群勃龙、氯丙嗪、泰地罗新等 8 种兽药的回收率低于 70%。PSA、NH_2的作用机理相似，都能够去除极性干扰物质，加入量为 50mg 时即对四环素类、氟喹诺酮和头孢类等化合物有明显的吸附，NH_2吸附剂在净化的同时会对部分磺胺药物引入新的干扰峰，影响目标物的定性。PSA 对酸性物质有吸附，加入酸可以降低 PSA 对药物的吸附，但净化效果也变差。GCB 对平面结构分子有很强的亲和性，能有效地去除色素和甾醇，但同时也吸附具有平面结构的兽药，50mg GCB 对 87 种兽药有超过 20% 的吸附。C_{18}、PSA、NH_2和 GCB 吸附兽药的数目分别为 8、21、22 和 87 个。故该文献选取 C_{18}、PSA 作为净化吸附剂。当 C_{18}、PSA 单独使用时对金刚烷胺、阿奇霉素、泰乐菌素、头孢类化合物、非诺特罗、特布他林、沙丁胺醇、喷布特罗和氯丙胺磷均没有吸附，但两者组合使用时会对这些药物产生吸附。将组合填料中的 PSA 降至 20mg 时，金刚烷胺的回收率仍低于 30%，因此 Q2 组使用 C_{18}作为净化剂，最佳添加量为 200mg。Q2 组净化时加入 100μL 冰乙酸，以降低四环素类化合物在水相中的溶解度。C_{18}、PSA 组合吸附剂对 Q1 组兽药无吸附，通过回收试验确认 C_{18}、PSA 最佳组合量为 100mg/ 100mg。

最终结果显示：该方法使用 HPLC－MS/MS 同时检测 121 种兽药残留，其中 8 种回收率为 41.7% ~59.6%，10 种为 122.6% ~163.2%，其余 103 种的回收率为 60.3% ~118.3%。

二、乳制品中多种兽药同时检测

在奶牛饲养过程中，兽药被用于防治疾病，因此兽药及其代谢物可能残留在原奶中，并进入食物链，对人类的健康造成危害。在三聚氰胺事件后，乳制品的安全受到了消费者的广泛关注，兽药残留是最重要的一个方面。针对乳制品，美国、欧盟及日本均制订了严格的兽药最大残留限量（MRLs），我国也于 2002 年公布了含有相关内容的 235 号公告。

1. QuEChERS 结合液相色谱－串联质谱法快速测定奶酪中多类兽药残留

曹亚飞等针对奶酪基质的特点，对原始 QuEChERS 方法的提取和净化过程分别进行了优化，并且对该方法的基质效应、检出限、定量限、回收率及精密度等指标进行了评价与验证，建立了奶酪中大环内酯类、磺胺类、喹诺酮类和四环素类 4 类 50 种兽药残留的分析方法。

方法操作步骤：称取 1.0g 奶酪样品于 50mL 具塞离心管中，加入 5mL 浓度为 0.1mol/L 的 Na_2EDTA 缓冲溶液（pH 4）和均质子涡旋 20s，50℃水浴超声 10min，之后加入 10mL 5%（体积分数）的醋酸乙腈提取液，再依次加入 1.0g NaCl 和 4.0g Na_2SO_4，快速摇匀，水平振荡提取 10min，于 10℃ 10000r/min离心 5min，取 5mL 上清液于含 200mg C_{18} 吸附剂的具塞离心管中，水平振荡 2min，以同样条件离心 5min，将 2mL 上清液移入 10mL 玻璃管中，40℃水浴氮吹浓缩至干，加入 1mL 0.1%（体积分数）甲酸水 - 乙腈（8∶2，体积比）溶解残渣，经超声溶解和涡旋混匀后，过 0.22μm 尼龙滤膜，供LC - MS/MS 测定。

提取过程的优化：奶酪质地黏稠，含有较多脂肪、糖类和蛋白质等成分，当前处理方法采用传统 QuEChERS 时，奶酪样品不易打碎，提取效率不高，这就造成了多种兽药提取效果欠佳。为改善回收率，提取时加入陶瓷均质子用以增强振荡提取的效果。其中，磺胺类兽药的平均回收率提高最为明显，由 70% 提高到了 80%。此外，对于四环素类兽药的测定通常使用 Na_2EDTA 的缓冲溶液（pH 4）作为提取溶剂，相比无缓冲溶液条件下，Na_2EDTA 缓冲溶液的加入使 50 种兽药的平均回收率有所提高。

该文献实验分别对比了 NaCl 与 NaAc，无水 $MgSO_4$ 与无水 Na_2SO_4 对各类兽药的回收率产生的影响。实验结果表明，当选用 NaAc 作为盐析剂时会不同程度地降低大环内酯类、磺胺类和四环素类兽药的回收率，分别由 80%、78% 和 77% 降低至 76%、74% 和 64%，这可能与 NaAc 溶解后会改变溶液的 pH 有关；当选用无水 $MgSO_4$ 作为脱水剂时，四环素类兽药的平均回收率仅为 25%，这是因为四环素类兽药易与 Mg^{2+} 形成螯合物，而当选用无水 Na_2SO_4 时，3 种四环素类兽药的回收率均有明显提高，故本实验选用 NaCl 作为盐析剂，无水 Na_2SO_4 作为脱水剂。

对于净化条件，该文献根据奶酪基质的特点，比较了 C_{18}、PSA 和 NH_2 3 种吸附剂的净化效果，3 种填料均以硅胶为基质，分别键合 C_{18}、*N* - 丙基乙二胺和氨丙基。结果表明，NH_2 吸附剂净化的奶酪样品重溶过膜后呈现出浑浊状态，多次测定容易对仪器造成污染。PSA 对奶酪基质净化效果良好，然而极性较强的四环素类兽药回收率较低，仅为 54%。与 PSA 相比较，C_{18} 主要吸附非极性物质，除脂效果较好，并且对四环素类兽药无明显吸附，四环素、大环内酯、喹诺酮和磺胺类兽药的回收率分别达到 79%、85%、78% 和 79%。故选用 C_{18} 作为吸附剂。此外，实验进一步考察了 C_{18} 用量对 50 种兽药平均回收率的影响，结果表明，吸附剂的过量使用会吸附部分目标化合物，从而降低回收率；当 C_{18} 用量为 200mg 时，平均回收率最高。

最终结果表明，奶酪中 50 种兽药的定量限（LOQ）为 0.05 ~ 20μg/kg；在 3 个添加浓度下（$n=6$），平均回收率在 70% ~120% 范围内的比例分别为 94%、92% 和 96%，相对标准偏差（RSD）为 1% ~14%。

2. 牛乳中农药和兽药残留的测定

高馥蝶等利用 QuEChERS 方法提取、净化，结合高分辨的液相色谱 - 质谱技术，建立了牛乳中 42 种农药、兽药的残留检测方法。

方法操作步骤：称取 2.0g 牛乳样品于 50mL 塑料离心管内，加入 10mL 含 1.0%（体积分数）甲酸的乙腈溶液和 0.1g Na_2EDTA，振荡 1min，再加入 4.0g 无水硫酸钠和 1.0g 氯化钾，涡旋混匀 15s，超声 15min，以 9000r/min 离心 5min，取上清液备用。另取一 15mL 离心管，加入 900mg 无水硫酸钠，150mg Discovery Dsc - 18 吸附剂，移入前述上清液 6mL，振荡 1min，9000r/min 离心 5min，取上清液 1mL 用于测定。称取 2.0g 牛乳空白样品，每份样品按上述萃取过程进行处理，所得基质提取液用于稀释标准储备溶液及样品溶液。

前处理条件的选择：传统 QuEChERS 方法常用的提取液为乙腈，脱水用的盐类为无水硫酸镁和氯化钾。本实验中使用乙腈为提取溶剂时，大多数目标化合物的回收率在 50.2% ~96.5%，而 3 种四环素类抗生素的回收率均较低，土霉素、金霉素和四环素的回收率分别为 1.8%、7.8% 和 18.1%，这可能与该类物质易与牛乳中钙、镁离子螯合形成难溶的盐类有关。为了抑制此类化合物与阳离子的螯合，改善其回收率，在不影响其他目标物回收率的前提下，使用加入 Na_2EDTA 的酸性乙腈（含甲酸）作为提取液；此外，用无水硫酸钠替换无水硫酸镁作为吸水剂，以减少提取液中的镁离子，确保 Na_2EDTA 发挥作用。经实验证明，以 10mL 含 1% 甲酸的乙腈为提取液，并加入 0.1g Na_2EDTA 后，土霉素、金霉素和四环素的回收率分别为 88.1%、108.9% 和 79.3%，其他化合物的同收率在 78.8% ~111.5%。

对于牛乳样品来说，去除脂肪和蛋白质的干扰是最重要的。PSA 是一种在高纯硅胶基质上键合 N - 丙基乙二胺的极性吸附剂，用于去除极性基质，如糖类、脂肪酸和亲脂性色素，C_{18} 对非极性的组分有很强的吸附作用，适合于从非极性到中等极性化合物的吸附。经实验比较，PSA 吸附剂对大多数目标化合物的净化效果较好，而极性较大的四环素、土霉素、金霉素 3 种四环素类化合物回收率较低，推测这与 PSA 对四环素类抗生素的吸附有关，这种吸附可能是氢键作用的结果，且受基质含水量、pH 等因素影响。与 PSA 相比，C_{18} 吸附剂对包括四环素类化合物在内的所有目标化合物均有较好的回收率，且基质抑制改善明显，故选用 C_{18} 吸附剂进行净化。

作者应用该方法对 54 件市场采集到的液乳样品进行检测，包括 17 件纯牛乳、6 件高钙乳、3 件巴氏消毒乳，6 件低脂乳、20 件调味乳和 2 件酸乳。结果发现一件纯牛乳中检出环丙沙星，含量为102.7μg/kg，一件调味乳中检出氧氟沙星，含量为23.8μg/kg。

3. 乳粉中残留兽药的QuEChERS方法应用研究

宓捷波等通过萃取溶剂和盐析剂等优化，改进了QuEChERS技术，建立了乳粉中22种兽药残留检测的简捷、快速、特异性的QuEChERS－超高效液相色谱－串联质谱分析方法。该方法通过EDTA和缓冲体系优化了磺胺、喹诺酮和四环素类药物的萃取检测过程，使磺胺、喹诺酮和四环素的检测低限达到1、5μg/kg和50μg/kg，添加回收率为70%～102%，RSD小于15%。

方法操作步骤：称取1g乳粉样品于50mL离心管中，加入10mL水溶解，混合均匀后加入10mL 1%乙酸乙腈和10mL 0.1mol/L EDTA溶液，振摇1min，加入8g无水硫酸钠和1g乙酸钠，振摇充分，3500r/min离心5min，取上清过无水硫酸钠层于15mL离心管中，40℃氮气吹干，用1mL 0.1%甲酸水/乙腈（9:1）溶解，过0.22μm尼龙滤膜，进行液相色谱串联质谱检测。

EDTA的选择：QuEChERS方法的最初模式为1%乙酸乙腈溶液提取，无水硫酸镁盐析，使目标物被萃取入乙腈层，若部分目标物对pH有要求，则添加乙酸钠或柠檬酸钠等形成缓冲体系。本研究首先采用基本的QuEChERS模式进行实验，结果显示，磺胺和喹诺酮类兽药均能得到提取，四环素类药物不能通过该模式提取。考虑到四环素类药物的结构都属于氢化并四苯环衍生物，其C_{10}酚羟基和C_{12}的烯醇基能与金属离子如Ca^{2+}、Mg^{2+}形成络合物沉淀。而乳粉基质本身含有大量的Ca^{2+}，同时以无水硫酸镁作为盐析剂又引入大量的Mg^{2+}，所以四环素类药物均以钙和镁的沉淀形式存在，无法萃取至乙腈层中，故我们在提取过程中引入0.1mol/L EDTA二钠溶液，以EDTA螯合溶液中的Ca^{2+}和Mg^{2+}，释放四环素类药物进入溶液参与萃取过程。实验结果显示，EDTA溶液的加入，四环素类药物的萃取得到了很大的改善。所以我们在QuEChERS的原有模式上增加10mL 0.1mol/L EDTA溶液。

净化材料的比较：在QuEChERS方法中，用PSA进行分散固相萃取（dSPE）净化，主要是利用伯仲胺键的极性作用和阴离子交换作用去除来自基质的共萃物中的脂质和糖类等。但由于乳粉和牛乳中基质成分与植物产品等有较大的区别，故试验中我们对多种不同的净化材料进行了比较。结果发现，除了酸性氧化铝净化时，回收率小于80%之外，其余吸附材料的净化效果与不使用吸附剂净化（no－dSPE）的区别不大，回收率均在80%～120%。这一结果说明本研究所选择的检测方法液相色谱－串联质谱法对于特异性检测而言十分有效，进一步的去杂净化对于质谱检测的结果并没有明显的影响，所以考虑到简化前处理步骤的需要，本研究不做d－SPE处理，直接氮吹、复溶、过膜检测。

三、水产品中多种兽药同时检测

水产品作为一种高蛋白、高脂肪的动物源性食品，QuEChERS 方法应该随之改进优化。若试样前处理不好，则会对检测产生较大干扰。

卜明楠等使用 QuEChERS 对虾肉样品进行处理，并同时测定了其中的 72 种兽药残留。样品经 5% 醋酸乙腈均质提取离心后，上清液依次用 C_{18} 净化、乙腈沉淀蛋白、氮吹浓缩，0.1% 甲酸 - 乙腈（4:1，体积比）定容，0.22μm 滤膜过滤，LC - MS/MS 测定，外标法定量。

由于虾肉是富含蛋白质的基质，使用乙腈作为提取溶剂，提取液中的蛋白质含量低，再往提取溶剂中加入少量 5% 醋酸可使平均回收率达到 88%，净化分散剂 C_{18} 的用量为 600mg。该方法简单、快捷、省时，测定的 72 种兽药残留均能满足各国残留限量要求及相应的检测水平。

参考文献

[1] 何江，罗先锟，张建宇，等 . QuEChERS - HPLC - MS/MS 在动物源食品兽药多残留检测中的研究进展 [J] . 广州化工，2015 (23)：56 - 58.

[2] 赵书景，贺绍君，罗国琦，等 . 动物性食品中磺胺类药物残留检测方法的研究进展 [J] . 中国畜牧兽医，2009，36 (8)：60 - 63.

[3] 冯忠武 . 兽药与动物性食品安全 [J] . 中国兽药杂志，2004，38 (9)：17 - 20.

[4] 耿志明，陈明，王冉，等 . 动物源性食品中兽药残留的现状、危害及对策 [J] . 中国标准导报，2004，(11)：14 - 16.

[5] Masiá A. , Suarez - Varela M. M. , Llopis - Gonzalez A, et al. . Determination of pesticides and veterinary drug residues in food in liquid chromatography - mass spectrometry：a review [J] . Acta. Chim. Acta，2016，936：40 - 61.

[6] 马艳梅 . 动物性食品兽药残留及其控制措施 [J] . 江西畜牧兽医杂志，2005，1：6 - 10.

[7] 钱琛，李静，陈桂良 . 动物源性食品兽药残留分析中样品前处理方法的研究进展 [J] . 食品安全质量检测学报，2015 (5)：1666 - 1674.

[8] 曲斌 . QuEChERS 在动物源性食品兽药残留检测中的研究进展 [J] . 食品科学，2013，34 (5)：327 - 331.

[9] 聂芳红，徐晓彬，陈进军 . 食品动物兽药残留的研究进展 [J] . 中

国农学通报，2006，22（9）：71－75.

［10］ Anastassiades M.，Lehotay S. J.，Stainbaher D.，et al.. Fast and easy multiresidue method employing acetonitrile extraction/partitioning and "dispersive solid－phase extraction" for the determination of pesticide residues in produce［J］. J. AOAC Int.，2003，86（2）：412－431.

［11］耿士伟，曲斌，姜加华，等．QuEChERS－UPLC－MS/MS 快速测定鸡肝中七种磺胺类药物残留［J］．中国兽药杂志，2011，45（10）：16－19.

［12］李娜，张玉婷，刘磊，等．QuEChERS－超高效液相色谱－串联质谱法测定动物源食品中 4 类 29 种禁限用兽药残留［J］．色谱，2014，32（12）：1313－1319.

［13］郭海霞，肖桂英，张禧庆，等．QuEChERS－超高效液相色谱－串联质谱法同时检测猪肉中 121 种兽药［J］．色谱，2015，33（12）：1242－1250.

［14］谢寒冰，王毅刚，周明莹，等．液相色谱－四级杆飞行时间质谱法筛查猪肉中 5 类 26 种药物残留［J］．分析测试学报，2014，33（4）：373－379.

［15］朱万燕，张欣，杨娟，等．超高效液相色谱－四极杆－飞行时间质谱法同时测定猪肉中多类兽药残留［J］．色谱，2015，33（9）：1002－1008.

［16］卜明楠，石志红，康健，等．QuEChERS 结合 LC－MS/MS 同时测定虾肉中 72 种兽药残留［J］．分析测试学报，2012，31（5）：552－558.

［17］厉文辉，史亚利，高立红，等．加速溶剂萃取－高效液相色谱－串联质谱法同时检测鱼肉中喹诺酮、磺胺与大环内酯类抗生素［J］．分析测试学报，2010，29（10）：987－992.

［18］徐芹，曲斌，朱志谦，等．超高效液相色谱－串联质谱快速测定生鲜牛乳中的氟喹诺酮类药物残留［J］．畜牧与兽医，2014，46（9）：19－22.

［19］农业部．中华人民共和国农业部公告第 235 号［EB/OL］．2002－12－24［2016－10－30］．http：//www. moa. gov. cn/zwllm/nybz/200803/t20080304_ 1028649. htm

［20］张晓强，张波，方萍，等．QuEChERS－超高效液相色谱－串联质谱法快速测定鱼肉中 22 种磺胺类药物残留［J］．理化检验－化学分册，2015，51：369－374.

［21］ Electronic Code of Federal Regulations. Tolerances for Residues of New Animal Drugs in Food［EB/OL］．2011－07－28［2016－10－30］． http：//ecfr. gpoaccess. gov/cgi/t/text/text－idx？ c＝ecft&sid＝407e94c4cdlbff327c7146f42bcc0d56&tpl＝/ecfr－browse/Tine21/21cfr56_

mailn_ 02. tpl.

[22] European Union. Commision Regulation [EB/OL]. 2009 - 12 - 22 [2016 -10 -30]. http://ec. europa. eu/health/files/mrl/mrl_ 20101212_ consol. pdf.

[23] The Japan Food Chemical Research Foundation. Maximum Residue Limits (MRLs) List of Agricultural Chemicals inFoods [EB/OL]. 2016 - 09 - 16 [2016 - 10 - 30]. http://www. m5. ws001. squarestart. ne. jp/foundation/search. html

[24] 高馥蝶，赵妍，邵兵，等. 超高效液相色谱 - 四极杆 - 飞行时间质谱法快速筛查牛奶中的农药和兽药残留 [J]. 色谱，2012，30 (6)：560 - 567.

[25] 黄华，陈君慧，冯楠，等. 动物源性食品中磺胺类药物残留前处理和检测方法研究进展 [J]. 食品工业科技，2013，34 (4)：378 - 381.

[26] 贡松松，顾欣，曹慧，等. 超高效液相色谱 - 四极杆飞行时间质谱法快速筛查生鲜牛乳中的 14 种磺胺类药物 [J]. 分析测试学报，2014，33 (12)：1342 - 1348.

[27] 曹亚飞，康健，常巧英，等. QuEChERS 结合液相色谱 - 串联质谱法快速测定奶酪中多类兽药残留 [J]. 色谱，2015，33 (2)：132 - 139.

[28] 李慧芳，殷军港，刘永明. 鱼肉中喹诺酮类药物残留检测前处理方法的研究 [J]. 中国渔业质量与标准，2012，02 (1)：62 - 66.

[29] Pan C., Zhang H., Shen S., et al.. Determination of chloramphenicol residues in honey by monolithic column liquid chromatography - mass spectrometry after use of QuEChERS clean - up [J]. Acta Chromatographia, 2006, (17): 320 - 327.

[30] Shendy A. H., Al - Ghobashy M. A., Alla S. A. G., et al.. Development and validation of a modified QuEChERS protocol coupled to LC - MS/MS for simultaneous determination of multi - class antibiotic residues in honey [J]. Food Chemistry, 2015, 190 (2016): 982 - 989.

[31] 农业部. 中华人民共和国农业部公告第 1519 号 [EB/OL]. 2010 - 12 - 2 [2016 - 10 - 30]. http://www. moa. gov. cn/zwllm/tzgg/gg/201104/t20110422_ 1976294. htm.

[32] 郑玲，吴玉杰，赵永锋，等. QuEChERS 结合高效液相色谱 - 串联质谱法测定饲料中的 18 中 β - 兴奋剂 [J]. 色谱，2014，32 (8)：867 - 873.

[33] Ulrey W. D., Burnett T. J., Brunelle S. L., et al.. Determination and

confirmation of parent and total ractopamine in bovine, swine, and turkey tissues by liquid chromatography with tandem massspectrometry: final action2011. 23 [J]. J. AOAC Int., 2013, 96 (4): 917 –924.

[34] FAO. Food and Agriculture Organization of the United Nations. Fact Sheet onCodex work on Ractopamine [EB/OL]. 2012 –04 –26 [2016 –10 –30]. http://www.fao.org/fileadmin/user_upload/agns/pdf/Ractopamine_info_sheet_Codex –JECFA_rev_26April2012_2. pdf.

[35] FAO. Food Agriculture Organization of the United Nations, Residue evaluation of certain veterinary drugs. Joint FAO/WHO Expert Committee on foodadditives, in: Meeting 2010 –Evaluation of data on ractopamine residues inpig tissues [EB/OL]. 2010 [2016 –10 –31]. http://www.fao.org/food/food –safety –quality/scientific –advice/jecf/jecfa –vetdrugs/en/.

[36] Gressler V., Franzen A. R. L., Lima G. J. M. M., et al.. Development of a readily applied method to quantify ractopamin residue in meat and bone meal by QuEChERS –LC –MS/MS [J]. J. Chromatogr. B, 2016, 1015: 192 –200.

[37] 陈慧华，应永飞，杜旭奕，等. QuEChERS 样品前处理 –高效液相色谱法测定动物组织中那西肽残留量 [J]. 中国兽药杂志，2014，48 (2): 50 –53.

[38] 魏慧敏. 兽用抗寄生虫药物残留高效液相色谱—串联质谱筛选法研究 [D]. 华中农业大学，2013.

[39] 邢浩春，陈建中，葛水莲，等. 动物源性食品中 β –内酰胺类抗生素前处理及检测方法研究进展 [J]. 食品与发酵工业，2016，42 (3): 268 –274.

[40] 孙兴权，董振霖，李一尘，等. 动物源食品中兽药残留高通量快速分析检测技术 [J]. 农业工程学报，2014，30 (8): 280 –292.

[41] 宓捷波，许迪明，李淑静，等. 奶粉中残留兽药的 QuEChERS 方法应用研究 [J]. 食品研究与开发，2015 (2): 121 –125.

第五章

QuEChERS 技术在真菌毒素检测领域的应用

真菌毒素是由腐生菌，尤其是曲霉属真菌、青霉属菌和镰刀属菌，所产生的对人和动物有致病性、致死性的次级代谢产物。这类毒素主要污染粮食和饲料，因此在粮食卫生和饲料卫生领域又俗称霉菌毒素。

真菌毒素自从 19 世纪时期开始引起人类的注意，直到 20 世纪 60 年代，随着火鸡 X 疾病（Turkey X disease）在英国的爆发，真菌毒素才引起人类的高度重视，被认定为重要毒素。尽管真菌毒素看不见、摸不着，但给人类带来的危害却很大。饲料中的霉菌毒素严重伤害动物的健康并降低其生产性能，同时也威胁人类的食品安全和健康。据联合国粮农组织（FAO）报告，全球每年约有 25% 的农作物受到不同程度的霉菌毒素污染，约有 2% 的农作物因污染严重而失去饲用价值，保守估计全世界每年因饲料受霉菌污染造成的经济损失可达数千亿美元。

真菌毒素数量庞大、分布广泛，目前已知的真菌毒素约有四百种。其主要有以下特点：①低分子质量化合物：300 ~ 700u；②热稳定性好，可耐高温；③抗化学生物制剂及物理的灭火作用；④具有广泛的中毒效应；⑤特异性：分子结构不同，毒性差异很大；⑥协同性：几种真菌毒素可协同作用加重真菌毒素的毒性，受真菌毒素的自然污染的饲料，其毒性高于人工添加相同浓度真菌毒素制成的饲料；⑦高效性：很低的浓度（百万分之一，mg/kg 或十亿分之一，μg/kg）即可产生明显的毒性。

常见的真菌毒素主要包括黄曲霉毒素（Aflatoxin，AFT）、赭曲霉毒素（Ochratoxin，OT）、单端孢霉烯族毒素（Trichothecenes）、伏马菌素（Fumonisin）、玉米赤霉烯酮（Zearalenone，ZEN）等。这些毒素物质对饲料和家畜都会造成影响，甚至危及人类的健康安全。

真菌毒素多为痕量级，除了要求检测方法简单、快速、灵敏、特异、经济之外，前处理技术也是关键环节之一，尤其是受污染样品基质十分复杂的情况下，前处理技术的好坏很大程度上决定了检测结果的准确性。本章着重介绍 QuEChERS 技术在真菌毒素检测领域中的应用。

第一节

黄曲霉毒素的检测

黄曲霉毒素（Aflatoxin，AFT）是火鸡X疾病事件之后被分离和鉴定出来的，是一类由黄曲霉和寄生曲霉菌株通过聚酮途径产生的一类二呋喃香豆素衍生物。目前已发现约20种，包括B_1、B_2、G_1、G_2、M_1、M_2、P_1、Q_1、G_M和毒醇等，其中前六种最常见。粮食中污染的黄曲霉毒素只有黄曲霉毒素B_1、B_2、G_1和G_2四种，常见的四大类黄曲霉毒素对所有动物的肝脏都有很大的损伤性和原发毒性，尤其是黄曲霉毒素B_1的毒性最强，是氰化钾毒性的10倍，是砒霜毒性的68倍，黄曲霉毒素的毒性排列顺序依次是$B_1 > G_1 > B_2 > G_2$，国际癌症研究机构已经把黄曲霉毒素B_1确定为人和家畜均有致病性的I类致癌物。在日常饲料中的黄曲霉毒素的污染主要以黄曲霉毒素B_1数量最多，毒性最大，因此在我国饲料质量监督中以黄曲霉毒素B_1作为黄曲霉毒素污染的指标。

联合国粮食与农业组织（Food & Agriculture Organization of the United Nations，FAO）和世界卫生组织（WHO）规定人类食品中的黄曲霉限量是30mg/kg。随后，2002年欧盟规定黄曲霉毒素总量和AFB_1的最高安全水平分别为4mg/kg和2mg/kg。另外，食品规范委员会规定了花生中黄曲霉毒素总量限量为15mg/kg。考虑到这些限量规定，许多国家建立了自己相关的法律法规。我国也给出了自己的限量标准GB 2761—2017，对各类食品中的黄曲霉毒素B_1和黄曲霉毒素M_1的含量进行了限定，其中最低限量达0.5mg/kg。

一、面条中黄曲霉毒素的检测

Sirhan等人建立了一种基于改进的QuEChERS前处理方法，对面条样品中的四种黄曲霉毒素B_1、B_2、G_1、G_2进行提取，以配备荧光检测器的液相色谱仪进行分离和检测。

方法操作步骤：称取2g充分均质后的面条样品于15mL离心管中，加入10mL甲醇/乙腈/水（体积比，51:9:40）的混合溶剂，手动剧烈振荡1min确保提取溶剂与样品充分混匀，加入1.5g无水$MgSO_4$和0.5g NaCl，重复手动剧烈振荡1min以促进四种黄曲霉毒素在有机相中的分配，4000r/min离心5min后，取1mL上层有机相，经0.45mm有机相滤膜过滤后，进行HPLC－FLD

分析。

该方法省略了净化步骤，缩短了分析时间及分析成本。对提取溶剂组成及 HPLC－FLD 的检测条件进行了优化，在最优的提取及检测条件下测得该方法的回收率为75%～107%，相对标准偏差小于13%，重复性和再现性分别为2.0%～12.3%和3.4%～16.5%。此外，四种黄曲霉毒素的检出限和定量限分别在0.01～1.00μg/kg 和 0.05～1.80μg/kg，均能满足欧盟设定的法规限量要求。

二、茶叶中黄曲霉毒素的检测

刘辉等人建立了一种 QuEChERS－酶联免疫快速检测茶叶中黄曲霉毒素 B_1的方法。

方法操作步骤：称取已粉碎 5.0g 样品于具塞塑料离心管中，准确加入 25mL 乙腈:水（7:3，体积比）溶液，涡旋 10min，离心后取上清液 5mL，将上清液转入到装有分散固相萃取剂（250mg PSA 和 450mg $MgSO_4$）的 10mL 离心管中，涡旋 2min。将 10mL 离心管放入 4℃离心机中以 6000r/min 的转速离心 5min。取适量的萃取液稀释到合适的倍数，待测。

作者分别考察了石油醚、乙腈、乙醇、甲醇对黄曲霉毒素 B_1 的提取效率，结果显示乙腈的提取效果较好，并以不同比例的乙腈/水混合溶液为提取溶剂，进一步优化了提取溶剂，最终选择以 70% 乙腈水溶液作为提取剂。此外比较了 C_{18} + $MgSO_4$和 PSA + $MgSO_4$的两种吸附剂组合对样品基质的净化效果，实验结果表明 PSA + $MgSO_4$的净化效果最好。

方法的检出限为0.078μg/kg，线性范围为0.125～0.854μg/kg。在三个不同添加水平下，样品的平均回收率为 87.66%～97.17%，相对标准偏差为4.89%～7.16%。

三、植物油中黄曲霉毒素的检测

程盛华等人建立了 QuEChERS－超高效液相色谱－串联质谱法（UPLC－MS/MS）同时测定植物油中 4 种黄曲霉毒素（B_1、B_2、G_1、G_2）的方法。

方法操作步骤：准确称取5.00g 均匀试样于50mL 离心管中，加入10.0mL 1%酸化甲醇/乙腈（85:15，体积比）提取液，以 3000r/min 涡旋 1min 后，40℃水浴中超声 10min，在 4℃下 8000r/min 离心 5min，离心后取出上清液置于25mL 烧杯中，再加入5.0mL 提取液，重复上述操作，合并提取液，在45℃水浴中氮吹至近干，加 2mL 甲醇溶解残渣，涡旋 30s，倒入装 200mg $MgSO_4$、150mg PSA、100mg C_{18} 的 5mL 离心管中，涡旋振荡 30s，10000r/min 离心 6min，吸取上清液在45℃水浴中氮吹至近干，加 2mL 0.1% 甲酸水溶液:甲醇

（7:3 体积比）溶解，UPLC - MS - MS 分析。

4 种黄曲霉毒素的浓度在 0.5 ~ 50.0μg/L 范围内呈良好线性关系，相关系数均大于 0.99，加标回收率为 84.3% ~ 103.2%，相对标准偏差为 2.9% ~ 7.6%，方法检出限为 0.2 ~ 0.3μg/kg。

第二节

赭曲霉毒素的检测

赭曲霉毒素（Ochratoxin）A 是在 1965 年大量筛选鉴别新的霉菌毒素的过程中发现的，它是赭曲菌的代谢产物。不久之后，在美国的一种商品化玉米样品中分离出此种毒素，并经验证其为一种强毒性的肾毒素。很多不同种类的曲霉属菌能够代谢产生赭曲霉毒素，例如洋葱曲霉、炭黑曲霉、灰绿曲霉、蜂蜜曲霉和黑曲霉。

国际癌症研究机构已经把赭曲霉毒素确定为人类可疑致癌物，即 2B 类致癌物。肾脏是赭曲霉毒素的主要靶器官，赭曲霉毒素 A 对目前所有研究的动物而言都是一种肾毒素，对人类也很可能具有相似的毒性。此外，赭曲霉毒素 A 也是肝毒素、免疫抑制剂、强致畸物、致癌物。赭曲霉毒素 A 通过多种途径扰乱细胞生理过程，但其初始效应与苯基丙氨酸代谢过程的酶类密切相关，主要是抑制催化合成苯基丙氨酸 - 转移 RNA 复合物过程中的催化酶活性。此外，研究证明赭曲霉毒素 A 也能抑制线粒体中 ATP 的合成并刺激脂质过氧化。

赭曲霉毒素 A 在大麦、燕麦、黑麦、小麦、咖啡豆等其他农作物中均有发现，尤其是在大麦中发现赭曲霉毒素污染的几率较高。此外，在一些红酒中也有发现赭曲霉毒素，尤其是在以被炭黑曲霉污染的葡萄作为原料酿造的红酒中。动物饲料中赭曲霉毒素 A 的污染也非常严重。饲料被赭曲霉毒素污染后被动物采食，这些毒素就会在动物的脏器、血液和乳汁中积累，从而导致动物性食品的毒素污染。

一、谷物和饲料中赭曲霉毒素的检测

Llorent - Martínez 等以改进 QuEChERS 法对谷物和饲料中的赭曲霉毒素 A 进行提取，并以连续流动分析 - 化学发光法检测。

原始的 QuEChERS 方法主要适用于含水量较高的样品，由于谷物和饲料样品较干，在进行 QuEChERS 提取之前作者向均质过的谷物及饲料样品中以

1g∶1mL（样品∶水）的比例加入水，得到均质浆状样品。

方法操作步骤：取15g均质浆状样品于50mL离心管中，加入15mL含1%醋酸的乙腈，加盖后手动剧烈振荡1min使样品与提取溶剂混合完全。加入1.5g无水醋酸钠和6g无水 $MgSO_4$，重复手动剧烈振荡1min后3700r/min离心3min。取5mL上清液（乙腈相）转移到15mL离心管中，加入750mg无水 $MgSO_4$、250mg PSA和250mg C_{18}，剧烈振荡30s后离心3min。取适量提取液以0.01mol/L pH 8.0的磷酸盐缓冲液或去离子水稀释后待测。

该方法的回收率在87%～112%，相对标准偏差小于6%，提供了一种有效的谷物及饲料中赭曲霉毒素A的连续流动分析方法。

二、红酒中赭曲霉毒素的检测

Fernandes等人建立了一种改进QuEChERS－液相色谱－三重四级杆串联质谱法检测红酒中的赭曲霉毒素A。

方法操作步骤：取4mL红酒样品于50mL离心管中，加入4mL含1%醋酸的乙腈，加入2.6g混合盐析剂（$MgSO_4$∶NaCl∶柠檬酸钠∶柠檬酸氢二钠＝4∶1∶1∶0.5），涡旋10s后以1489g的离心力离心5min。取1mL上层提取液于2mL的d－SPE净化管中，涡旋后以1489g的离心力离心2min。取700μL上清液以氮气吹干，用150μL初始流动相复溶后待LC－MS/MS检测。

该方法在0.50～22.5μg/mL范围内线性良好，对赭曲霉毒素A检出限和定量限分别是0.1μg/kg和0.4μg/kg。在0.5，1.0，5.0，10.0μg/kg四个加标水平下，回收率在87.2%～102.6%，且相对标准偏差均小于9%。日内和日间精密度分别为7%和14%。在对30个红酒样品的分析结果中，所有样品的赭曲霉毒素A含量均未超过欧盟委员会规定的最大允许限量（2.0μg/kg）。

第三节

单端孢霉烯族毒素的检测

单端孢霉烯族毒素（Trichothecenes）是由镰刀菌、漆斑菌、拟茎点菌、葡萄穗霉属、木霉属等菌种产生的类倍半萜烯类代谢物。此类毒素包含60多种，被分成4个亚类，其中A类和B类最为重要。A类单端孢霉烯族毒素主要由拟枝镰孢菌和梨孢镰孢菌所产生，包括T－2毒素、HT－2毒素、镰孢菌酸（NEO）和双乙酸基藨草烯醇（DAS）；B类单端孢霉烯族毒素主要由黄色镰孢菌和禾谷镰孢菌产生，包括脱氧雪腐镰刀菌烯醇毒素（呕吐毒素，DON）及其 3－乙酰基或 15－乙酰基衍生物、雪腐镰孢菌烯醇（NIV）和镰孢菌烯酮－X（Fusarenon－X，FX）。这些毒素中以 A 型 T－2 毒素和 B 型呕吐毒素最为常见。

单端孢霉烯族毒素对动物、人类都具有毒性，能够造成呕吐、腹泻、刺激皮肤、拒食、恶心、神经障碍和流产等多种急性和慢性疾病。此外，高剂量的单端孢霉烯族毒素能够快速减少白细胞的数量。低剂量的呕吐毒素（DON）可以造成动物生产性能和免疫机能下降，高剂量的 DON 毒素则引起动物急性死亡；T－2 毒素能刺激和损伤体表皮肤和脏器黏膜，造成口腔、胃、肠道等消化道黏膜溃疡与坏死，导致猪呕吐和腹泻；T－2 毒素进入血液后表现出细胞毒作用，损伤血管内皮细胞，破坏血管壁的完整性，导致血管壁通透性增强，血管扩张、充血，引起全身多个器官出血、坏死。

一、谷物中单端孢霉烯族毒素的检测

1. QuEChERS－LC－QTOF－MS/MS 检测谷物中的单端孢霉烯族毒素

Sirhan 等人建立了一种基于 QuEChERS 的前处理方法，对谷物样品中的八种 A 类和 B 类单端孢霉烯族毒素进行提取，以 LC－QTOF－MS/MS 进行分离和检测。

方法操作步骤：称取 1.0g 充分均质后的面条样品于 15mL 离心管中，加入 3mL 乙腈/水/醋酸（79:20:1，体积比）的混合溶剂，手动剧烈振荡 1min 确保提取溶剂与样品充分混匀，加入 0.8g 无水 $MgSO_4$ 和 0.2g NaCl，重复手动剧烈振荡 1min 以促进单端孢霉烯族毒素在有机相中的分配，4000r/min 离心 5min 后，取 0.5mL 上层有机相，经 0.22μm 有机相滤膜过滤后，进行 LC－QTOF－MS/MS 分析。

由于 A 类单端孢霉烯族毒素和 B 类单端孢霉烯族毒素结构不同，且 A 类单端孢霉烯族毒素是相对非极性化合物，而 B 类单端孢霉烯族毒素是相对极性化合物，因此对于提取溶剂的选择要兼顾两类单端孢霉烯族毒素。作者考查了 6 种由乙腈、甲醇、水和醋酸组成的不同类型的混合溶剂，结果表明乙腈/水/醋酸（79:20:1，体积比）的混合溶剂对两类单端孢霉烯族毒素的提取效果较好。

该方法省略了净化步骤，缩短了分析时间及分析成本。在最优的提取及检测条件下测得该方法的回收率为 61.9%～110.9%，相对标准偏差小于 12%。此外，A 类单端孢霉烯族毒素和 B 类单端孢霉烯族毒素的检出限分别在 6.1～8.3μg/kg 和 12.5～18.7μg/kg。

2. QuEChERS－GC－MS 检测谷物食品中的单端孢霉烯族毒素

Pereira 等人建立了一种 QuEChERS－GC－MS 检测基于谷物的婴儿食品中

的 12 种 A 类和 B 类单端孢霉烯族毒素。

方法操作步骤：称取 2.5g 充分均质后的样品于 50mL 离心管中，加入 15mL 水和 250μL 20mg/L 的 α－氯醛糖内标（内标 1），机械振荡 10min，加入 10mL 乙腈，4g 无水 $MgSO_4$ 和 1g NaCl，手动剧烈振荡 2min，4500r/min 离心 5min 后，取 9mL 上层有机相，加入 1.35g $MgSO_4$ 和 0.45g PSA，2000r/min 离心 1min，取 4mL 上清液于 4mL 的棕色瓶中，加入 50μL 1mg/L ^{13}C15－DON 内标（内标 2），氮吹至干，加入 50mL 硅烷化试剂混合物（BSA∶TMCS∶TMSI = 3∶2∶3），涡旋 30s，80℃加热 20min，加入 100μL 正己烷，加入 300μL 磷酸盐缓冲液（0.1mol/L，pH 7.2）涡旋 30s 后取出正己烷层于 2μL 棕色瓶中，氮吹至干后加入 20μL 正己烷复溶，待 GC－MS 分析。

作者对影响前处理条件的因素进行了系统优化，包括浸润样品加入的水量、提取溶剂、d－SPE 净化剂组成以及衍生化条件。在最优实验条件下，12 种单端孢霉烯族毒素的检出限和定量限分别在 0.37～19.19μg/kg 和 1.24～63.33μg/kg，除了 NIV 和 T－2 两种毒素的回收率较低外，其余 10 种毒素的回收率均在 74%～135%，相对标准偏差小于 29%。

二、面包中单端孢霉烯族毒素的检测

鉴于面包主要是由易受真菌污染的小麦加工而成的食品，且在人们的日常饮食中非常普遍，因此十分有必要对面包中的真菌毒素进行监测。

1. QuEChERS－GC－MS/MS 检测面包中的单端孢霉烯族毒素

Rodríguez－Carrasco 等人建立了一种 QuEChERS－GC－MS/MS 法对面包中的八种单端孢霉烯族毒素进行测定。

方法操作步骤：将 5g 均质化的面包样品加入到 25mL 水中，超声 15min，加入 8mL 乙腈、4g 无水 $MgSO_4$ 和 1g NaCl，剧烈振荡后 4000r/min 离心 3min。取上层清液加入 900mg 无水 $MgSO_4$ 和 300mg C_{18}，剧烈振荡后 1500r/min 离心 1min，将提取液氮吹至干，加入 50mL 硅烷化试剂混合物（BSA∶TMCS∶TMSI = 3∶2∶3），于室温下放置 30min，加入 250mL 正己烷，加入 1mL 磷酸盐缓冲液（60mmol/L，pH 7）涡旋后取出正己烷层于样品瓶中，待 GC－MS/MS 分析。

该方法的回收率均在 70%～110%，相对偏差小于 10%，检出限低于 40mg/kg。在所分析的 61 种面包样品中，在 64% 的样品中检测到单端孢霉烯族毒素污染，其中 DON 毒素污染的检出率最高，但其含量远低于欧盟法规规定的最大限量。

2. QuEChERS－LC－HRMS 检测面包中的单端孢霉烯族毒素

Monaci 等人建立了一种 QuEChERS－液相色谱－高分辨离子阱质谱法（QuEChERS－LC－HRMS）检测面包中的三种单端孢霉烯族毒素（DON、T－

2 和 HT－2）。

方法操作步骤：取 4g 研磨均匀的面包样品，加入 7.5mL 含 0.1% 甲酸的水和 12.5mL 乙腈，涡旋 3min，加入 4g 无水 $MgSO_4$ 和 1g NaCl，涡旋 3min 后 4200r/min 离心 15min，提取液经 0.2mm 有机相滤膜过滤后，取 1mL 氮吹至干后以 1mL 的初始流动相复溶，待 LC－HRMS 分析。

该方法的检出限和定量限分别在 16.2～65mg/kg 和 54～129mg/kg。

三、蜂花粉中单端孢霉烯族毒素的检测

QuEChERS－GC－MS/MS 检测蜂花粉中的单端孢霉烯族毒素

Rodríguez－Carrasco 等人建立了一种 QuEChERS－GC－MS/MS 法检测蜂花粉中的八种单端孢霉烯族毒素。

方法操作步骤：称取 5g 蜂花粉样品于 50mL 离心管中，加入 10mL 水，超声 15min，加入 7.5mL 乙腈、4g 无水 $MgSO_4$ 和 1g NaCl，涡旋后 4000r/min 离心 10min。取上层清液加入 900mg 无水 $MgSO_4$、300mg PSA 和 300mg C_{18}，涡旋 30s 后 4000r/min 离心 10min。取 2mL 提取液氮吹至干，加入 50μL 硅烷化试剂混合物（BSA: TMCS: TMSI＝3∶2∶3），于室温下放置 30min，加入 250μL 正己烷，加入 1mL 磷酸盐缓冲液（60mmol/L，pH 7）涡旋后取出正己烷层于样品瓶中，待 GC－MS/MS 分析。

作者对 d－SPE 净化剂组成以及提取溶剂乙腈的体积进行了优化，在最优试验条件下，三种加标水平下的回收率在 73%～95%，相对偏差小于 15%，定量限在 1～4mg/kg。建立的方法被用于 15 个商品化蜂花粉样品中单端孢霉烯族毒素的检测，其中在 2 个样品中检测到了可定量检出的新茄镰孢菌醇和雪腐镰刀菌醇。

第四节

伏马菌素的检测

伏马菌素（Fumonisins）最早在 1988 年被鉴别，是由一些镰刀菌属（*Fusarium*）产生的，尤其是轮状镰刀霉菌（*Fusarium verticillioides*）、禾谷镰刀菌等。伏马菌素被认为是由丙氨酸缩合成醋酸盐衍生前体物的过程中被合成的。其中伏马菌素 B_1 是最常见的一种。

伏马菌素通过干扰鞘脂类代谢对动物产生影响，它们能在马和兔子中引起

脑白质软化症，在猪中引起肺水肿和胸膜积水，在老鼠中引起肝细胞凋亡。对于人类而言，伏马菌素被认为很可能与食管癌相关。在特兰斯凯、中国以及意大利东北部，伏马菌毒素 B_1 的发生与食管癌的高发病率具有相关性。在美国查尔斯顿，美国黑人食管癌的发病率最高，而在其超市中售卖的 7 种玉米面和玉米糁样品发现了较高含量水平的伏马菌素 B_1。在德克萨斯州南部，一些无脑畸形和脊柱裂的案例的发生也被怀疑与玉米商品中的伏马菌毒素相关。国际癌症研究机构评估了伏马菌素对人类的危害，并将其确定为 2B 级致癌物（可疑致癌物）。

一、玉米中伏马菌素的检测

Tamura 等人建立了一种基于 QuEChERS 前处理方法，以液相色谱 - 高分辨离子阱色谱技术检测玉米中的六种伏马菌素。

方法操作步骤：取 2.5g 研磨均匀的玉米样品于 50mL 离心管中，加入 20mL 含 2% 甲酸的水和乙腈的混合溶液（1∶1，体积比），于振荡器上以 250r/min 振荡 1h，加入商品化的 Q－sep Q110 提取盐包，涡旋 20s 后 3000r/min 离心 5min，上层乙腈相于 －30℃ 冷冻 1h 后 3000r/min 离心 5min，取 5mL 上层清液与 1mL 水混合，再加入 60μL 乙酸，将此混合液过 MultiStep 229 Ochra 净化柱，洗脱液（4mL）于 40℃ 氮吹至干，以 400mL10mmol/L 乙酸铵/乙腈（85∶15，体积比）混合溶剂复溶，经 0.2μm 有机相滤膜过滤后，待 LC－HRMS 分析。

该方法的线性良好，回收率在 82.9% ～104.6%，重复性为 3.7% ～9.5%，检出限和定量限分别在 0.02～0.60μg/kg 和 0.05～1.98μg/kg。

二、大米中伏马菌素的检测

Petrarca 等人建立了一种 QuEChERS－HPLC－FLD 法检测大米中的伏马菌素 B_1。

方法操作步骤：称取 10g 磨好的大米样品于 50mL 离心管中，加入 20mL 乙腈/水（1∶1，体积比）混合溶液，再加入 0.2mL 冰醋酸，涡旋 1min，加入 2.5g 无水 Na_2SO_4 和 0.5g NaCl，涡旋 1min 后 7000r/min 离心 2min。取 5mL 上层清液加入 0.3g 无水 Na_2SO_4 和 0.1g 硅藻土，涡旋 30s 后 7500r/min 离心 2min。经 0.2mm 有机相滤膜过滤后，将 25μL 滤液与 225mL 衍生化试剂混合进行柱前衍生 30s，于 2min 内进行 HPLC－FLD 分析。

方法在 100～2500μg/kg 范围内线性良好，相对标准偏差≤17.0%，检出限和定量限分别为 50μg/kg 和 100μg/kg。此外，建立的方法被用于测定 31 种市售大米样品中的伏马菌素 B_1 的含量，其中在 5 个样品中检出了伏马菌素 B_1，其浓度在 64.8～163.0μg/kg。

第五节

玉米赤霉烯酮的检测

玉米赤霉烯酮（Zearalenone）又称 F－2 毒素，首先从有赤霉菌的玉米中分离得到，是由禾谷镰刀菌、黄色镰刀菌和三线镰刀菌等产生的次级代谢产物。这些毒素对玉米、小麦、大米、大麦、小米和燕麦等谷物具有很强的污染性，其中玉米的阳性检出率为 45%，小麦的检出率为 20%。玉米赤霉烯酮的耐热性较强，110℃下处理 1h 才被完全破坏。

玉米赤霉烯酮与 17β 雌二醇（人类卵巢产生的重要激素）结构十分相似，因此能够与哺乳动物靶细胞中的雌激素受体相结合。玉米赤霉烯酮是雌激素强度的 1/10，可造成雌性动物的雌激素水平提高，从而影响动物的生殖生理，产生类似雌激素过多的症状，即生殖器官的功能和形态变化，各种动物对玉米赤霉烯酮的敏感程度依次是：猪、牛和禽，青年母猪对玉米赤霉烯酮的敏感性最强。玉米赤霉烯酮可以导致家畜出现急、慢性中毒，急性中毒症状为家畜的神经系统和心脏、肾脏、肝和肺等脏器造成毒害，动物表现为贫血、出血、血细胞破裂与黄疸、肠道水肿、肠黏膜出血、肝脾肿大出血、心内外膜出血、血液凝固不良等，毒害的最根本的原因是导致神经系统亢奋，脏器出血，从而导致家畜死亡，同时对家畜的繁殖系统和消化系统也可造成较大的影响。在慢性中毒时，症状为腹积水，淋巴结肿大、充血，甚至苍白等，主要是影响母畜的繁殖系统，可导致死胎、流产和木乃伊胎的出现。研究资料证明，ZEA 能与雌激素受体结合，形成难以分离的结合体，使部分雌激素失去和雌激素受体结合的机会而影响动物发情，此外，还能导致淋巴细胞溶解、降低 T 细胞和 B细胞的活性，抑制细胞免疫和体液免疫，抗体效价降低，出现免疫抑制，导致免疫麻痹，致使免疫力降低。ZEA 是甾类合成和代谢酶的竞争底物，是内分泌的分裂剂。还有研究表明，ZEA 与类固醇激素具有同源性，它可作为重要的转录因子参与生物转化的全过程，严重干扰动物的内分泌。

一、谷物中玉米赤霉烯酮的检测

Porto－Figueira 等人根据原始的 QuEChERS 前处理方法（o－QuEChERS）开发了一种微型 QuEChERS 前处理方法（μ－QuEChERS），结合超声辅助提取，超高压液相色谱－荧光检测，对谷物中的玉米赤霉烯酮毒素实现了灵敏的高通量测定。

方法操作步骤：称取 0.3g 样品于 2mL 离心管中，加入 0.7mL 乙腈，加入 0.2g 盐析剂（$MgSO_4$: NaCl: 柠檬酸钠: 柠檬酸一氢钠 =4:1:1:0.5），涡旋 10s，超声提取 5min，加入 75mg $MgSO_4$、12.5mg C_{18} 和 12.5mg PSA，涡旋 30s，3000r/min 离心 5min，提取液经 0.20mm 滤膜过滤后，氮吹至干，加入 150mL 初始流动相（乙腈: 水，7:3）复溶，待 UPLC – FLD 检测。

作者系统比较了 *o* – QuEChERS 和 μ – QuEChERS 两种前处理方法，与 *o* – QuEChERS 相比，两者所得的结果相当，但 μ – QuEChERS 极大地降低了样品、盐析剂和提取溶剂的用量。此方法的线性良好，对玉米赤霉烯酮的检出限为 3.4μg/kg，定量限为 4.7μg/kg，能够满足欧盟设定的标准。此外，在不同加标水平下测得方法的回收率在 80.2% ~109.7%，相对标准偏差小于 5.0%。

对 25 个实际谷物样品的分析结果表明，在四个样品中检出了玉米赤霉烯酮，但含量均未超过限量要求。

二、大麦中玉米赤霉烯酮的检测

Wu 等人开发了一种 QuEChERS – 高效液相色谱 – 蒸发光散射法（HPLC – ELSD）检测大麦中的玉米赤霉烯酮。

方法操作步骤：称取 20g 样品于螺口瓶中，加入 100mL 甲醇，加入 2g 盐析 NaCl，混合 5min，滤纸过滤，将得到的 80mL 提取液于 55℃ 下真空蒸发至约 5mL，加入 0.5g NaCl、1g $MgSO_4$、50mg GCB 和 25mg PSA，涡旋 1min，12000r/min 离心 5min，提取液转移至干净小瓶中，55℃ 下氮吹至干，加入 1mL 流动相（乙腈: 水: 甲醇，46:46:8）复溶，待 HPLC – ELSD 检测。

在 0.1 ~10μg/g 加标水平下，该方法的回收率在 83.0% ~91.5%，相对标准偏差小于 6%。方法的检出限为 1.56ng/g。将此方法应用于 175 个实际样品的分析中，结果表明，样品受玉米赤霉烯酮的污染率较低，为 5.14%，其浓度在 11.09 ~26.54ng/g。

第六节

其他真菌毒素的检测

一、棒曲霉毒素的检测

棒曲霉毒素（Patulin），又称展青霉毒素，是由曲霉和青霉等真菌产生的一种次级代谢产物。毒理学试验表明，棒曲霉毒素具有神经毒性和潜在的致癌性和诱变性，对人体的危害很大，导致呼吸和泌尿等系统的损害，使人神经麻痹、肺水肿、肾功能衰竭。棒曲霉毒素首先在霉烂苹果和苹果汁中发现，广泛存在于各种霉变水果和青贮饲料中。

Vaclavikova 等人采用 QuEChERS 前处理技术，结合固相萃取净化，对水果产品中的棒曲霉毒素进行提取，并以超高效液相色谱串联质谱法进行分析。

方法操作步骤：称取 10g 均质后的水果样品于 50mL 离心管中，按 5ng/g 的浓度加入$^{13}C_7$ – 棒曲霉毒素内标，混合后于室温下放置至少 20min，加入 10mL 乙腈，手动剧烈振荡 3min，加入 4g 无水 $MgSO_4$和 1g NaCl，手动剧烈振荡 1min，11000r/min 离心 5min。取 7.5mL 乙腈提取液于 15mL 离心管中，加入 2.5mL 水，将此混合液经 MycoSep 228 固相萃取柱净化。取 4mL 净化液于旋蒸仪上蒸干后加入 0.5mL 50% 的甲醇水溶液，待 UHPLC – MS/MS 分析。

方法的定量限因水果类型不同而有差异，整体在 1 ~ 2.5μg/kg。该方法在苹果、苹果汁、桃子、草莓以及蓝莓样品中得到了充分的验证，回收率在 92% ~ 109%，重复性小于 10%。

在所分析的包括苹果、梨、香蕉、李子、莓子、杏和桃子的实际 135 个水果样品中，仅在苹果和梨中检测到了棒曲霉毒素污染。

二、链格孢属真菌毒素的检测

链格孢属真菌毒素（Alternaria mycotoxins）是由链格孢属真菌产生的次级代谢产物，目前已分离出的链格孢属真菌毒素超过 30 多种。其中，交链孢酚（Alternariol，AOH）、交链孢霉甲基醚（Alternariol monomethyl ether，AME）、交链孢霉烯（Altenuene，ALT）、链格孢毒素（Tentoxin，TEN）被认为是最重要的链格孢属真菌毒素。体外毒理学研究证明，AOH 和 AME 具有致畸性、致癌性、细胞毒性和遗传毒性。

由于链格孢属真菌能够在低温下生长并产生毒素，故即使在冰箱中储存的食物也会被链格孢属真菌毒素污染。

Myresiotis 等人建立了一种 QuEChERS – 液相色谱 – 二极管阵列法检测石榴及石榴汁中的三种链格孢属真菌毒素（AOH、AME 和 TEN）。

方法操作步骤：取 2g 均质后的石榴样品（或 2mL 石榴汁样品）于 50mL 离心管中，加入 10mL 含 1% 醋酸的乙腈，加入 7.5mL 水，涡旋 4min，加入 4g 无水 $MgSO_4$和 1g NaCl，涡旋 3min，7500r/min 离心 6min。取 4mL 乙腈提取液于 15mL 离心管中，加入 0.6g 无水 $MgSO_4$ 和 0.2g PSA，剧烈振荡 2min，4000r/min 离心 5min，取 2.5mL 上清液于 30℃ 氮吹至干，加入 0.2mL 甲醇复溶，经 0.45μm 滤膜过滤后待 HPLC – DAD 分析。

该方法的回收率在 82.0% ~ 109.4%，相对标准偏差在 1.2% ~ 10.9%。

第七节

多种真菌毒素同时检测

文献所报道的真菌毒素的检测大多并不局限于单一种类的真菌毒素，通常是多种类真菌毒素的同时检测。样品基质类型最为常见的是谷物类，其他还包括饲料、鸡蛋、酒、乳和乳制品、调料等。为实现多种真菌毒素的同时测定，QuEChERS 前处理技术对不同性质和结构的真菌毒素可得到满意的回收率，且可为通常所使用的 GC - MS/MS、LC - MS/MS 等检测技术提供较为干净的样品。

一、谷物中多种真菌毒素同时检测

真菌毒素一直以来都是谷物的最大污染源，影响经济和农业生产，严重威胁动物和人的安全。文献所报道的谷物中多种真菌毒素同时检测所涉及的谷物包括大米、小米、大麦、小麦、玉米、高粱等。

Vaclavik 等人采用改进的 QuEChERS 前处理技术，对小麦和玉米中的 11 种易于电离的真菌毒素（脱氧雪腐镰刀菌烯醇、雪腐镰刀菌烯醇、玉米赤霉烯酮、乙酰脱氧雪腐镰刀菌烯醇、脱环氧 - 脱氧雪腐镰刀菌烯醇、镰刀菌烯酮 X、交链孢霉烯、交链孢酚、交链孢霉甲基醚、双乙酸基草镰刀菌醇、柄曲霉素）进行实时原位高分辨离子阱质谱（Direct Analysis in Real Time - High Resolution Orbitrap Mass Spectrometry，DART - HRMS）检测。在 500mg/kg 的加标水平下，以同位素稀释法测得的回收率在 100% ~108%，重复性为 5.4% ~6.9%。根据基质校正曲线所得的回收率和重复性分别在 84% ~118% 和 7.9% ~12.0%。

Rubert 等人采用 QuEChERS 法提取大麦中由镰孢菌、麦角菌、曲霉菌、青霉菌和链格孢霉产生的 32 种真菌毒素，以超高压液相色谱 - 高分辨离子阱质谱法检测。作者比较了 QuEChERS、基质固相分散萃取、固液萃取和固相萃取四种不同前处理方法的提取效率。其他三种提取方法并不能充分提取所选的真菌毒素，所得的回收率也不能令人满意，相比之下 QuEChERS 快速而简单，能成功提取所研究的真菌毒素，绝大部分真菌毒素的回收率在 72% ~101%，相对标准偏差小于 17.4%。最低一级校正曲线在 1 ~100mg/kg。该方法被用于 15 个捷克的大麦样品中真菌毒素的监测，在 53% 的样品中检测到了镰孢菌属的代表性真菌毒素。

Rodríguez - Carrasco 等人采用 QuEChERS - GC - MS/MS 法测定了磨过的谷物样品中的棒曲霉毒素、玉米赤霉烯酮和脱氧雪腐镰孢菌毒素在内的三大类共10 种真菌毒素。与前面所描述的单一种类真菌毒素 GC - MS/MS 方法一样，均对所提取的目标物进行了衍生化。该方法对于所测定的真菌毒素的定量限低于10μg/kg，在 20 和 80μg/kg 两个加标水平下的回收率分别在 76% ~108% 和77% ~114%，相对标准偏差小于9%。在所分析的182 个样品中，脱氧雪腐镰刀菌烯醇的检出率最高，超过了 60%，其次是 HT -2 毒素和雪腐镰刀菌烯醇，检出率分别为 12.1% 和 10.4%。

Fernandes 等人采用 QuEChERS - LC - MS/MS 方法对谷物中包括黄曲霉毒素、赭曲霉毒素、伏马菌素、单端孢霉烯族毒素和玉米赤烯酮在内的五大类毒素中的 10 种真菌毒素进行了测定。在不同加标水平下，方法的回收率在72.9% ~120.6%，相对标准偏差小于 23.0%。对 15 个小麦样品、4 个玉米样品和 2 个大米样品的分析结果显示，在 3 个小麦样品中检测到了 DON，在 1 个小麦样品中同时检测到了 FB_1 和 HT -2，在 2 个玉米样品中检测到了 FB_1，1 个玉米样品中检测到了 AFG_2，在 1 个大米样品中检测到了 ZEN。

陈慧菲等人建立了谷物中黄曲霉毒素 B_1、B_2、G_1、G_2、玉米赤霉烯酮、脱氧雪腐镰刀菌烯醇、3 - 乙酰基脱氧雪腐镰刀菌烯醇、15 - 乙酰基脱氧雪腐镰刀菌烯醇共 8 种真菌毒素的测定方法。样品采用改良的 QuEChERS 方法进行提取，用超高效液相色谱串联质谱仪进行测定。8 种毒素的线性相关系数（R^2）均不小于 0.998，检出限为 0.3 ~1.0μg/kg，加标回收率为 76.5% ~113.4%，相对标准偏差为 0.78% ~5.03%。该方法简单快速、准确、灵敏度高，可适用于谷物及其制品中多种真菌霉素的同时分析。

二、青贮饲料中多种真菌霉素同时检测

真菌毒素污染已成为影响饲料业发展的一大危害，饲料中的霉菌毒素能直接引起动物病理或生理变化，给畜禽养殖业及饲料工业的发展带来严重危害。

Rasmussen 等人采用省去净化步骤并以 pH 缓冲的改进 QuEChERS - LC - MS/MS 法对玉米青贮饲料中的 27 种真菌毒素进行了测定。pH 缓冲体系使得不管是处理良好储存的饲料（pH <4）还是处理被真菌感染的饲料（pH >7），提取体系都能保持 pH 稳定。该方法最终实现了 8 种真菌毒素的定量检测以及19 种真菌毒素的定性检测。由基质校正曲线测得大部分真菌毒素的回收率在60% ~115%，重复性在 5% ~27%，实验室间重现性在 7% ~35%。8 种定量检测的真菌毒素的检出限在 1 ~739μg/kg。

McElhinney 等人开发了一种 UHPLC - MS/MS 法同时测定草青贮饲料中的

20 种真菌毒素。样品中目标真菌毒素的提取采用改进的 QuEChERS 方法，提取液为 0.1mol/L 的盐酸水溶液，且省去了净化步骤。该方法的检出限在 3（黄曲霉毒素 B_1、白僵菌素、恩镰孢菌素 A 和 A_1） ~200μg/kg（脱氧雪腐镰刀菌烯醇），定量限在 10（黄曲霉毒素 B_1、白僵菌素、恩镰孢菌素 A_1） ~500μg/kg（脱氧雪腐镰刀菌烯醇）。该方法的准确性和精密度分别在 90% ~107% 和 3.9% ~15.0%。

Boudra 等人报道了一种 QuEChERS - LC - MS/MS 法检测甜菜渣青贮饲料中的黄曲霉毒素 B_1、脱氧雪腐镰刀菌烯醇、胶霉毒素、赭曲霉毒素 A、麦考酚酸、棒曲霉素、青霉酸、异烟棒曲霉素 C 和玉米赤烯酮 9 种真菌毒素。此方法同上述两个例子一样均省略了净化步骤。在使用基质校正曲线的情况下，除了胶霉毒素和异烟棒曲霉素 C 的回收率较低外，分别为 21% 和 34%，其余 7 种真菌毒素的回收率都在 64% ~168%。在对 40 个甜菜渣青贮饲料样品的分析中，麦考酚酸和玉米赤烯酮的检出率最高，其中 5 个样品中检测到的麦考酚酸的含量从痕量高至 1436μg/kg，3 个样品中检测到的玉米赤烯酮分别为 1023、4826、6916μg/kg，后两个已超出推荐性限量（2000μg/kg）。

三、鸡蛋中多种真菌毒素同时检测

作为人们日常饮食中重要的蛋白来源之一，鸡蛋的产量及消耗量与日俱增。鉴于真菌毒素无处不在，鸡蛋中真菌毒素污染是鸡蛋中的危险污染源之一，可引发潜在的食物中毒，鸡蛋中真菌毒素的监测对人们的饮食健康具有重要意义。

Frenich 等人建立了一种可靠、快速的 QuEChERS - UHPLC - MS/MS 方法检测鸡蛋中的 10 种真菌毒素（白僵菌素，恩链孢菌素 A、A_1、B_1，橘霉素，黄曲霉毒素 B_1、B_2、G_1、G_2，赭曲霉毒素 A）。作者省略了净化步骤，优化了提取条件和色谱检测条件以提高检测通量和灵敏度。定量采用基质校正后的工作曲线，在 10、25、50 和 100μg/kg 四个加标水平下，大部分真菌毒素的回收率在 70% ~110%，相对标准偏差小于 25%。方法的检出限和定量限分别在 0.5 ~5μg/kg 和 1 ~10μg/kg。在所分析的 7 个鸡蛋样品中，检测到了痕量的黄曲霉毒素 B_1、B_2、G_1、G_2 和白僵菌素。

Zhu 等人建立了一种 QuEChERS - HPLC - MS/MS 法同时检测鸡蛋中的 15 种真菌毒素，同样省略了净化步骤，缩短了分析时间。方法的回收率在 71.3% ~105.4%，重复性和重现性分别为 15% 和 25%，定量限在 0.2 ~5μg/kg。该方法被用于分析 12 个鸡蛋样品，检出了痕量的脱氧雪腐镰刀菌烯醇、15 - 乙酰基脱氧雪腐镰刀菌烯醇、黄曲霉毒素 B_1、黄曲霉毒素 G_2、玉米赤霉烯酮和 β - 玉米赤霉醇。

四、啤酒中多种真菌毒素同时检测

因谷物易受真菌毒素污染，而啤酒的酿造以谷物为原料，鉴于真菌毒素热稳定性相对较好且具有一定的水溶性，故真菌毒素可能从谷物原料中转移至啤酒中，因此十分有必要监测啤酒中的真菌毒素。

Tamura 等人通过改进 QuEChERS - UHPLC - MS/MS 检测了啤酒类饮料中的 15 种真菌毒素。该方法以乙腈为提取溶剂，盐析剂由无水 $MgSO_4$、NaCl 和柠檬酸钠组成，以含 C_{18}的固相萃取柱净化。15 种真菌毒素在 6.5min 内分离，方法的回收率在 70.3% ~110.7%，相对标准偏差小于 14.6%。作者分析了 24 种市售啤酒类饮料，在 7 个样品中检测到了痕量的雪腐镰刀菌醇、脱氧雪腐镰刀菌醇和伏马菌素，但其浓度均在定量限以下。

Rodríguez - Carrasco 等人建立了一种 QuEChERS - GC - MS/MS 法测定了 154 个啤酒样品中的 14 种真菌毒素。大部分真菌毒素的回收率在 70% ~110%，相对标准偏差小于 15%，方法的检出限在 0.05 ~8μg/L。在所分析的样品中，HT -2 毒素的检出率为 9.1%，DON 毒素的检出率为 59.7%。此外，作者评估了喝啤酒的人的真菌毒素的暴露水平，结果表明对一般水平的啤酒饮用量而言，不足以引起真菌毒素中毒。

五、乳和乳制品中多种真菌毒素同时检测

哺乳动物食用被黄曲霉毒素 B_1 和 B_2 污染的饲料或食品，会代谢产生黄曲霉毒素 M_1 和 M_2，并分泌至乳汁中。

Rubert 等人建立了一种 QuEChERS - UHPLC - HRMS 方法检测母乳中的 27 种真菌毒素。该方法的回收率在 64% ~93%，相对标准偏差小于 20%。方法用于分析 35 个母乳样品，检测到了一些真菌毒素及其代谢产物。

Jia 等人建立了一种 QuEChERS - UHPLC - HRMS 方法检测乳制品中的 58 种真菌毒素。方法的回收率在 86.6% ~113.7%，变异系数小于 6.2%。58 种真菌毒素的线性范围为 0.001 ~100μg/kg，R^2 大于 0.99，检出限在 0.0001 ~0.92μg/kg，重复性小于 6.4%。

Victor Sartori 等人报道了一种 QuEChERS - UHPLC - MS/MS 法检测牛乳和乳粉中的黄曲霉毒素 M_1、M_2、B_1、B_2、G_1、G_2 和赭曲霉毒素 A。方法的回收率在 72% ~121%，相对标准偏差小于 17%。超高温灭菌牛乳和乳粉中黄曲霉毒素 M_1 的定量限分别为 0.017μg/kg 和 0.25μg/kg。建立的方法被用于分析超市中的乳制品，在所有牛乳样品中均未检测到赭曲霉毒素 A 和黄曲霉毒素 B_1、B_2、G_1、G_2，而在 53 个样品中检测到了黄曲霉毒素 M_1，检出率高达 74%，超高温灭菌牛乳中 M_1 检出率为 69%，其浓度在 0.08 ~1.19 μg/kg。在 17 个

乳粉样品中检测到了黄曲霉毒素 M_2，检出率为24%。

六、草药中多种真菌毒素同时检测

草药在种植、收割、加工、运输及储存过程中可能受到真菌污染，继而产生真菌毒素污染。

Liu 等人采用 QuEChERS 前处理方法提取了当归中包括黄曲霉毒素、赭曲霉毒素、伏马菌素和玉米赤烯酮四大类共 8 种真菌毒素，并以 LC－MS/MS 检测。方法的检出限和定量限分别在0.005～0.125μg/kg 和0.0625～0.25μg/kg。在三个不同加标水平下测得的回收率在78.9%以上，相对标准偏差小于6.36%。对市售当归样品的分析结果表明：在两个样品中检测到了黄曲霉毒素 A_1 和 G_1，其中黄曲霉毒素 A_1 的含量分别为2.07μg/kg 和2.92μg/kg，黄曲霉毒素 G_1 的含量分别为2.84μg/kg 和1.53μg/kg。

Arroyo－Manzanares 等人建立了一种 QuEChERS－分散固相微萃取－UHPLC－MS/MS 方法测定水飞蓟中的15 种真菌毒素。该方法中的样品前处理过程由两部分组成，其一是以改进的 QuEChERS 方法测定了5 种真菌毒素，其二是以分散固相微萃取方法测定了剩余的10 种真菌毒素。方法的回收率在62.3%～98.9%，定量限能够满足法规规定限量的测定要求。

参考文献

［1］Blount W. P.. Turkey ‘X’ disease. J. Brit. Turkey Federation.，1961，9：55－58.

［2］孙飞，方热军. 饲料中霉菌毒素的研究进展. 饲料研究，2014，2：34－37.

［3］陈必芳. 我国饲料霉菌及霉菌毒素污染现状［J］. 中国药理学和病理学杂志，1997，11（2）：91－92.

［4］Sirhan A. Y.，Tan G. H.，Wong R. C. S.. Method validation in the determination of aflatoxins in noodle samples using the QuEChERS method（Quick，Easy，Cheap，Effective，Rugged and Safe）and high performance liquid chromatography coupled to a fluorescence detector（HPLC－FLD）. Food Control，2011，22：1807－1813.

［5］刘辉，张燕. QuEChERS－酶联免疫快速检测法测定茶叶中黄曲霉毒素 B1. 食品安全质量检测学报，2015，6：1307－1313.

[6] 程盛华，杨春亮，曾绍东，魏晓奕，王明月，李积华 . QuEChERS - 超高效液相色谱 - 串联质谱法测定植物油中黄曲霉毒素 . 化学试剂，2015，37：897 - 902.

[7] Llorent - Martínez E. J. , Ortega - Barrales P. , Fernández - de Córdova M. L. , Ruiz - Medina A. . Quantitation of ochratoxin a in cereals and feedstuff using sequential injection analysis with luminescence detection. Food Control, 2013, 30: 379 - 385.

[8] FernandesP. J. , Barros N. , Câmara J. S. . A survey of the occurrence of ochratoxin A in Madeira wines based on a modified QuEChERS extraction procedure combined with liquid chromatography - triple quadrupole tandem mass spectrometry. Food Res. Int. , 2013, 54: 293 - 301.

[9] Sirhan A. Y. , Tan G. H. , Wong R. C. S. . Simultaneous detection of type A and type B trichothecenes in cereals by liquid chromatography coupled with electrospray ionization quadrauple time of flight mass spectrometry (LC - ESI - QTOF - MS/MS) . J. Liq. Chromatogr. R. T. , 2012, 35: 1945 - 1957.

[10] Pereira V. L. , Fernandes J. O. , Cunha S. C. . Comparative assessment of three cleanup procedures after QuEChERS extraction for determination of trichothecenes (type A and type B) in processed cereal - based baby foods by GC - MS. Food Chem. , 2015, 182: 143 - 149.

[11] Rodríguez - Carrasco Y. , Font G. , Moltó J. C. , Berrada H. . Quantitative determination of trichothecenes in breadsticks by gas chromatography - triple quadrupole tandem mass spectrometry. Food Addit. Contam. Part A, 2014, 31: 1422 - 1430.

[12] Monaci L. , De Angelis E. , Visconti A. . Determination of deoxynivalenol, T - 2 and HT - 2 toxins in a bread model food by liquid chromatography - high resolution - Orbitrap - mass spectrometry equipped with a high - energy collision dissociation cell. J. Chromatogr. A, 2011, 1218: 8646 - 8654.

[13] Rodríguez-Carrasco Y. , Font G. , Moltó J. C. , Berrada H. . Determination of Mycotoxins in Bee Pollen by Gas Chromatography - Tandem Mass Spectrometry. J. Agric. Food Chem. , 2013, 61: 1999 - 2005.

[14] Tamura M. , Mochizuki N. , Nagatomi Y. , Harayama K. , Toriba A. , Hayakawa K. . Identification and Quantification of Fumonisin A1, A2, and A3 in Corn by High - Resolution Liquid Chromatography - Orbitrap Mass Spectrometry. Toxins, 2015, 7: 582 - 592.

[15] Petrarca M. H. , Rossi E. A. , de Sylos C. M. . In - house method validation, estimating measurement uncertainty and the occurrence of fumonisin B_1 in sam-

ples of Brazilian commercial rice. Food Control, 2016, 59: 439 –446.

[16] Porto – Figueira P. , Camacho I. , Câmara J. S. . Exploring the potentialities of an improved ultrasound – assisted quick, easy, cheap, effective, rugged, and safe – based extraction technique combined with ultrahigh pressure liquid chromatography – fluorescence detection for determination of Zearalenone in cereals. J. Chromatogr. A, 2015, 1408: 187 –196.

[17] Wu J. , Zhao R. , Chen B. , Yang M. . Determination of zearalenone in barley by high – performance liquid chromatography coupled with evaporative light scattering detection and natural occurrence of zearalenone in functional food. Food Chem. , 2011, 126: 1508 –1511.

[18] Vaclavikova M. , Dzuman Z. , Lacina O. , Fenclova M. , Veprikova Z. , Zachariasova M. , Hajslova J. . Monitoring survey of patulin in a variety of fruit – based products using a sensitive UHPLC – MS/MS analytical procedure. Food Control, 2015, 47: 577 –584.

[19] MyresiotisC. K. , Testempasis S. , Vryzas Z. , Karaoglanidis G. S. , Papadopoulou – Mourkidou E. . Determination of mycotoxins in pomegranate fruits and juices using a QuEChERS – based method. Food Chem. , 2015, 182: 81 –88.

[20] Vaclavik L. , Zachariasova M. , Hrbek V. , Hajslova J. . Analysis of multiple mycotoxins in cereals under ambient conditions using direct analysis in real time (DART) ionization coupled to high resolution mass spectrometry. Talanta, 2010, 82: 1950 –1957.

[21] Rubert J. , Dzuman Z. , Vaclavikova M. , Zachariasova M. , Soler C. , Hajslova J. . Analysis of mycotoxins in barley using ultra high liquid chromatography high resolution mass spectrometry: Comparison of efficiency and efficacy of different extraction procedures. Talanta, 2012, 99: 712 –719.

[22] Rodríguez – Carrasco Y. , Moltó J. C. , Berrada H. . Mañes J. . A survey of trichothecenes, zearalenone and patulin in milled grain – based products using GC – MS/MS. Food Chem. , 2014, 146: 212 –219.

[23] Fernandes P. J. , Barros N. , Santo J. L. , Câmara J. S. . High – Throughput Analytical Strategy Based on Modified QuEChERS Extraction and Dispersive Solid – Phase Extraction Clean – up Followed by Liquid Chromatography – TripleQuadrupole Tandem Mass Spectrometry for Quantification of Multiclass Mycotoxins in Cereals. Food Anal. Methods, 2015, 8: 841 –856.

[24] 陈慧菲，朱天仪，陈凤香，刘晓斌. QuEChERS – 超高效液相色谱串联质谱法测定谷物中的 8 种真菌毒素. 粮食与油脂，2016，5: 67 –70.

[25] Rasmussen R. R., Storn I. M. L. D., Rasmussen P. H., Smedsgaard J., Nielsen K. F.. Multi – mycotoxin analysis of maize silage by LC – MS/MS, Anal. Bioanal. Chem., 2010, 397: 765 –776.

[26] McElhinney C., O' Kiely P., Elliott C., Danaher M.. Development and validation of an UHPLC – MS/MS method for the determination of mycotoxins in grass silages. Food Additives & Contaminants: Part A, 2015, 32: 2101 –2112.

[27] Boudra H., Rouillé B., Lyan B., Morgavi D. P.. Presence of mycotoxins in sugar beet pulp silage collected in France. Anim. Feed Sci. Tech., 2015, 205: 131 –135.

[28] Frenich A. G., Romero – González R., Gómez – Pérez M. L., Vidal J. L. M.. Multi – mycotoxin analysis in eggs using a QuEChERS – based extraction procedure and ultra – high – pressure liquid chromatography coupled to triple quadrupole mass spectrometry. J. Chromatogr. A., 2011, 1218: 4349 –4356.

[29] Zhu R., Zhao Z., Wang J., Bai B., Wu A., Yan L., Song S.. A simple sample pretreatment method for multi – mycotoxin determination in eggs by liquid chromatography tandem mass spectrometry. J. Chromatogr. A., 2015, 1417: 1 –7.

[30] Tamura M., Uyama A., Mochizuki N.. Development of a Multi – mycotoxin Analysis in Beer – based Drinks by a Modified QuEChERS Method and Ultra – High – Performance Liquid Chromatography Coupled with Tandem Mass Spectrometry. Anal. Sci., 2011, 27: 629 –635

[31] Rodríguez – CarrascoY., Fattore M., Albrizio S., Berrada H., Mañes J.. Occurrence of Fusarium mycotoxins and their dietary intake through beer consumption by the European population. Food Chem., 2015, 178: 149 –155.

[32] RubertJ., León N., Sáez C., Martins C. P. B., Godula M., Yusà V., Mañes J., José Soriano J. M., Soler C.. Evaluation of mycotoxins and their metabolites in human breast milk using liquid chromatography coupled to high resolution mass spectrometry. Anal. Chim. Acta, 2014, 820: 39 –46.

[33] Jia W., Chu X., Ling Y., Huang J., Chang J.. Multi – mycotoxin analysis in dairy products by liquid chromatography coupled to quadrupole orbitrap mass spectrometry. J. Chromatogr. A, 2014, 1345: 107 –114.

[34] Sartori A. V., de Mattos J. S., de Moraes M. H. P., da Nóbrega A. W.. Determination of Aflatoxins M1, M2, B1, B2, G1, and G2 and Ochratoxin A in UHT and Powdered Milk by Modified QuEChERS Method and Ultra – High – Performance Liquid Chromatography Tandem Mass Spectrometry. Food Anal. Meth-

ods, 2015, 8: 2321 -2330.

[35] Liu Q. , Kong W. , Guo W. , Yang M. . Multi - class mycotoxins analysis in Angelica sinensis by ultra fast liquid chromatography coupled with tandem mass spectrometry. J. Chromatogr. B, 2015, 988: 175 -181.

[36] Arroyo - Manzanares N. , García - Campaña A. M. , Gámiz - Gracia L. . Multiclass mycotoxin analysis in Silybum marianum by ultra high performance liquid chromatography - tandem mass spectrometry using a procedure based on QuEChERS and dispersive liquid - liquid microextraction. J. Chromatogr. A, 2013, 1282: 11 -19.

第六章

QuEChERS 技术在食品添加剂和非法添加物检测领域的应用

根据《中华人民共和国食品安全法》的规定，食品添加剂是为改善食品色、香、味等品质，以及为防腐和加工工艺的需要而加入食品中的人工合成或者天然物质。一般来讲，食品添加剂都是非营养物质。

食品添加剂具有以下三个特征：一是为加入到食品中的物质，因此，它一般不单独作为食品来食用；二是既包括人工合成的物质，也包括天然物质；三是加入到食品中的目的是为改善食品品质和色、香、味以及为防腐、保鲜和加工工艺的需要。

需要注意的是，食品中的非法添加物不等同于食品添加剂，食品中违法添加物是指除食品主辅原料、食品添加剂以外的其他添加到食品中的任意物质。这些违法添加物很多属于工业用的添加剂。此外，过量使用食品添加剂或不按标准使用食品添加剂都应归属于在食品中违法使用添加物。

随着我国经济的突飞猛进，人民的生活水平提高，食品安全问题越来越受到重视，特别是近 10 年来，我国境内与食品安全相关的重大事件被频频曝光。从 2003 年的阜阳市“大头娃娃”奶粉事件起，到广州市白云区劣质散装白酒事件、陈化粮事件、苏丹红事件、孔雀石绿事件、湖北武汉等地的人造蜂蜜事件、三鹿三聚氰胺毒奶粉事件等，食品安全事件年年发生、接踵而来。这些食品安全问题的核心还是食品添加剂的滥用。食品添加剂在实际生产中的违法使用、超量使用以及超范围使用是造成食品安全问题突出的主要来源。古谚语：民以食为天，食品安全关乎生命，关乎健康，是我国民生发展亟待解决的首要问题之一。我国《食品添加剂新品种管理办法》中明确规定，食品添加剂应当在技术上明确有必要且经过风险评估证明安全可靠，在达到预期的效果前提基础上尽可能降低在食品中的用量。

与此同时，食品安全检测成为许多检测机构主要的日常工作。而食品安全检测目前的热点集中于食品添加剂和非法添加物的检测。食品种类繁多，不同类型的样品基质也不同，对样品进行分析时，前处理的好坏对分析结果影响较大。

QuEChERS 前处理方法虽然最初最主要应用在农药残留检测领域，但是其提取、净化、除杂的原理与很多样品的前处理方式吻合，且具有其他方法不可比拟的优势，在某些具体样品的测定中使用，可以取得较为理想的测定效果。在这一章中我们就食品添加剂及非法添加物检测中以 QuEChERS 方法或改进的 QuEChERS 方法来进行样品前处理的应用进行介绍。

第一节

合成色素的检测

食品中的合成色素分为食用合成色素和非食用合成色素两大类。

食用合成色素基本上都是焦油色素，焦油色素系以苯、甲苯、萘等煤焦油成分为原料，经过磺化硝化、卤化、偶氮化等有机反应合成，与天然色素相比，焦油色素性质稳定、色彩鲜艳、牢固度大、易于着色，并可任意调色，成本低廉、使用方便，因而被广泛应用。GB 2760—2014《食品安全国家标准 食品添加剂使用标准》中允许使用、并明确规定限量的合成色素包括赤藓红及铝淀新红及其铝淀、亮蓝及其铝色淀、靛蓝及其铝色淀、酸性红及其铝色淀等 11 种焦油色素，均为水溶性色素。

非食用合成色素是指不能作为食品添加剂在食品中使用的色素，主要是一些用于工业用途的化学合成色素或染料。食品中非法添加的非食用色素绝大多数为合成色素。食品中添加非食用色素的现象由来已久，在众多食品中违法添加非食用色素的事件中，具有代表性的是 2005 年爆发的全球性苏丹红污染食品事件。2008 年 12 月和 2010 年 3 月，卫生及相关部门发布的 2 批食品中可能违法添加的非食用物质名单中，即包括了多种非食用合成色素，如可能在辣椒制品中使用的苏丹红，可能在腐皮中使用的碱性橙 II，可能在调味品中使用的罗丹明 B、碱性橙，可能在豆制品中使用的酸性橙 II 和碱性嫩黄，可能在卤制熟食中使用的酸性橙，可能在小米、玉米粉、熟肉制品等中使用的工业染料，可能在黄鱼中使用的酸性橙 II、碱性黄，可能在茶叶中使用的铅铬绿等。

目前，我国食品中合成色素检测依据主要为国家标准、行业标准及地方标准等，主要涉及 10 种食用色素和 12 种非食用色素，表 6 - 1 所示为部分合成色素的检测标准。其中，非食用合成色素是检测工作的重点。

表6－1　　我国部分食品合成色素检测标准

标准号	标准名称
GB 5009.35—2016	食品安全国家标准　食品中合成着色剂的测定
GB/T 19681—2005	食品中苏丹红染料的检测方法　高效液相色谱法
GB/T 23496—2009	食品中禁用物质的检测　碱性橙染料　高效液相色谱法
SN/T 1743—2006	食品中诱惑红、酸性红、亮蓝、日落黄的含量检测高效液相色谱法
SN/T 2430—2010	进出口食品中罗丹明B的检测方法
DB35/T 897—2009	食品中碱性橙、碱性嫩黄O和碱性桃红T含量的测定
DB35/T 896—2009	食品中碱性桃红T含量的测定　液相色谱－荧光检测法
DBS22/006—2012	食品安全地方标准　食品中酸性橙、碱性橙2和碱性嫩黄的测定　液相色谱－串联质谱法
DB33/T 703—2008	食品和农产品中多种碱性工业染料的测定　液相色谱－串联质谱法

除了表6－1所示的一些检测方法，食品中合成色素的检测技术还有很多其他种类的选择，包括示波极谱法、拉曼光谱法、毛细管电泳法、红外光谱法、高分辨质谱法，甚至可以采用免疫学方法进行检测，如现在较为盛行的食品快检技术（试剂盒），也可以应用到合成色素上。但是，无论采用何种方法进行检测，样品的前处理仍然是不可或缺的一环。

合成色素大多数为极性较强和沸点较高的化合物，按照性质又可分为水溶性（如我国允许使用的11种可食用合成色素）和脂溶性（如非食用色素苏丹红等）。在对样品进行前处理的过程中，兼顾待测物的性质和样品基质构成，同时实现多种物质的高通量检测仍是这一领域的热点和难点。主要的前处理方法有液液提取、液固提取、聚酰胺吸附、凝胶渗透色谱（GPC）净化等，也有不经过净化直接进样分析的。

GB 5009.35—2016前处理采用聚酰胺吸附法。聚酰胺是具有酸碱二极性的化合物，在酸性条件下与水溶性酸性染料结合，而与天然色素、淀粉等物质分离，然后在碱性条件下解吸食用合成色素。此纯化过程步骤繁琐、操作费时；对于含有大量蛋白质、脂肪等固体样品，按国标方法用水提取时色素易与蛋白质结合，提取率低，且在聚酰胺吸附色素后，经G3砂芯漏斗抽滤时容易出现滤饼，抽滤效率较低；另外，国标方法采用254nm波长检测，食品中许多化学物质在此波长下有吸收，测定时易受样品基质的干扰。

QuEChERS方法在一个方法中包含了提取和净化的步骤，可以有效避免上述问题的产生，适用于复杂基质的测定。

本节主要介绍QuEChERS前处理方法在合成色素测定中的应用报道。

一、豆制品中合成色素的检测

1. 豆制品中 9 种工业染料的超高效液相色谱法测定

QuEChERS 方法最初开发主要针对含水量较大（>80%）的基质，如水果、蔬菜等，而豆制品如豆腐、豆皮、腐竹等蛋白质含量高，水分含量相对较小，对于此类样品，需要较小称样量或在萃取过程中添加一定量的水，以保证得到较高的萃取效率。

豆制品中较易添加的合成色素是一些黄色染料，路杨等采用 QuEChERs 方法对豆制品中染料进行测定时，前处理的步骤如下：

称取 1g 样品于 15mL 聚丙烯离心管中，加乙腈:水（7:3，体积比）溶液 2mL，涡旋振荡 1min，使溶液混合均匀，然后超声提取 30min，将 QuEChERS 粉末加入固相萃取管中（$MgSO_4$ 150mg，C_{18} 25mg），涡旋振荡 1min，取 1mL 过 0.22μm 滤膜于进样瓶中，待检测。

该方法考察了水相滤膜和有机相滤膜对于这 8 种待测物的吸附，实验表明，采用水相滤膜可以减少待测物的吸附，具有较高的回收率和重复性。

2. 豆制品中二甲基黄和二乙基黄的 QuEChERS－液相色谱串联质谱法测定

二甲基黄、二乙基黄为偶氮类染料，也是工业染料中的一种。其中二甲基黄又叫对二甲氨基偶氮苯或二甲氨基偶氮苯，为酸碱指示剂、非水溶液滴定指示剂及用于胃液中游离盐酸的测定；二乙基黄作为染剂常添加于汽油、柴油、蜡油、油墨等物质中。2014 年台湾的“毒豆干”事件将二甲基黄、二乙基黄推到了食品安全的风口浪尖。

在对腐竹、豆干等样品中的二甲基黄、二乙基黄测定时，范素芳等采用改进后 QuEChERS 方法对样品进行前处理。

前处理：分别称取腐竹、豆干样品 2.0g 于 50mL 离心管中，加入 5mL 去离子水，混匀后加入 10mL 乙腈，涡旋混匀 1min；加入 1.0g NaCl、2.0g 无水硫酸镁，涡旋混匀 1min 后于 10000r/min 离心 5min；取 1mL 上清液于 2mL 离心管中，加入 50mg PSA，涡旋 30s，于 10000r/min 下离心 1min；取上清液过 0.22μm 有机滤膜，滤液待测定。

在这个实验中，对样品的加水量进行了考察，考察范围为 0.2～5mL。最终实验选取体积为 5mL。同时也考察了净化条件，采用农残测定前处理中使用较多的多碳纳米管与 PSA 进行比较，实验结果表明，多碳纳米管对两种染料均有吸附作用，因此，最终使用 PSA 作为净化剂。

3. 豆制品中 7 种合成色素的同时测定

采用 QuEChERS 方法在对豆制品中合成色素进行测定时，上述两种方法对前处理条件中具体涉及的参数（萃取剂用量、净化剂用量等）只是简单地进行了一些考察，而刘丽等的研究表明，在多个独立因素存在的条件下，不同测试水平之间存在一个最优的组合，此组合条件可以认为是最佳的前处理条件。在实际操作中，通过正交设计等一些方式，可以筛选出最佳组合，相对于只对单个参数的不同试验水平进行选择，采用正交试验的分析过程工作量更大，也更为全面，这一点可以理解为“由平面到立体的变革”，对单个参数的不同试验水平进行选择只是关注了二维空间的信息，而正交试验，则是从更为宏观的角度对实验条件进行选择，由此选择出来的条件包含的信息更为准确，也更合理，这方面的应用也有很多实例。

测定对象：豆制品中柠檬黄、苋菜红、胭脂红、日落黄、诱惑红、亮蓝、偶氮玉红。

样品前处理：将样品搅碎，称取 5.0g 样品于 50mL 聚四氟乙烯离心管中，加入 25mL 无水乙醇 - 氨水 - 水（7∶2∶1），超声 10min，4000r/min 离心 10min。取上清液 12mL 置于另一 50mL 离心管中，加入吸附剂 PSA 100mg 和 C_{18} 300mg，涡旋 2min，4000r/min 离心 15min，取 10mL 上清液置于蒸发皿中，用冰乙酸调节至中性蒸至近干，用水定容至 2mL，溶液经 0.22μm 滤膜过滤后待用。

实验通过设立正交试验对上述前处理方法中的具体条件进行筛选，最终选定的实验条件如上所述。正交试验表见表 6-2。

表 6-2　正交试验因素水平表

水平	A 超声时间 /min	B 离心时间 /min	C PSA 质量 /mg	D C_{18} 质量 /mg
1	10	5	100	100
2	15	10	200	200
3	20	15	300	300

二、白酒中合成色素的检测

根据 GB 2760—2014《食品安全国家标准　食品添加剂使用标准》，只有配制酒允许添加合成色素，且对添加量有一定要求，而其他酒类则严禁添加合成色素。但是，市场上大量存在采用非法制造工艺制造的假冒伪劣的葡萄酒、果酒、白兰地、威士忌等品种的酒类，通过非法添加合成色素使其外观接近合格产品，对于这类产品的检验，多采用固相萃取 SPE 的方法，但是 Jia 等采用改进后的 QuEChERS 方法对酒类样品中 69 种合成色素的同时检测，说明

QuEChERS 方法适合合成色素的高通量检测。

样品前处理：称取 15g 样品至 50mL 离心管中超声 10min，加入 10mL 萃取剂（含 1% 甲酸的乙腈溶液），在涡旋振荡器上剧烈振荡 1min（以最高速），加入 6g 无水硫酸镁、1.45g 乙酸钠和陶瓷均质子，然后立刻振荡 1min，在 4℃ 条件下以 1500r/min 离心 5min，取 8mL 上清液至含有 $MgSO_4$（1.2g）、PSA（107mg）和 C_{18}（96mg）的 50mL 离心管中涡旋振荡 1min 后，在 4℃ 条件下以 1500r/min 离心 5min。取上清液 200μL 至小型前处理瓶中，加入 300μL 甲醇和 500μL 8mmol/L 的甲酸铵缓冲溶液，加盖后涡旋振荡 30s，后经 0.22μm 尼龙滤膜过滤后待测。

在这个实验中，对 QuEChERS 方法最佳操作参数的选择采用的是响应面分析法（Response Surface Methodology，RSM），实验设计见表 6-3，最佳实验条件见上述前处理方法。

表 6-3　QuEChERS 实验设计

独立因素	单位	标识	标记水平				
			−α	−1	0	1	+α
萃取液体积	mL	X_1	2	6	10	14	18
醋酸钠质量	g	X_2	0.5	1	1.5	2	2.5
PSA 质量	mg	X_3	0	50	100	150	200
C_{18} 质量	mg	X_4	0	50	100	150	200

三、鱼肉中合成色素的检测

孔雀石绿（MG）和结晶紫（CV）具有抗菌等活性，常被用于水产养殖业。但 MG、CV 及其代谢产物隐色孔雀石绿（LMG）、隐色结晶紫（LCV）具有致癌性。所以这两种合成色素是禁止用于水产业的，关于水产品中染料的残留检测是食品安全分析的重要问题。

由于水产品也属于一种复杂基质，且其生存环境更易受外界污染，因此，样品前处理尤为重要。朱程云等将改进的 QuEChERS 方法用于鱼肉中孔雀石绿、隐色孔雀石绿、结晶紫、隐色结晶紫的快速检测。

前处理：鱼肉去骨刺后，切片均质化，称取 2g 样品至 15mL 聚丙烯离心管中，加入 2mL 甲酸铵（0.1mol/L，pH = 3）和 3mL 乙腈，在涡旋振荡器上振荡提取后，加 2g 氯化钠，在涡旋振荡器上振荡混合 2min，后在离心机中以 6000r/min 的速度离心 5min，取上清液 1mL 至 2.5mL 聚丙烯管中，加入 50mg C_{18}SAX 填料。混合液超声 1min，经 0.22μm 滤膜过滤，滤液再按照 4:1 的体积比与甲酸铵溶液（0.1mol/L，pH =3）混合，后待分析。

在这个实验中，不是通过正交或其他方式对 QuEChERS 方法的最佳操作参数进行选择，而是通过对萃取体积、分层剂（氯化钠或硫酸镁）及其质量、净化剂（C_{18}、PSA、C_{18}SAX）及其质量分别进行选取。最终选择的条件见前处理过程，实验比较了不同净化剂的结构差异，由其结构差异得出其对目标物的净化能力不同，而做出最佳选择，此实验中最佳净化剂为 C_{18}SAX。

四、酵母抽提物中合成色素的检测

黄色合成色素有很大一部分属于偶氮类染料，多用于纺织和造纸等领域。偶氮类染料特别是可释放出特定芳香胺的偶氮染料，具有致畸、致癌性、致突变等毒性作用。食品中允许添加的黄色染料有柠檬黄、日落黄、喹啉黄等，但大部分黄色合成色素是禁止应用于食品的。酵母抽提物是一种以酵母为原料经自溶、精制等工艺而制得的营养丰富的天然调味料，在调味品、快速消费品等食品行业中具有广泛的用途。为防止以非法添加黄色合成色素的方式伪造或以次充好酵母抽提物，对酵母抽提物中黄色合成色素的检测十分必要。

粟有志等利用 QuEChERS - 高效液相色谱 - 串联质谱法测定酵母抽提物中 9 种黄色合成色素。

样品前处理：称取 1g 样品（精确至 0.01g）于 50mL 具塞离心管，加入 10mL 乙腈 - 甲醇（5∶5，体积比），10000r/min，均质 1min，超声 30min，10000r/min 离心 5min，取上层清液 7mL 于 15mL 具塞离心管，加入乙腈饱和的正己烷 5mL 涡旋 30s，静置 5min，弃去正己烷层。加入吸附剂 C_{18} 和 PEP 粉各 0.1g，摇匀，10000r/min 离心 5min，取上清液 5mL 于 10mL 试管中，40℃水浴氮吹至干，用 1mL 乙腈 - 水（1∶9，体积比）复溶。将溶液转移至 1.5mL 离心管中，15000r/min 离心 10min，上清液待测。

在这个实验中，对 QuEChERS 方法最优条件进行选择时，同样是对萃取剂及其体积、净化条件进行分别选取的。由于 9 种黄色合成色素极性均较强，易溶于水，实验比较了极性溶剂丙酮、水、乙醇、乙腈、甲醇、乙腈 - 甲醇（5∶5，体积比）、丙酮 - 甲醇（5∶5，体积比）对 9 种色素的提取效果。结果表明：水和甲醇提取时，酵母抽提物完全溶于提取剂，样品易形成糊状，给后续净化带来困难；乙腈、丙酮、乙醇、丙酮 - 甲醇（5∶5，体积比）提取时，部分色素的回收率达不到检测要求；乙腈 - 甲醇（5∶5，体积比）提取时，9 种色素提取的回收率为 84% ~ 101%。净化剂选取了 PSA、C_{18}、PCX、PEP、NH_2、ALA、GCB 7 种吸附剂，结果表明：用 PCX、PSA、GCB、NH_2、ALA 净化，部分色素的回收率达不到检测要求，而采用 C_{18} 和 PEP，9 种色素的回收率均可满足检测要求。

五、脐橙中合成色素的检测

2004 年和 2013 年，对于橙子这种市场上较为常见的水果进行抽查的过程中，相继发现其含有柑橘红 2 号和苏丹红 2 号染色剂。柑橘红 2 号和苏丹红（分为 1、2、3、4 号）均属于常见的人工合成色素。柑橘红 2 号染料为橘红色粉末，不溶于水，溶于芳烃类溶剂，在柑橘中主要作为染色剂用，其目的是增加甜橙果实的红色色泽与着色均匀度，提高果实的市场竞争力。但由于其可能的致癌性，柑橘红 2 号色素被大部分国家和地区所禁用。而苏丹红 1、2、3、4 号均具有致突变性和致癌性，苏丹红 1 号还可能造成肝脏细胞的 DNA 突变。美国食品与药物管理局（FDA）明确规定，柑橘红 2 号仅限用于鲜食早熟甜橙的果皮增色，全果中最大残留量不得超过 2mg/kg；我国 GB 2760—2014《食品安全国家标准　食品添加剂使用标准》规定则更为严格，禁止柑橘红 2 号和苏丹红在食品中使用。

张耀海等利用温控离子液体分散液液微萃取结合高效液相色谱法检测了脐橙中染色剂残留。对于多数 QuEChERS 方法，测定的第一步一般为普通液液萃取，萃取剂为乙腈、甲醇等一些有机溶剂，此类溶剂挥发性强，对操作人员危害较大。分散液液微萃取（CDLLME）技术具有有机溶剂用量少且富集效率高等优点，但高毒性卤化烃也是较多使用。离子液体相对于上述两种溶剂，具有低毒、热稳定性好等特性，且理化性质可调，目前，基于离子液体的 DLLME 技术已经被逐渐应用于污染物的分析检测。但该方法净化能力差，在对复杂基质（如水果）中合成色素进行检测时，需要结合其他一些净化方法，才可以得到较好的测定效果。将离子液体、液液微萃取和 QuEChERS 三种前处理手段结合起来，可以有效避免每一种技术单独使用所带来的缺点，应用在脐橙中柑橘红 2 号和苏丹红的测定，结果良好。

前处理：QuEChERS 部分：准确称取粉碎后样品 10.0g，置于 50mL 离心管中，向其加入 10mL 乙腈，振荡 30min；加入 4g 无水 $MgSO_4$ 和 1g NaCl，振荡 1min，离心 5min（4000r/min）；取 2mL，转入已加有 50mg PSA 和 150mg 无水 $MgSO_4$ 的 4mL 离心管中，振荡 1min，离心 5min（4000r/min）；取 1mL 上清液作为 DLLME 步骤的分散剂。

温控离子液体 DLLME 步骤：将 60μL 1 - 辛基 - 3 - 甲基咪唑六氟磷酸盐［C_6MIM］［PF_6］和上述 1mL 分散剂混合液涡旋 1min，快速注入 5mL 去离子水，于 55℃ 水浴 12min，冰水浴 10min，形成乳浊液，离心 5min（4000r/min），取 30μL 离心管底部的萃取剂于进样瓶的内插管中，用 30μL 甲醇稀释，待测。

在分散液液微萃取中，萃取剂和分散剂的类型和用量是影响萃取效率的重要因素。而 QuEChERS - DLLME 联用技术中，通常采用乙腈提取液作为分散剂，因此只需考虑萃取剂的类型和用量。本研究选择 3 种离子液体：1 - 辛基 - 3 - 甲基咪唑六氟磷酸盐［C_8MIM］［PF_6］、1 - 丁基 - 3 - 甲基咪唑六氟磷酸盐［C_4MIM］［PF_6］和 1 - 己基 - 3 - 甲基咪唑六氟磷酸盐［C_6MIM］［PF_6］，考察它们对染色剂的萃取效果。实验结果表明，［C_8MIM］［PF_6］的萃取效果最好，故选其为萃取剂。分别选取 40、50、60、70 和 80μL 的［C_8MIM］［PF_6］，考察其用量对染色剂回收率的影响，结果显示，随着萃取剂用量的增大，5 种染色剂的回收率均增大，但富集倍数也随之降低；当用量为 60μL 时，回收率最佳。

并且由于温控离子液体 - 分散液液微萃取技术是在一定温度下将离子液体融入水体中，然后在低温条件下将离子液体冷凝析出，达到富集目标化合物的目的。当温度较低时，离子液体不能很好地分散在水相中；当温度过高时，分析物可能部分挥发，导致萃取效率降低。因此，实验对水浴温度和时间也进行了选择。

第二节

邻苯二甲酸酯类增塑剂的检测

邻苯二甲酸酯类作为用途最广、用量最大的主增塑剂，约占增塑剂市场份额 88%，对其毒性的研究也较为深入。邻苯二甲酸酯又称酞酸酯（Phthalic acid esters），简写为 PAEs，目前广泛用于医药、化工、化妆品、农药以及食品包装材料等行业。由于 PAEs 未与塑料、涂料等中的高分子基质形成稳定的化学键，使用后容易从中迁移，造成污染并可能通过食物链传递给人体。目前，在饮用水、环境，甚至生物体内都有邻苯酯类化合物的检出。过去一直认为邻苯酯的毒性很低，但近期研究表明，邻苯酯能引起中枢神经和周围神经系统的功能性变化，显示出较强的内分泌干扰性，是一种环境激素，其在体内的长期积累，会严重影响人体正常生理机能，具有致畸、致癌和致突变等危害。

邻苯二甲酸酯类共有 30 多种物质，其中有 6 种已被 USEPA，也就是美国环保署列为“优先监测污染物名单”，它们分别是：DMP、DEP、DBP、DEHP、DNOP、BBP；美国要求自 2009 年 2 月 10 日起，儿童玩具或儿童护理用品中 6 类邻苯二甲酸酯的含量不得超过 0.1%；欧盟要求，PVC 材料、油漆、涂料、油墨、塑胶、印刷、纺织、化工产品中 6 种成分的含量不得超过 0.1%。

由于多数邻苯酯类化合物极性不强，在对其进行测定的时候，前处理可使用一些非极性 SPE 柱（如 HLB 等）对其进行吸附，然后再洗脱，或者直接采用弱极性溶剂如正己烷、环己烷对其进行液液萃取，也有报道采用搅拌棒吸附萃取和加速溶剂萃取的。现行标准中对不同研究对象前处理集中在索氏萃取或超声提取。对于基质较为复杂的生物类样品，需要在提取或吸附的基础上加入净化步骤。

关于 QuEChERS 方法对食品及包装材料中邻苯二甲酸酯类化合物的测定，目前文献报道较多，也较为集中，且取得了较好的测定效果，可以说，此类化合物是较为适合采用 QuEChERs 方法进行处理的。

一、调味品、果冻、面条及柚子酱中邻苯二甲酸酯类增塑剂的检测

施雅梅等利用 QuEChERS/高效液相色谱测定食品中 17 种邻苯二甲酸酯。

前处理：准确称取混匀的固体或半固体试样 5.0g（精确至 0.01g）于 50mL 具塞磨口玻璃试管中，加入 5mL 水（含水试样无需加水），准确加入 15mL 乙腈、6g $MgSO_4$ 和 1.5g CH_3COONa，涡旋 1min，4000r/min 离心 2min，收集上清液，于 40℃氮吹至近干。用乙腈定容至 1mL，加入 50mg PSA 粉（或 50mg PSA 粉和 50mg C_{18}粉）、150mg $MgSO_4$，涡旋 1min，4000r/min 离心 2min，取上清液，供 HPLC 分析。对于油脂食品，将上述上清液于 40℃氮吹至近干，用甲醇定容至 1mL，放入 -18℃冰箱冷藏 2 h，4000r/min 4℃冷冻离心 2min，取上清液，供 HPLC 分析。

提取溶剂的选择：邻苯二甲酸酯难溶于水，易溶于甲醇、乙醇、乙醚等有机溶剂。实验比较了甲醇、乙腈、丙酮和正己烷的提取效果，结果表明，丙酮的提取效果较差；甲醇的提取效果好，但其与水互溶，难以浓缩；正己烷与乙腈的提取效果无显著差异，均可满足分析要求，但正己烷不溶于水，与水混溶易分层，而乙腈具有较好的除脂及沉降蛋白作用。因此研究采用 QuEChERS 试剂盒进行净化，乙腈作为提取溶剂。

本例中选择 4 种不同类型的 QuEChERS 试剂盒对食品中的邻苯二甲酸酯进行前处理，分别为①50mg PSA，50mg C_{18}，150mg $MgSO_4$；②50mg PSA，150mg $MgSO_4$；③50mg PSA，50mg 石墨化炭黑，150mg $MgSO_4$；④50mg PSA，50mg 石墨化炭黑，50mg C_{18}，150mg $MgSO_4$。结果表明，含有石墨化炭黑填料（GPC）的产品对邻苯二甲酸酯的吸附性强，添加回收率几乎为零。采用 PSA 填料或 PSA + 封端 C_{18}的产品，净化效果好，添加回收率均可达到残留分析要求。但 PSA + 封端 C_{18}的回收率比 PSA 低，可能是封端 C_{18}对邻苯二甲酸酯有一定的吸附。研究发现，对于富含油脂的样品，采用 PSA + 封端 C_{18}产品进行前处理能得到更理想的结果。C_{18}填料与 PSA 共同添加能明显改善某些样品的净

化效果，特别是富含油脂的样品（如橄榄油），并且不会造成被测物损失。因此，本实验采用 PSA 填料对不含脂样品进行净化处理，PSA + 封端 C_{18} 材料对含脂样品进行净化处理。

二、食用油中邻苯二甲酸酯类增塑剂的检测

在上一节的染色剂和双酚类化合物的检测中，提到了 QuEChERS 方法与液液微萃取结合对样品进行前处理，其中液液微萃取的提取剂可以是温控离子液体，也可以是普通的有机萃取溶剂，在 Xie 等的方法中，将室温离子液体作为液液微萃取的提取剂，结合 QuEChERS 方法对样品进行处理。

前处理：QuEChERS 方法（第一步：提取与净化）准确称取 0.5g 食用油至 10mL 玻璃离心管中，加入 2mL 乙腈，超声 3min，然后在 5000r/min 离心 5min。取乙腈层（上层）1.5mL 至含有 45mg PSA 的玻璃离心管中，剧烈振荡 1min，5000r/min 离心 3min。

离子液体 - 液液微萃取（第二步：分散与提取）取 1.25mL 净化后的乙腈层，至 10mL 含有 100μL 1 - 己基 - 3 - 甲基咪唑六氟磷酸盐［C_6MIM］［PF_6］的玻璃离心管中，加入 8.75mL 10%（质量浓度）NaCl 溶液，振荡 1min。此悬浊液在 5000r/min 离心 5min，用微量注射器将 80μL 左右的底部沉积物转移至 1.5mL 样品杯中，用 40μL 乙腈复溶后待测。

QuEChERS 方法条件选择：提取剂考察了甲醇、乙醇、乙腈 3 种试剂。结果表明，乙腈提取效率较高，杂质溶出较少；提取剂用量考察了 1.0，1.5，2.0，2.5，3.0mL 的加入量，结果表明，2mL 为最佳加入量；提取时间考察了 1 ~ 10min，结果表明，3min 为最佳萃取时间，时间过长，基质干扰较大；净化剂考察了 PSA、佛罗里硅藻土（Florisil）、C_{18}、多壁碳纳米管（MWCNTs，Multi - wall Carbon NanoTubes），结果表明，MWCNTs 几乎无任何净化效果，佛罗里硅藻土和 C_{18} 结合使用，色谱图中部保留时间区域内的噪音略有降低，但是对前部保留时间区域内的基质干扰较大，对于 DEP 等物质的定量造成干扰，PSA 的加入，大幅降低了基线噪音，以及色谱图前中部区域的干扰杂质，因此，PSA 为最佳净化剂。本例同时考察了 PSA 的使用量，结果表明，45mg 为最低使用量，实验最终选择为 45mg。

本例还将基质分散固相萃取与普通的 SPE 净化进行了对比，发现某些样品 DIBP 和 DBP 的含量在使用 SPE 柱后有所升高，由于 SPE 小柱柱壁均为塑料，因此，为了防止外界引入测定的干扰，不适宜使用 SPE 小柱对样品进行净化。

三、乳制品中邻苯二甲酸酯类增塑剂的检测

Wu 等建立了乳及乳制品中邻苯二甲酸酯类物质的检测方法。

前处理：称取2.0g液态奶或0.5g奶粉（加2mL）水至15mL玻璃离心管中，加入0.1mL内标溶液（氘代-DBP和氘代-DEHP的混合溶液，浓度为5.0mg/L），再加入8mL萃取液（正己烷∶乙醚∶乙腈，体积比为1∶7∶8），涡旋振荡1min后在4000r/min下离心5min，上层清液加入5mL水后转移至另一只玻璃离心管中，此混合物涡旋振荡后在4000r/min下离心5min，上层有机相转移至氮吹瓶中氮吹，氮吹结束后加1mL乙腈在超声条件下复溶，溶液在-20℃条件下放置30min，在-10℃条件下以4000r/min的转速离心5min。上层清液转移至5mL玻璃离心管中，加入0.4g基质分散固相萃取净化剂（为C_{18}、PSA、硅胶混合物，质量比为2∶1∶1），涡旋振荡1min，以4000r/min的转速离心5min。上层清液待测。空白同样按照上述步骤进行。

对于乳及乳制品中邻苯二甲酸酯类物质的提取，乙腈、正己烷、甲基叔丁基醚都是常用溶剂。正己烷易乳化，且极性较弱，对于一些极性强的邻苯二甲酸酯如邻苯二甲酸二甲酯（DMP）和邻苯二甲酸二乙酯（DEP），提取效率较低。在正己烷中加入乙腈和甲基叔丁基醚能够提高邻苯酯的提取效率，且乙腈对其乳化过程有一定的遏制作用。本例中考察了多种有机溶剂的提取效率，结果表明，正己烷、乙醚和乙腈的混合溶液是较为合适的提取剂，采用此提取剂，在溶液中有水的情况下，提取结束后溶液出现分层，上层有机溶剂层进行氮吹干，采用乙腈复溶后进一步净化。

对于含油脂类样品中邻苯二甲酸酯的测定，样品不经过净化或净化不完全会导致溶液黏度过高，进样困难，或柱效能下降较快，DMP或DEP等成分的测定灵敏度过低。截至目前，凝胶色谱或SPE小柱仍是含油脂类样品中邻苯酯测定的主要净化手段，但是，对于凝胶色谱的大量使用很难控制系统空白的出现，SPE或SPME在使用中对流速和上样量也有要求。本例考察C_{18}、PSA、硅胶以及GPC几种净化剂对于测定效率的影响，结果表明，C_{18}、PSA、硅胶的混合材料为最佳净化剂，且确定了其质量比值为2∶1∶1。

四、白酒中邻苯二甲酸酯类增塑剂的检测

彭俏容等建立了QuEChERS-HPLC快速测定白酒中13种邻苯二甲酸酯的方法。

前处理：准确量取10mL样品，加入到50mL QuEChERS提取管中（含有乙腈，4g无水$MgSO_4$，1g NaCl），再加入10mL乙腈，涡旋1min，静置10min。取静置后的上清液置于15mL净化管中（含有1200mg $MgSO_4$和400mg PSA），涡旋1min，然后取部分上清液过滤，收集滤液待测。

文献将QuEChERS方法与其他三种前处理方法进行了比较，包括直接进样、旋转蒸发浓缩和氮吹。结果表明，直接进样操作简单，但由于样品中邻苯

二甲酸酯浓度低，因此受仪器灵敏度的限制；旋转蒸发浓缩和氮吹法起到富集作用，但不能排除基体本身杂质的干扰，在浓缩过程中易引入杂质和导致样品损失，且费时。QuEChERS 操作简单，整个前处理过程可在 15min 内完成；使用的有机溶剂少，减少了玻璃仪器的使用和人力的消耗，为较佳的处理方法。

表 6-4　4 种提取方式内容与特点

名称	内容	操作时间	特点
直接进样	取 5mL 样品，经 0.45μm 滤膜过滤，直接进样	3min	直接分析
旋转蒸发浓缩	取 100mL 样品，40℃ 水浴中旋转蒸发至干，残渣用乙腈溶解	5h	浓缩 100 倍
氮吹	取 10mL 样品，80℃ 经氮气流吹干，残渣用乙腈溶解，定容至 1mL	3h	浓缩 10 倍
QuEChERS	取 10mL 样品，经提取和净化	15min	提取和净化

五、豆浆中邻苯二甲酸酯类增塑剂的检测

荣维广等建立了改进的 QuEChERS 气相色谱-质谱法检测豆浆中 18 种邻苯二甲酸酯的方法。

前处理：称取 2.0g 试样于 10mL 玻璃离心管中，加入内标 [D4-邻苯二甲酸二（2-乙基）己酯，DEHP]，2mL 乙腈，100mg NaCl 和 400mg 无水 $MgSO_4$，涡旋振荡 1min，3000r/min 离心 3min，吸取上层有机相 1mL 到另一 5mL 玻璃离心管中，称取 100mg 无水 $MgSO_4$、30mg 的 PSA 填料、25mg 的 LC-C_{18} 填料和 5mg 的 Envi-carb 填料，涡旋振荡 1min，3000r/min 离心 3min，吸取上层清液，待测。

方法中采用的净化剂为混合净化剂，添加比例为 100mg 无水 $MgSO_4$、30mg 的 PSA 填料、25mg 的 LC-C_{18} 填料和 5mg 的 Envi-carb 填料。其中 PSA 填料去除脂肪酸效果较好；LC-C_{18} 填料可以去除油脂类物质；Envi-carb 填料去除色素、甾醇和维生素能力较好；无水 $MgSO_4$ 可有效去除提取液中残留的水。这种比例组合条件下的净化剂可以很好地除掉干扰杂质。

六、豆芽中邻苯二甲酸酯类增塑剂的检测

程盛华等利用气相色谱-串联质谱法测定了豆芽中 16 种塑化剂。

前处理：准确称取样品 2.00g 于 10mL 玻璃离心管中，加入 5.0mL 正己烷，以 3000r/min 涡旋 2min，在 4℃ 条件下以 8000r/min 离心 5min，吸取上清液 2mL 于装有 150mg $MgSO_4$、50mg PSA 的 10mL 玻璃离心管中，以 3000r/min

涡旋 2min 后，在 4℃条件下以 8000r/min 离心 5min，取上清液待 GC - MS/MS 检测。

文献采用正己烷对样品提取，净化剂考察了 C_{18}、GCB 和 PSA 3 种填料，其中，C_{18} 和 PSA 对目标物几乎没有吸附，PSA 除杂的效果比 C_{18} 好，加入 150mg $MgSO_4$ 能除去正己烷中的水，因此，实验采用 150mg $MgSO_4$ 和 50mg PSA 对样品进行净化。

第三节

三聚氰胺和双氰胺的检测

三聚氰胺（Melamine），俗称密胺、蛋白精，是一种三嗪类含氮杂环有机化合物，被用作化工原料，对身体有害。自从 2008 年中国“三鹿奶粉三聚氰胺”事件的发生，三聚氰胺，这种原本主要应用于化工生产的原料，与食品，特别是乳制品关联起来。三聚氰胺分子中氮元素较多，而对于食品中蛋白质的检测，采用的方法都是测得氮含量，进而间接算出蛋白质的含量，加入三聚氰胺的乳制品，在检测这一环节所得到的蛋白质含量高于未添加三聚氰胺的对照品，这就是虚假的高蛋白奶的来源。另一方面，为了控制集约化禽畜养殖场中苍蝇等害虫，需要在孵化期的禽畜的饮用水或饲料中添加灭蚊胺（环丙氨嗪），而三聚氰胺是灭蚊胺最主要的代谢产物；并且，与乳粉类似，由于三聚氰胺的高氮特性，饲料中也存在着直接添加三聚氰胺的现象。上述两点是许多鸡蛋中检出三聚氰胺的主要原因。现代研究表明，人体长期摄入三聚氰胺会造成生殖、泌尿系统损害，引起膀胱、肾部结石，并进一步诱发膀胱癌。

同样通过乳类食品安全事件引起人们关注的是双氰胺（dicyandiamide），源自 2013 年享誉全球的新西兰乳制品中此类物质的检出。由于新西兰农民普遍会在牧场使用双氰胺，目的是防止硝酸盐等对人体有害的肥料副产品流入河流或湖泊，这是目前为止对于乳制品中双氰胺来源的一种解释。双氰胺又名二氰二氨、氰基胍，也是化工原料的一种，其应用领域涉及化肥业，用作氮肥增效剂和长效复合肥料添加剂；医药生产用于合成磺胺嘧啶和巴比妥类药物；还可用于多种染料的合成等方面。与三聚氰胺类似，双氰胺也具有低毒性，虽然国际标准未对食品中的双氰胺限量，但高剂量的双氰胺对人体是有毒的。

由于三聚氰胺和双氰胺均为小分子极性物质，熔点较高，因此关于它们的检测，较多的采用液相色谱，或液相色谱串联质谱。对于样品的前处理，多用三氯乙酸、三氯乙酸-乙腈、三氯乙酸-乙酸铅等提取，固相萃取小柱（SPE）净化。但是乳粉或乳制品蛋白质、脂质含量均较高，属于较为复杂的基质，样品前处理干净与否，直接影响最终测定的灵敏度。下面介绍关于乳制品及鸡蛋产品中上述两类物质检测的QuEChERS前处理方法。

一、牛乳和乳粉中三聚氰胺的检测

由于QuEChERS方法只是提供了一个测定的模板，其本质为溶液萃取-基质分散固相萃取净化（dSPE），在对实际样品进行分析时，需要根据测定对象的实际情况对测定参数进行一定程度的改变。方法中所使用的萃取剂、净化剂都不是一成不变的，Xia等在对乳制品中三聚氰胺的检测过程中，虽然样品的萃取方式还是普通的液液萃取，但是萃取剂采用的是H_3PO_4/医用酒精溶液，而不是乙腈或甲醇，选择了一种商品化的脂肪吸附LAS（Lipid Adsorbent）材料对样品进行净化，而不是PSA或C_{18}。

前处理：准确称取乳粉0.5g或液态乳置于10mL离心管中（乳粉中加入1mL去离子水混匀溶解），用H_3PO_4/医用酒精（0.01∶100，体积比）定容至5mL，混匀。然后取1g LAS材料加入上述样品中，混匀，超声1min，于8000r/min离心2min，取上清液过0.22μm滤膜，待测。

在这个实验中对样品的提取和净化条件进行了一些讨论。三聚氰胺是强极性亲水小分子，牛乳中的蛋白质和脂肪等基质多为疏水性物质，两者在性质上存在较大差异。选择强疏水性材料（如LAS），可在高有机相浓度条件下对蛋白质和脂肪实现选择性吸附，结合醇类物质，可实现基质的净化和待测物三聚氰胺的提取。

二、鸡蛋中的灭蝇胺及其代谢产物三聚氰胺的测定

Wang等建立了鸡蛋中的灭蝇胺及其代谢产物三聚氰胺的检测方法。

前处理：鸡蛋破壳，蛋液倒出，在-4℃条件下保存备用。使用时恢复至室温，准确称取1.0g混合蛋液至15mL离心管中，加入10μL 10μg/mL的内标溶液（$^{13}C^{15}N$-标记的三聚氰胺），再加入5mL乙腈/0.1mol/L盐酸溶液（99.5∶0.5，体积比），涡旋振荡15s后在离心机中以4000r/min离心5min，上清液转移至另一支15mL离心管中，加入0.5g无水硫酸镁，振荡15s，在离心机中以4500r/min离心5min，取上清液3.5mL至第2支15mL离心管中，加入10mg石墨化炭黑（GCB），振荡15s后，在离心机中以4500r/min离心5min。上清液经氮吹后，用1mL乙腈复溶后待测。

在这个实验中，分别对萃取剂和净化剂进行了选择。对于萃取剂，考察了乙腈与乙腈水溶液对萃取效率的影响，实验表明，乙腈水溶液对于待测物的萃

取效率较低，这主要是因为考察对象为蛋液，蛋白质含量高，乙腈具有沉淀蛋白质的作用，实验最终选取乙腈作为萃取剂。很多报道中提到萃取剂中加入一定量的酸有助于进一步提高萃取效率，实验还考察了酸的种类与加酸量，最终选用5%（体积分数）0.1mol/L 盐酸，不仅能够进一步沉淀蛋白，也可以获得比其他酸（甲酸、乙酸等）更高的萃取效率。

在净化剂的选择上，依然是考察了常用的 C_{18}、PSA 和 GCB 这三种净化剂及它们的组合。实验结果表明，单纯使用 GCB 可以得到较好的净化效果。由于 PSA 是通过 H 键吸附脂肪酸及其他一些酸类成分，而灭蝇胺和三聚氰胺与上述酸类有类似结构，也可以通过 H 键被 PSA 吸附，因此，加入 PSA 的净化剂净化效果较差，实验最终选取 GCB 作为净化剂，同时考察了 GCB 的用量。

该方法测定的蛋液中灭蝇胺和三聚氰胺的加标回收率在83.2% ~104.6%。

三、乳制品中双氰胺的测定

由于双氰胺的最大紫外吸收约为220nm，接近甲醇、乙腈等有机溶剂的紫外吸收，且强极性的双氰胺在反相色谱上不保留，再加上乳制品基质复杂，所以液相色谱法存在检测灵敏度低、易受杂质干扰、难以准确定性等特点，目前关于双氰胺的报道多采用 LC - MS/MS 法来进行测定。

1. 乳粉中双氰胺的检测

罗海英等利用 QuEChERS - 超高效液相色谱串联质谱法测定乳粉中的双氰胺。

前处理：称取 1.0g 样品于 10mL 玻璃比色管中，加入 2mL 60℃热水，涡漩溶解后，超声提取 10min；取出，边涡漩边滴加乙腈至刻度，超声 20min，2500r/min离心 5min 后，取 2mL 上清液于 10mL 氮吹管中，用正己烷脱脂 2 次，每次 3mL，然后取 1mL 下层样液于 2mL QuEChERS 净化管（含 PSA 50mg、GCB 50mg，$MgSO_4$ 150mg）中，涡漩振荡 1min，超声 1min，13000r/min离心 5min，上清液转移至液相进样瓶中，待测。

研究分别对萃取和净化条件进行了选择。由于双氰胺具有很好的水溶性，对于乳粉中水溶性目标物的提取，一般采用水溶解提取、乙腈沉淀蛋白的方式，水与乙腈的比例应该根据乳粉中待测物的含量水平来确定，既要提取充分，又要沉淀蛋白效果良好。对于痕量的双氰胺，比较了 4 种提取条件：①以 2mL 热水（约 60℃）溶解，超声 10min，然后边涡旋边滴加乙腈至 10mL，再超声提取；②以 5mL 热水（约 60℃）溶解，超声 10min，其余步骤同①；③加入 2% 甲酸水/乙腈 =20∶80（体积比）至 10mL，涡旋 2min，超声 2 次，每次 30min，中间取出涡旋 1min；④加入水/乙腈 =30∶70（体积比）至 10mL，涡旋 2min，其余步骤同②。

结果显示：条件③容易将全脂乳粉和脱脂乳粉形成胶块状，超声也难以分散，影响了提取回收率；条件④对部分全脂乳粉和脱脂乳粉样品的分散效果也欠理想，且水分比例偏高，在后续 QuEChERS 净化时，因 $MgSO_4$的量不够而使填料形成块状，难以良好分散净化；条件②沉淀蛋白的效果欠佳，且水分比例高，样液中溶解了大量水溶性杂质，QuEChERS 净化时的情形同条件④，无法良好分散净化；条件①溶解样品和超声提取充分，缓慢沉淀蛋白，避免因蛋白沉淀过快而同时吸附待测物，降低提取率。实验结果显示，在 4 种提取条件中，条件①的提取回收率最高，因此，本实验选用条件①进行提取。实验同时考察了超声时间对于萃取的影响。

在提取过程中，通过加入乙腈沉淀除去了大量的蛋白质，但是，样品的乙腈水提取液中仍然溶解了部分脂肪和较多的水溶性杂质等，在液质检测时产生严重的基质抑制，需要进一步净化除去。试验发现，正己烷可以有效除去脂肪的干扰，降低约 50% 基质干扰。因此，实验中采用正己烷进行脱脂。

在净化环节，比较了 3 种 QuEChERS 净化管（规格均为 2mL）对 5 种样品基质（脱脂乳粉、全脂乳粉、配方乳粉、酸乳粉和乳清粉）的净化除杂效果，其中：QuEChERS 净化管 1 为 PSA 50mg、Carbon 50mg 和 $MgSO_4$ 150mg；净化管 2 为 PSA 50mg、C_{18}EC 50mg 和 $MgSO_4$ 150mg；净化管 3 为 PSA 50mg 和 $MgSO_4$ 150mg。

净化管 1 中 Carbon 具有较大的比表面积和较强的吸附力，可以吸附乳粉的乳黄色以及其他有机物的干扰，最后样液澄清透明，净化效果最佳；净化管 2 中 C_{18}可以进一步吸附除去少量脂肪等非极性杂质，最后样液呈浅乳黄色，净化效果次之；净化管 3 处理后的样液呈乳黄色，净化效果最差。实验最终选取净化管 1 对样品进行净化操作。

2. 乳品中的双氰胺的检测

吴翠玲等建立了 QuEChERS 前处理方法结合 LC－MS/MS 快速检测乳品中的双氰胺的方法，采用 QuEChERS 方法可以对双氰胺实现快速高效的净化处理，净化后的样品基质效应较小，添加回收率可达到 86% 以上（无同位素内标校正）。

前处理：准确称取（2 ±0. 02)g 乳粉样品于 50mL 具塞离心管中，加入水/乙腈溶液（1∶4，体积比）20mL，加盖后振荡均匀后，涡旋 1min，超声 10min，4℃条件下 10000r/min 离心 10min，取 8mL 上清液加入 15mL 的基质分散固相萃取净化管中（含有 400mg PSA，1200mg $MgSO_4$），涡旋 1min，取上清液加入 1. 5mL 离心管中，13000r/min 高速离心 5min，取上清液待测。

样品前处理方法的考察：双氰胺属于水溶性较强的化合物，所以在提取液中加入一定量水进行提取，同时加入一定比例乙腈，除了可以对乳品中的蛋白起到很好的沉淀作用外，也与后续检测中高有机相比例进行匹配，更好地消除溶剂效应。试验中也同时考察了用 Agilent Bond Elut PCX 柱进行萃取，发现 PCX 柱对双氰胺基本没有保留，考虑到乳品中含有脂肪、磷脂和蛋白类的非极性有机干扰物以及有机酸干扰物等，因此选择包含有 Agilent C_{18}和 PSA 填料的 Bond Elut QuEChERS 基质分散固相萃取净化试剂盒，以有效吸附乳品提取液中的基质干扰物，降低离子抑制效应。

第四节

双酚类化合物的检测

双酚类化合物主要包括双酚 A（BPA）、双酚 B（BPB）、双酚 C（BPC）、双酚 F（BPF）和双酚 S（BPS），以及它们的一些衍生物如双酚 A 二缩水甘油醚（BADGE）、双酚 F 二缩水甘油醚（BFDGE）等。双酚类化合物是生产环氧树脂和聚碳酸酯的重要化工原料，也是塑料生产中重要的添加剂。现代研究表明，双酚类化合物及其衍生物能引起动物和人体内分泌紊乱，被称之为“环境雌激素”。

对于双酚类化合物的检测，报道有液相色谱法（HPLC）、气相色谱质谱法（GC－MS）、酶联免疫法（ELISA）等，由于采用 GC－MS 法需要衍生化，而双酚类物质多在紫外及可见光区有吸收，因此，液相色谱及液相色谱质谱法是此类物质应用较多的检测方法。

本节主要介绍采用 QuEChERs 前处理，不同研究对象中双酚类化合物的检测。

一、保健食品中双酚类化合物的检测

高梦婕等利用 QuEChERS 法结合高效液相色谱－串联质谱法测定了保健食品中 12 种双酚类化合物。

对于固体粉状和口服液类保健食品，前处理如下：称取均质样品置于离心管中，加入 4mL 去离子水、7.5mL 含 0.1%（体积分数）乙酸乙腈溶液、1.5g 醋酸钠和 1g NaCl，超声混合 5min，以 5000r/min 离心 5min，收集上清液；基质中加入 7.5mL 含 0.1%（体积分数）乙酸乙腈溶液进行二次提取，合并两次上清液。加入 100mg PSA、50mg GCB、50mg HC C_{18}和 1g 无水 $NaSO_4$，涡旋混合 5min，以 5000r/min 离心 5min；移取上清液 5mL 至玻璃管中，在 40℃下氮

气吹干，用1mL含0.1%甲酸的甲醇-水（50∶50，体积比）复溶；溶液转移至1.5mL离心管中，以10000r/min离心5min；上清液过0.22μm滤膜，待测。

对于胶囊类保健食品，前处理如下：称取胶囊中的内容物1g，置于50mL塑料离心管中，加入4mL乙腈饱和正己烷，涡旋混合3min，加入5mL正己烷饱和乙腈，超声混合5min，以5000r/min离心5min，收集下层清液；基质中加入5mL正己烷饱和乙腈进行二次提取，合并两次的下层清液。加100mg PSA、200mg HC C_{18}、1g无水$NaSO_4$，涡漩混合5min，以4000r/min离心10min；移取下层清液5mL至玻璃管中，在40℃下氮气吹干，用1mL含0.1%（体积分数）甲酸的甲醇-水（50∶50，体积比）复溶；溶液转移至1.5mL离心管中，以10000r/min离心5min；上清液过0.22μm滤膜，待测。

该研究对QuEChERS方法中的提取剂和净化剂也是分别进行选择。首先是提取溶剂的选择，从双酚类化合物的结构来看，其分子中均含两个及以上的苯环，易溶于乙腈、丙酮、甲醇等有机溶剂。同时，有报道乙腈中加入酸有利于提高双酚类化合物的提取效率，因此，实验比较了含不同体积分数（0.1%、1%）的甲酸或乙酸的乙腈溶液对待测物的提取效果。结果显示，采用含1%乙酸的乙腈溶液可从基质中充分提取目标化合物，故最终选定含1%乙酸乙腈溶液作为提取剂。

净化条件是根据保健食品不同基质的特点，比较了PSA、GCB、HC C_{18}组合对于净化和回收的影响，结果显示，基质为固体粉状和口服液时，净化剂最优组合为PSA 100mg、GCB 50mg、HC C_{18} 50mg。胶囊类样品的基质中几乎不含色素，不加入GCB；其干扰主要来自脂肪，需加入HC C_{18}去除，故净化剂最优组合为PSA 100mg、HC C_{18} 200mg。

二、罐装海鱼中双酚类化合物的检测

QuEChERS方法具有简便快速等一些优点，但是对待测物富集效应较差，对于低含量成分的测定，易造成灵敏度不高等现象。因此，在Cunha建立的方法中，将QuEChERS方法与分散液液微萃取（DLLME）结合起来，并且在DLLME这一步中，同时实现双酚A和双酚B的萃取与衍生化，为最终采用GC-MS分析打下基础。

前处理：对于金枪鱼样品，液体部分滤掉，只取固体部分，采用电磨粉碎均质。对于其他鱼类样品，取全部罐装内容物进行均质化处理。称取10g均质后样品至40mL离心管中，加入100μL 2mg/L的氘代双酚A（d_{16}-BPA）（内标物），再加3mL正庚烷和10mL去离子水，加盖后涡旋5min，然后在3500r/min条件下离心2min，弃去上层液，加入10mL乙腈，4g $MgSO_4$和1g

NaCl，加盖后用手剧烈振荡 15min，在 3500r/min 条件下离心 2min，将乙腈提取物转移至 15mL 离心管中，加入 1.2g $MgSO_4$、120mg C_{18}和 50mg GCB，加盖后涡旋 5min，后在 3500r/min 条件下离心 2min。至此，QuEChERS 步骤结束，接下来进行的是分散液液微萃取，也就是富集过程。

DLLME 过程简介如下：移取 1mL 上述 QuEChERS 步骤中最终得到的乙腈提取物至4mL 瓶中，加入5% K_2CO_3溶液调节 pH >10，加入 50μL 四氯乙烯和 125μL 乙酸酐，将此混合物转移至含有 4mL 去离子水的 25mL 离心管中，加盖后手轻摇 30s，3500r/min 条件下离心 1min，取下层物待测。

在这个实验中，根据海鱼罐头样品具体情况，对于 QuEChERS 方法的操作条件分别进行了选择。由于海鱼罐头为固态物，因此，在进行 QuEChERS 方法萃取之前先加 10mL 水，为了除去样品中的脂肪类成分，采用正庚烷，正己烷，以及正己烷与二氯甲烷按照体积比 1∶1 混合的混合物溶液对样品进行淋洗。实验结果表明，正庚烷洗脱的样品待测物回收率高，杂质含量少。关于样品净化，实验采用文献报道的 ENVI Carb 填料与 C_{18}混合物，以及 C_{18}与 GCB 混合物进行比较，两种净化剂均可得到较好的净化效果，而后者更加便宜易得，因此，选用后者。实验同时对 DLLME 的操作条件进行了选择和优化。

三、罐头食品中双酚类化合物的检测

梁凯等建立了基质分散固相萃取－液相色谱－离子阱质谱法检测罐头食品中双酚类化合物残留的方法。

前处理：称取均质样品 2g，置于 50mL 塑料离心管中，加入 4mL 去离子水，15mL 0.1% 甲酸乙腈溶液，1g NaCl，涡旋混合 1min，以 5000r/min 离心 5min；取上清液至另一 50mL 离心管中，加入 50mg PSA、25mg GCB、150mg NH_2和 1000mg 无水 Na_2SO_4，涡旋混合 1min，以 5000r/min 离心 5min；取上清液，在 40℃下氮气吹干，用 1mL 含 0.1% 甲酸的甲醇水（50∶50，体积比）复溶；溶液转移至 1.5mL 离心管中，以 10000r/min 离心 10min；上清液待测。

本实验对于 QuEChERS 方法的操作条件选择如下：首先考察了含不同浓度（0.1% 和 0.5%）甲酸和乙酸的乙腈溶液对提取效果的影响。结果表明，0.1% 甲酸/乙腈对双酚类化合物的回收率较好。同时比较了无水 Na_2SO_4和无水 $MgSO_4$的添加量对盐分配结果的影响。结果表明，采用无水 Na_2SO_4得到的各待测物回收率总体优于无水 $MgSO_4$，其中差别较大的几种双酚类可能是由于无水 $MgSO_4$遇水放热，促使其受热分解，导致回收率下降。本研究选择了 4 种类型的固相萃取填料（PSA、C_{18}、GCB 和 NH_2），当填料中不含 C_{18}时，对罐头基质的净化效果及双酚类化合物回收率均优于包含全部 4 种吸附剂的回收率。实验结果，说明吸附剂种类多并不能起到更好的净化效果。优化实验表明，50mg PSA，25mg GCB，150mg NH_2，1000mg 无水 Na_2SO_4，双酚类化合物的回收率较高。

第五节

其他添加剂的检测

一、丙烯酰胺的检测

对于淀粉含量较高的一些食品（如小麦、谷物等），在油炸或烘烤等高温条件下进行加工的过程中，这类食品中的还原糖和氨基酸或蛋白质发生美拉德反应及焦糖化反应等，这些反应除产生一系列的风味物质外，还会产生小分子的酮、醛和杂环化合物，如丙烯酰胺（Acrylamide，AM）、5 - 羟甲基糠醛（5 - Hydroxymethylfurfural，HMF）和 4 - 甲基咪唑（4 - methylimidazole，MEI）等一些物质。根据国际癌症研究机构（International Agency for Research on Cancer，IARC）研究表明，丙烯酰胺是“人类可能的致癌物”，可通过皮肤和消化系统进入人体，具有潜在的神经毒性、遗传毒性和致癌性；此外，过量使用 HMF，也会对眼黏膜、上呼吸道黏膜等产生刺激作用，对人体横纹肌和内脏有损伤。可以说，丙烯酰胺等一些食品加工过程出现的副产物，是一种内源性污染物。我国是焙烤食品的消费大国，对此类产品的监测尤为重要。

由于丙烯酰胺属于小分子物质，极性强，挥发性小，易溶于水。它的这些特质导致在对基质较为复杂的样品进行检测时，使用传统的前处理技术得不到非常理想的测试效果。主要原因在于，当使用水作为提取剂时，大量的基质干扰物会随着丙烯酰胺的提取同时提取出来，而对这些干扰物进行净化时，主要的净化手段为固相萃取（SPE）小柱的使用，更多的则是多级 SPE 柱的联合使用，这就增加了前处理的繁琐程度，降低了前处理的效率。目前，有采用基质分散固相萃取（d - SPE）对样品进行净化的，而这也正是 QuEChERS 方法的主要步骤之一，这一节主要介绍 QuEChERS 方法在丙烯酰胺测定中的应用。

1. 油条中的丙烯酰胺的测定

唐婧等建立了 QuEChERS - 气相色谱法快速测定油条中丙烯酰胺的方法。

前处理：准确称取 2.00g 已粉碎的均质样品于 50mL 离心管，加入 8.0mL 水、10.0mL 乙腈和 5.0mL 正己烷，振荡 1min，加 4.0g 无水 $MgSO_4$ 和 1.0g NaCl，振荡 1min，以 3500r/min 的转速离心 5min，弃去最上面的己烷层，转移 1.0mL 乙腈提取液于 10mL 离心管中，加入 50mg PSA 和 150mg 无水 $MgSO_4$，振荡 1min，以 3500r/min 离心 5min，取上层清液 1.0μL 直接进样进行气相色谱分析。

本实验中的测定对象为油条，油脂含量较高，防止油脂干扰前处理，需加入 5.0mL 正己烷去除油脂。提取液总体积不超过 30mL，保证样品在 50mL 离心管中能有效振荡。在提取过程中，NaCl 通过盐析作用使水中的丙烯酰胺进入乙腈层。无水 $MgSO_4$ 有很强的干燥能力，用来去除乙腈层的水分。本实验还测试了 $MgSO_4$ 的加入量对于丙烯酰胺提取效率的影响。

2. 油炸食品中丙烯酰胺含量的测定

刘燕伟等建立了基于 QuEChERS - HPLC 法检测油炸食品中丙烯酰胺的含量的方法。

前处理：确称取 4.0g 粉碎均质的样品（薯条、虾片、饼干、方便面等）于 50mL 的离心管中，加入 10mL 正己烷脱脂，用涡旋振荡器振荡 1min 弃去上层正己烷。再加入 40mL 的超纯水提取 AAM，超声 10min，然后在离心机上以 4000r/min 的转速离心 5min，从中间移取 2mL 提取液，加入 0.10g 的 PSA，4000r/min 离心 5min，经 0.22μm 过滤膜过滤，滤液待测。

结果表明，丙烯酰胺在 0.020 ~ 0.800μg/g 浓度范围内与出峰面积呈线性关系，相关系数 $r = 0.9994$；检测限为 0.005μg/g；加标回收率为 83.96% ~ 89.43%，相对标准偏差（RSD）为 2.13% ~ 5.87%。该方法具有操作简单、快速、可靠和灵敏度高等特点，成功应用于方便面等油炸食品中丙烯酰胺含量的测定。

3. 焙烤食品中丙烯酰胺、4 - 甲基咪唑和 5 - 羟甲基糠醛的同时测定

蔡玮红等利用 UPLC - MS/MS 法同时测定焙烤食品中的丙烯酰胺、4 - 甲基咪唑与 5 - 羟甲基糠醛。

前处理：称取 1.0g 粉碎混匀的试样于 50mL 塑料离心管中，加入 100μL 混合同位素内标工作溶液，再加入 5mL 水，涡旋振荡分散均匀，再加入 7mL 乙腈，涡旋振荡 1min，超声 10min，然后加入 QuEChERS 提取试剂盒（含 6g 无水 $MgSO_4$ 和 1.5g 无水乙酸钠）迅速振摇，涡旋振荡 1min，4000r/min 离心 5min，取上层清液于 10mL 玻璃氮吹管，40℃ 水浴中氮气吹干，用 1.0mL 定容液涡旋溶解。在氮吹管中加入 2mL 正己烷（乙腈饱和），涡旋 30s，2500r/min 离心 3min 后，弃去正己烷层；重复用正己烷脱脂 1 次，下层清液经 0.22μm 滤膜过滤，待测。

本实验中采用的内标溶液为 $^{13}C_3$ - 丙烯酰胺和 4 - 甲基咪唑 - *d*6 的混合溶液，浓度为 20mg/L。

关于丙烯酰胺（AM）、4 - 甲基咪唑（AM）和 5 - 羟甲基糠醛（HMF）

的检测，现已报道的文献多为单种成分的独立检测，提取、净化方法主要有溶剂提取法和固相萃取法，提取溶剂主要为水，或再以乙酸乙酯反萃取，然后用固相萃取小柱净化，用于 AM 净化的固相萃取小柱主要有 C_{18}和 HLB，用于 MEI 净化的固相萃取小柱主要有 MCX、XTR 和 C_{18}，用于 HMF 净化的固相萃取小柱主要有 Bond Elut ENV、PCX、C_{18}和 HLB。强极性小分子 AM 和 MEI 在 C_{18}和 HLB 小柱上没有发生相互作用，而是通过小柱吸附材料吸附杂质来实现净化的，故上样量受到限制，但 HMF 与 C_{18}和 HLB 小柱中的吸附材料发生较强的相互作用，需要用有机溶剂才能洗脱下来；对于阳离子交换小柱 MCX 和 PCX，其吸附材料与 AM 也不发生作用，但与 HMF 和 MEI 发生强烈相互作用，分别需要用甲醇和 5% 氨化甲醇进行洗脱。对于水提取液，若用上述小柱净化，则需要分段接收，操作较为繁琐，而且试验发现，上柱直接流出的水溶液部分（此部分含 AM 或 MEI），可能还有试样中的其他复杂组分同时流出，导致检测基线抬高，严重影响检测灵敏度；若用乙酸乙酯反萃取，MEI 不被萃取，AM 和 HMF 的萃取率也大约只有 70%。

本研究采用 QuEChERS 方法对样品进行处理，先以水分散和溶胀/溶解，再加入乙腈协同超声提取，获得了良好的提取效率；然后加入 6g 无水硫酸镁和 1.5g 无水乙酸钠吸去大部分水，以降低糖、色素等水溶性杂质的干扰，并促使乙腈和水相分层，使待测物进入乙腈中，淀粉颗粒也同时共沉淀，乙腈层澄清。对乙腈提取液浓缩后，采用初始流动相复溶，以消除溶剂效应；并采用正己烷进一步脱脂净化，有效降低了脂溶性杂质的干扰。

在对丙烯酰胺进行测定的过程中，测定对象均为烘烤食品，都存在去除油脂的需求，但是上述两例是先除油脂，后萃取净化，本例则是后除油脂，同样取得较好的测定效果。

二、罂粟壳（粉）的检测

火锅是中国独特且普及较广的餐饮形式，不法商家为使火锅味道鲜美，吸引回头客，在火锅调料中违法添加罂粟壳（粉）。罂粟壳系罂粟科植物采完阿片后的干燥成熟果壳，所含的主要生物活性成分为吗啡类生物碱，包括吗啡、磷酸可待因、盐酸罂粟碱、那可丁以及蒂巴因等，正是这些特有的生物碱类物质会使人引起某种程度的惬意和欣快感，长期食用会引起致瘾性，使食用者无论从身体上还是心理上都会对其产生较强的依赖，以致精神失常，甚至死亡。目前，国家严格禁止在调料等食品中添加此类物质。

对火锅及调料中罂粟壳的检验，主要是对上述生物碱的检验。目前文献报道的方法有氯仿萃取法、甲醇超声提取法、酸液提取后 MCX 柱净化法。对于汤料等基质较为单一的样品可以采用直接萃取或者甲醇超声的方法进行样品处理，对于基质比较复杂的（半）固体样品，尤其是一些自制调味料的样品，采用上述方法均无法获得满意的结果。氯仿萃取法乳化严重，萃取效率不高，样品回收率偏低。而甲醇直接超声的方法所得溶液中杂质较多，不仅给分离带来困难，且易对色谱柱及质谱仪带来损伤，降低使用寿命。MCX 柱净化法操作复杂，结果受上柱操作的影响较大，容易发生柱堵塞的现象，而采用 QuEChERS 方法可以有效避免上述问题的发生，可以说，对于火锅调料等类型基质是较为适合的。

检测方面报道多采用色谱与质谱串联的方法对其进行分析，以获得抗干扰能力强的测定方法和准确性高的测定结果。

李航等开展了 QuEChERS/UPLC - MS 测定火锅调料中罂粟壳（粉）的研究。

前处理：称取火锅调料 2.0g，置入 50mL 离心管，加 150μL 混合内标工作液（D3 - 可待因和 D3 - 吗啡的混合溶液），加 5mL 水，振摇使分散均匀，再加 15mL 乙腈，涡旋 1min，加入 6g 无水硫酸镁与 1.5g 无水乙酸钠混合粉末，迅速振摇后涡旋 1min，以 6000r/min 离心 6min，取上清待净化。另称取 0.05g PSA、0.1g 无水硫酸镁、0.1g C_{18} 粉末共置入 5mL 离心管，加上述上清液 1.5mL，涡旋 1 ~ 2min，静置后移取上清过 0.22μm 滤膜，取滤液待测。

结果显示：本方法的线性范围为：那可丁 2.470 ~ 49.405ng/mL，r = 0.9994；罂粟碱 2.090 ~ 41.804ng/mL，r = 0.9995；蒂巴因 2.042 ~ 40.840ng/mL，r = 1.000；可待因 11.287 ~ 225.733ng/mL，r = 0.9996；吗啡 10.420 ~ 208.400ng/mL，r = 0.9999。那可丁、罂粟碱、蒂巴因、可待因、吗啡的检测限分别为 0.21，0.33，0.31，10.37，4.11μg/kg，回收率 78.4% ~ 100.6%，该法快速、准确、灵敏度高，可用于检测火锅调料中的罂粟壳（粉）。

三、香兰素和乙基香兰素的检测

样品前处理要根据分析物特征，选择最合适的前处理方法，常规意义上前处理方法分类，如固相萃取、液液萃取等只是针对某一典型操作而划分的，对基质简单的对象，可能采用单一操作就可得到较为理想的效果，而更多样品则需要多个技术的组合进行处理，这种组合是多样化的，有时还能够避免单一方法使用所带来的缺点，因此，也不能用方法中的某一步骤来定义此类前处理。

对于 QuEChERS 方法，其提取步骤以及净化步骤单独分开来使用，再结合其他一些前处理技术，在对某些成分的检测中，可以达到良好的测试效果。这种组合的前处理步骤仍然可以认为是部分借鉴了 QuEChERS 方法的原理，在本书中也做一简单介绍。

本例主要测定成分为食品添加剂香精香料大类中的香兰素和乙基香兰素，前处理借鉴 QuEChERS 方法，借鉴部分为提取步骤。肖珊珊等利用高效液相色谱法测定了软饮料中香兰素和乙基香兰素含量。

香兰素（vanillin）又名3-甲氧基-4-羟基-苯甲醛、香草醛，分子式为 $C_8H_8O_3$，是人类合成的第一种香料，具有浓烈的奶香气息。乙基香兰素（ethyl vanillin）又名3-乙氧基-4-羟基苯甲醛、乙基香草醛，分子式为 $C_9H_{10}O_3$，香气强度为香兰素的3~4倍，且留香持久，是当今世界上最重要的合成香料之一。香兰素和乙基香兰素被广泛用于各种需要增加奶香气息的调香食品，如饮料、糖果、糕点等，起增香和定香作用。大剂量食用香兰素和乙基香兰素可以导致头晕、恶心、呕吐、呼吸困难，甚至能够损伤肝、肾，对人体有较大危害，除在婴幼儿食品中严格限制使用外，各国对其限量都做出明确规定。

前处理：对于液态软饮料：准确称取 1g 样品，置 50mL 离心管中，加 0.1% 甲酸水溶液 1mL，海砂约 1.5g，轻轻涡旋使样品混合均匀。准确加入乙腈 5mL，含乳或蛋白质类样品加饱和乙酸锌溶液 0.1mL，涡旋提取。加入氯化钠约 2g，充分涡旋约 2min，8000r/min 离心 5min。取上清液 1mL 置玻璃离心管中，40℃水浴中氮气吹干，加 1mL 流动相定容，涡旋溶解残渣。提取液经微孔滤膜过滤后，待测。乳和乳饮料按此步骤处理。

对于固体饮料，准确称取 0.5g 样品，置 50mL 离心管中，加 0.1% 甲酸水溶液 1mL，海砂约 1.5g。轻轻振摇，充分浸润样品。加入准确 5mL 乙腈，氯化钠约 2g，充分涡旋约 2min，8000r/min 离心 5min。取上清液 1mL 置玻璃离心管中，40℃水浴中氮气吹干，加 1mL 流动相定容，涡旋溶解残渣。提取液经微孔滤膜过滤，待测。

本方法加入 0.1% 甲酸溶液起到浸润和稀释样品的作用，同时酸性条件下有利于待测组分稳定和提高乙腈的提取效率。对含乳制品或蛋白含量高的样品加入饱和乙酸锌沉淀蛋白；为使样品混合均匀，提取中还加入海砂进一步研磨、混匀样品。溶液 $pH < 3$ 时，香兰素和乙基香兰素多以游离酸状态存在，在盐析作用下进入乙腈层。与 QuEChERS 法不同的是，本实验方法中乙腈提取后不需要加除水剂脱水，取乙腈层适量，吹干、定容即可，可以认为本方法部分借鉴了 QuEChERS 方法，也可称之为改良的 QuEChERS 法。提取液经过改良 QuEChERS 法提取后，脱色效果明显，色素部分基本留在水层，而待测物回收率基本无变化。

参考文献

[1]《中华人民共和国食品安全法》[S]. 中华人民共和国主席令第9号, 2009.

[2]《食品添加剂新品种管理办法》[S]. 卫生部令第73号, 2010.

[3] AOAC official Method 2007. 01. Pesticides residues in foods by acetonitrile extraction and partitioning with magnesium sulfate: Gas chromatography/mass spectrometry and liquid chromatography /tandem mass spectrometry [S]. 2007.

[4] BS EN 15662: 2008. Foods of plant origin – Determination of pesticides residues using GC – MS and/or LC – MS/MS following acetonitrile extraction / partitioning and clean – up by dispersive SPE – QuEChERs method [S]. 2008.

[5] 邹志飞, 蒲民, 李建军, 等. 各国 (地区) 食用色素的使用现状及比对分析 [J]. 中国食品卫生杂志, 2010, 22 (2): 112 – 121.

[6] 蔡雪毅, 龙朝阳, 范山湖, 等. 食用合成色素现场快速检测技术应用情况分析 [J]. 中国卫生监督杂志, 2009, 16 (1): 43 – 45.

[7] 赵亚华, 李勇, 戎军. 食品中9种人工合成色素的高效液相色谱同时检测法 [J]. 中国食品卫生杂志, 2010, 23 (5): 1121 – 1124.

[8] 黄敬, 卢明. 高效液相色谱法测定胶囊壳中合成着色剂的改进[J]. 中国食品卫生杂志, 2007, 17 (12): 2343 – 2343.

[9] 路杨, 吕志强, 刘印平, 等. QuEChERS 净化超高效液相色谱法快速测定豆制品中的9种工业染料 [J]. 食品安全质量检测学报, 2015, 6 (10): 3805 – 3808.

[10] 范素芳, 李强, 马俊美, 等. 改进的 QuEChERS 方法结合液相色谱 – 串联质谱法测定腐竹和豆干中的二甲基黄和二乙基黄 [J]. 色谱, 2015, 33 (6): 657 – 661.

[11] 刘丽, 吴青, 林凤英, 等. QuEChERS – HPLC 快速测定食品中七种食用合成色素 [J]. 食品工业科技, 2013, 34 (12): 91 – 85.

[12] Jia W, Chu X, Ling Y, et al. Simultaneous determination of dyes in wines by HPLC coupled to quadrupole orbitrap mass spectrometry [J]. Journal of separation science, 2014, 37 (7): 782 – 791.

[13] 朱程云, 魏杰, 董雪芳, 等. 改进的 QuEChERS 方法用于鱼肉中孔雀石绿、隐色孔雀石绿、结晶紫、隐色结晶紫的快速检测 [J]. 色谱, 2014, 32 (4): 419 – 425.

[14] 栗有志, 马晓雯, 孟茹, 等. QuEChERS – 高效液相色谱 – 串联质

谱法测定酵母抽提物中9种黄色合成色素［J］．分析科学学报，2016，32（2）：234－238.

［15］王琴，黄嘉玲，黎奇欣，等．酵母抽提物的生产技术进展［J］．现代食品科技，2013（7）：1747－1750.

［16］张耀海，张雪莲，赵其阳，等．温控离子液体分散液液微萃取结合高效液相色谱法检测脐橙中染色剂残留［J］．分析化学，2014，42（10）：1435－1439.

［17］张颖，陈浩乾．增塑剂的研究与发展［J］．广州化工，2009，37（4）：49－51.

［18］郭永梅．邻苯二甲酸酯的毒性及相关限制法规［J］．广州化学，2012，37（2）：77－79.

［19］施雅梅，徐敦明，周昱，等．QuEChERS/高效液相色谱测定食品中17种邻苯二甲酸酯［J］．分析测试学报，2011，30（12）：1372－1376.

［20］Xie Q，Liu S，Fan Y，et al. Determination of phthalate esters in edible oils by use of QuEChERS coupled with ionic－liquid－based dispersive liquid－liquid microextraction before high－performance liquid chromatography［J］. Analytical and bioanalytical chemistry，2014，406（18）：4563－4569.

［21］Wu P，Cai C，Yang D，et al. Identification of 19 phthalic acid esters in dairy products by gas chromatography with mass spectrometry［J］. Journal of separation science，2015，38（2）：254－259.

［22］彭俏容，于淑新，赵连海，等．QuEChERS－HPLC快速测定白酒中13种邻苯二甲酸酯［J］．酿酒科技，2014，1：36.

［23］孙欣，齐莉，秦廷亭，等．QuEChERS－气相色谱－三重四极杆质谱法检测黄瓜中的19种邻苯二甲酸酯［J］．色谱，2014，32（11）：1260－1265.

［24］荣维广，阮华，马永建，等．改进的QuEChERS气相色谱－质谱法检测豆浆中18种邻苯二甲酸酯［J］．分析科学学报，2014，30（3）：332－335.

［25］程盛华，张利强，魏晓奕，等．气相色谱－串联质谱法测定豆芽中16种塑化剂［J］．食品工业，2015，36（10）：286－292.

［26］Rezaee M，Assadi Y，Hosseini M R M，et al. Determination of organic compounds in water using dispersive liquid－liquid microextraction［J］. Journal of Chromatography A，2006，1116（1）：1－9.

［27］Zhou Q，Bai H，Xie G，et al. Temperature－controlled ionic liquid dispersive liquid phase micro－extraction［J］. Journal of Chromatography A，

2008, 1177 (1): 43 -49.

[28] Baghdadi M, Shemirani F. Cold - induced aggregation microextraction: a novel sample preparation technique based on ionic liquids [J]. Analytica chimica acta, 2008, 613 (1): 56 -63.

[29] Wang P C, Lee R J, Chen C Y, et al. Determination of cyromazine and melamine in chicken eggs using quick, easy, cheap, effective, rugged and safe (QuEChERS) extraction coupled with liquid chromatography - tandem mass spectrometry [J]. Analytica chimica acta, 2012, 752: 78 -86.

[30] Xia K, Atkins J, Foster C, et al. Analysis of Cyromazine in Poultry Feed Using the QuEChERS Method Coupled with LC - MS/MS [J]. Journal of agricultural and food chemistry, 2010, 58 (10): 5945 -5949.

[31] 罗海英, 冼燕萍, 侯向昶, 等. QuEChERS - 超高效液相色谱串联质谱法测定乳粉中的双氰胺 [J]. 现代食品科技, 2013, 29 (5): 1148 -1153.

[32] 吴翠玲, 李建中, 陆予菲. 安捷伦 QuEChERS 前处理方法结合 LC—MS/MS 快速检测乳品中双氰胺 [J]. 食品安全导刊, 2013 (4): 42 -43..

[33] 鲍洋, 汪何雅, 李竹青, 等. 金属食品罐内涂层中双酚类物质的迁移及检测研究进展 [J]. 食品科学, 2011, 32 (21): 261 -267.

[34] Commission of the European Communities. EC/1895/2005 The restriction of use certain epoxy derivatives in materials and articles in ended to come into contact with food [S]. Luxembourg: Off J Eur Commun, 2005.

[35] Commission of the European Communities. EC/16/2002 The use of certain epoxy derivatives in materials and articles intended to come into contact whit foodstuffs [S]. Luxembourg: Off J Eur Commun, 2002.

[36] 高梦婕, 周瑶, 盛永刚, 等. QuEChERS 法结合高效液相色谱 - 串联质谱法测定保健食品中 12 种双酚类化合物 [J]. 色谱, 2014, 32 (11): 1201 -1208.

[37] 梁凯, 邓晓军, 伊雄海, 等. 基质分散固相萃取 - 液相色谱 - 离子阱质谱法检测罐头食品中双酚类化合物残留 [J]. 分析化学, 2012, 40 (5): 705 -712.

[38] Cunha S C, Cunha C, Ferreira A R, et al. Determination of bisphenol A and bisphenol B in canned seafood combining QuEChERS extraction with dispersive liquid - liquid microextraction followed by gas chromatography - mass spectrometry [J]. Analytical and bioanalytical chemistry, 2012, 404 (8): 2453 -2463.

[39] Stubbings G, Bigwood T. The development and validation of a multiclass

liquid chromatography tandem mass spectrometry (LC – MS/MS) procedure for the determination of veterinary drug residues in animal tissue using a QuEChERS (QUick, Easy, CHeap, Effective, Rugged and Safe) approach [J]. Analytica Chimica Acta, 2009, 637 (1): 68 – 78.

[40] 李航，贺亚玲，陈小泉，等. QuEChERS/UPLC – MS 测定火锅调料中罂粟壳（粉）的研究 [J]. 食品与药品，2014, 16 (4): 284 – 287.

[41] 王建新，陈文汇，王彬，等. 火锅汤料中罂粟壳成分的高效液相色谱检测法 [J]. 职业与健康，2004, 20 (6): 56 – 56.

[42] 皮立，胡凤祖，师治贤. 高效液相色谱 – 荧光检测法测定罂粟籽和火锅汤料中的罂粟碱 [J]. 色谱，2005, 23 (6): 639 – 641.

[43] 廖文娟，张虹，任一平. 液相色谱 – 串联四极杆质谱法测定罂粟壳主要成分在止咳药中的含量 [J]. 分析化学，2006, 8.

[44] 蔡玮红，冼燕萍，罗海英，等. UPLC – MS/MS 法同时测定焙烤食品中的丙烯酰胺，4 – 甲基咪唑与 5 – 羟甲基糠醛 [J]. 现代食品科技，2014, 30 (2): 249 – 254.

[45] Kim H K, Choi Y W, Lee E N, et al. 5 – Hydroxymethylfurfural from Black Garlic Extract Prevents TNFα – induced Monocytic Cell Adhesion to HUVECs by Suppression of Vascular Cell Adhesion Molecule – 1 Expression, Reactive Oxygen Species Generation and NF – κB Activation [J]. Phytotherapy Research, 2011, 25 (7): 965 – 974.

[46] 唐婧，杨秀培，史兵方. QuEChERS – 气相色谱法快速测定油条中的丙烯酰胺 [J]. 食品科学，2008, 29 (9): 458 – 460.

[47] 刘燕伟，陈奇丹，马彤梅. 基于 QuEChERS – HPLC 法检测油炸食品中丙烯酰胺的含量 [J]. 应用化学，2014, 31 (04): 489 – 495.

[48] 肖珊珊，孙兴权，李一尘，等. 高效液相色谱法测定软饮料中香兰素和乙基香兰素 [J]. 食品安全质量检测学报，2015 (1): 152 – 158.

第七章

QuEChERS 技术在其他检测领域的应用

除了农药、兽药、真菌毒素以及添加剂这几大类化合物外，其他以 QuEChERS 前处理技术提取的化合物的分析检测也有报道。

第一节

卷烟主流烟气中苯并［a］芘的测定

由于卷烟主流烟气中的苯并［a］芘［B（a）P］含量较低，且卷烟烟气的成分比较复杂，所以提取、净化、浓缩等样品前处理过程是卷烟主流烟气中的 B（a）P 检测方法研究的重点，萃取技术文献报道的有超声萃取、振荡萃取、匀浆提取和加速溶剂萃取技术；净化技术主要有固相萃取（SPE）和凝胶渗透色谱（GPC）。

边照阳等对常规 QuEChERS 前处理方法的提取溶剂、缓冲盐体系、吸附剂等进行了考察和改进，确定选用非极性的环己烷作为提取溶剂，并不加入氯化钠和缓冲盐，选用 PSA 和 SI 混合吸附剂作为净化剂，净化后的溶液无需浓缩，可直接 GC－MS/MS 分析。结果表明，该法的样品前处理操作简单，样品前处理时间约是 GB/T 21130—2007 标准方法的四分之一，且方法的重复性好、回收率高，适用于卷烟主流烟气中 B（a）P 释放量的检测。

1. 实验部分

（1）仪器、试剂与材料　RM－200A 转盘式吸烟机（德国 Borgwaldt 公司）、SM450 直线型吸烟机（英国 cerulean 公司）；Agilent 7890A/7000C 气相色谱串联四极杆质谱仪（美国 Agilent 公司）；Labnet VX－200 旋涡混合仪（美国 Labnet 公司）；Sigma 3－30K 高速冷冻离心机（德国 Sigma 公司）；Milli－Q

超纯水系统（美国 Millipore 公司）；Eppendorf multipette stream 电动连续分液器（德国 Eppendorf 公司）。

环己烷，色谱纯，美国 J. T. Baker 公司；无水硫酸镁（分析纯，天津北方试剂公司，于 500℃马弗炉内烘 5h，冷却后置于干燥器内备用），PSA 散装吸附剂、硅胶（SI）散装吸附剂（美国 Agilent 公司）；实验用水为 Milli－Q 纯水系统所制超纯水。

标准品：苯并［a］芘、氘代苯并［a］芘购自德国 DR 公司。

（2）标准工作液的配制　内标储备液：以环己烷作为溶剂配制质量浓度为 130mg/L 的 d12－苯并［a］芘溶液。

内标添加溶液：移取 2.5mL 内标储备液，以环己烷稀释定容至 50mL，混匀，得质量浓度为 6.5mg/L 的内标添加溶液。标准工作溶液及样品中均添加 50μL 的内标添加溶液。

标准储备液：准确称取 0.0100g 的苯并［a］芘，用环己烷溶解并定容至 50mL，混匀，得质量浓度为 200mg/L 的苯并［a］芘标准储备液。

标准溶液Ⅰ：准确移取 0.25mL 的标准储备液，用环己烷稀释并定容至 50mL，混匀，得质量浓度为 1mg/L 的苯并［a］芘标准溶液Ⅰ。

标准溶液Ⅱ：准确移取 5mL 的标准溶液Ⅰ，用环己烷稀释并定容至 50mL，混匀，得质量浓度为 0.1mg/L 的苯并［a］芘标准溶液Ⅱ。

标准工作溶液配制：分别准确移取 0.2、0.4 和 0.8mL 的标准溶液Ⅱ和 0.2、0.4 和 0.6mL 的标准溶液Ⅰ，加入 50μL 浓度为 6.5mg/L 的内标添加溶液，用环己烷稀释并定容至 25mL，混匀，得质量浓度分别为 0.8，1.6，3.2，8，16，24μg/L 的苯并［a］芘标准工作溶液。

（3）卷烟抽吸条件　按照 GB/T 5606.1—2004 和 GB/T 16447—2004 的方法抽样并调节卷烟样品。分别在国际标准化组织（ISO）和加拿大深度抽吸（HCI）模式下，采用转盘式（R）和直线型（L）两种典型吸烟机型对卷烟样品进行抽吸测试，以剑桥滤片捕集主流烟气中的 B（a）P。

（4）样品前处理方法　将卷烟抽吸得到的剑桥滤片剪碎，放入 50mL 离心管中；向离心管中加入 30mL 环己烷和 50μL 浓度为 6.5mg/L 的内标添加溶液；将离心管置于旋涡混合仪上，以 2000r/min 的速率振荡提取 5min。

向离心管中加入 10mL 水，以 2000r/min 的速率振荡 5min，静置；移取 1.5mL 上清液于 2mL 净化离心管中（内含 150mg 无水硫酸镁、40mg PSA 吸附剂、40mg SI 吸附剂），于旋涡混合仪上以 2000r/min 振荡 2min，然后以 6000r/min离心 5min。取上清液转移到色谱样品瓶中，待 GC－MS/MS 分析。

2. 结果与讨论

（1）提取溶剂的选择　提取主流烟气中的 B（a）P，常用的溶剂有甲醇和环己烷，而传统 QuEChERS 方法的提取溶剂为乙腈，由于 B（a）P 的极性较弱，根据相似相溶原理，环己烷可以对其具有较好的萃取效果，且提取液颜色比甲醇和乙腈为提取剂时的颜色浅，主要是因为甲醇和乙腈是化学分析中通用的提取溶剂，对各种化合物均具有良好的提取效果，但是，也会同时增加非目标和色素等化合物的提取，造成提取溶液颜色较深，会对提取液的后期净化增加压力，故选择环己烷作为提取溶剂。

（2）提取方式的选择　主流烟气中 B（a）P 的提取方式一般有超声提取、振荡提取，匀浆提取和加速溶剂萃取也有报道。超声和 200r/min 的普通振荡提取一般需要 40～60min 时间，匀浆提取和加速溶剂萃取不能同时处理多个样品，效率较低。QuEChERS 方法一般选用涡旋振荡技术，振荡速率达到 2000r/min，由于主流烟气总粒相物是附着在剑桥滤片上的，所以，理论上增大振荡速率可以加快提取过程，提高提取效率，实验数据也表明，2000r/min 下涡旋振荡 5min 与 200r/min 下振荡 60min 和超声 40min 的结果没有显著差异。

（3）净化方式的选择　卷烟烟气中 B（a）P 提取液的净化步骤一般有液液萃取、固相萃取（SPE）和凝胶渗透色谱净化（GPC）等技术，其中固相萃取是常用的净化技术，也为 CORESTA 标准推荐方法和我国国标所采用，但由于卷烟烟气中 B（a）P 含量较低，固相萃取的洗脱过程对提取液有一定的稀释作用，为提高检测方法的灵敏度，一般均需对固相萃取净化后的溶液进行浓缩，从而增加了样品前处理时间。刘建福等采用甲醇－正庚烷－水体系在分液漏斗中进行液液萃取，然后采用 SPE 技术除去萃取液中的干扰成分，浓缩样液后，再进行定量测定。

本文考察了 QuEChERS 方法的液液萃取法初步净化和基质分散固相萃取再净化相结合的技术在卷烟烟气中 B（a）P 测定中的应用。首先在环己烷的提取液中加入水，以 2000r/min 的速率涡旋振荡 5min，使 B（a）P 进入有机相，而一些杂质留在水相中，对提取液进行了初步净化。QuEChERS 方法的液液萃取法初步净化中除了水，一般还需要加入氯化钠、无水硫酸镁、醋酸盐或者柠檬酸盐缓冲剂，这主要是其所使用的乙腈极性较大，需要以无水硫酸镁除去部分水、以氯化钠促进盐析分层，并以缓冲盐体系提高某些对酸碱敏感的目标物的回收率。本文选用的提取溶剂环己烷的极性较弱，且目标物和内标的极性也较弱，对酸碱不敏感，所以本文选择不加氯化钠、无水硫酸镁和缓冲盐。

在 QuEChERS 方法中，常用的基质分散固相萃取有 PSA、$C_{18}E$、GCB（石墨化炭黑）等，其中，PSA 可除去提取液中的碳水化合物、脂肪酸、有机酸、酚类和少量的色素，$C_{18}E$ 可去除脂肪和酚类化合物，GCB 主要用于去除色素。由于 $C_{18}E$ 极性较弱，GCB 对平面结构的分子具有较强的吸附性，所以，不适用于极性弱且具有平面结构的 B（a）P 的净化。另外，B（a）P 的固相萃取净化过程常用硅胶填料的固相萃取小柱，主要是用硅胶填料吸附极性杂质。因此实验考察了 PSA 和 SI 两种极性吸附剂对提取液的净化效率。结果显示：①PSA和 SI 两种极性吸附剂对 B（a）P 的回收率没有影响，均在 100% 左右；②单独采用一种吸附剂时，PSA 的净化效果比 SI 好，净化后的提取液颜色较浅，这可能是由于 PSA 同时具有弱阴离子的交换作用与极性吸附作用，且 40mg 的 PSA 用量比 20mg 的用量的颜色更浅，继续增加 PSA 的用量，溶液颜色几乎没有变化；③在 PSA 净化剂中加入 SI，可使提取液颜色稍微变浅，考虑到这会对降低检测系统污染、减少仪器维护有积极作用，故选择 PSA 和 SI 组成混合吸附剂，用量均为 40mg。

（4）标准曲线与检出限　将 6 种浓度的标准工作溶液进行 GC－MS/MS 分离分析，以目标物和内标的色谱峰面积比对 B（a）P 的浓度进行回归分析，得到标准曲线及其回归方程、相关系数，结果显示，本法线性关系良好，$R^2 >$ 0.999；以 3 倍信噪比（S/N）确定检出限（LOD），以 10 倍 S/N 确定定量限（LOQ），得出本方法的检出限和定量限分别为 0.16ng/cig 和 0.53ng/cig，而目前市售卷烟的 B（a）P 释放量一般大于 1ng/cig，本法可以满足 B（a）P 定量检测要求。

以 1R5F 卷烟为基质空白，将三种不同浓度的标准溶液加入到载有烟气总粒相物的剑桥滤片上，计算加标回收率，结果表明，方法的回收率为97.5%～101.0%，相对标准偏差（RSDs）均小于 5%，说明本方法的回收率较高，重复性较好。

第二节

纸质包装材料中光引发剂的检测

色彩丰富的纸质包装在给我们生活带来极大方便的同时，其表面印刷油墨却成为污染的潜在来源。UV 油墨从十几年前在我国开始应用到纸质包装印刷开始，全 UV 印刷所占比重一年比一年高。

随着 UV 印刷方式的普遍应用，研究发现，UV 油墨固化完成后，其中残留的紫外光引发剂在一定的条件下，同样也可以发生化学迁移或者通过物理接触，污染包装内的卷烟，从而对人体的健康造成潜在危害。2005 年 11 月发生在意大利、法国、西班牙和葡萄牙的雀巢婴儿配方奶召回事件警示消费者光固化油墨并非没有安全隐患，导致此次召回事件的罪魁祸首即为配方奶纸盒表面印刷油墨中的光引发剂 2 - 异丙基硫杂蒽酮（2 - ITX）和 *N*，*N* - 二甲氨基苯甲酸异辛酯（EHDAB）。尽管后来由欧洲食品安全局（ESFA）提供的毒理学评估报告表明 ITX 和 EHDAB 不具有遗传毒性和生殖毒性，但由于其高度亲脂性，细胞长时间低含量接触 ITX 和 EHDAB 会引发细胞膜的破裂，最终导致细胞某些功能的丧失。2007 年，Rhodes 通过动物试验发现了 BP（二苯甲酮）和 4 - MBP（4 - 甲基二苯甲酮）不仅有致癌作用，而且还有皮肤接触毒性和生殖毒性。2009 年 2 月，德国和比利时当局向欧盟委员会发出警告，称有些麦片被可能致癌的物质 4 - 甲基二苯甲酮污染；2009 年 3 月欧洲食品安全局（EFSA）表示，早餐麦片的包装袋上印刷油墨所用的一种化学物质可能致癌。2011 年，德国宣布召回从比利时进口的冷冻细面条，主要原因是面条包装上印刷油墨所含有的二苯甲酮渗透到面条中，导致面条被污染，检出二苯甲酮含量达 1747μg/kg。

目前，有关光引发剂的测定方法主要包括气相色谱 - 质谱联用法（GC - MS）和液相色谱串联质谱法（LC - MS/MS），这些方法涉及的光引发剂种类较少，且样品前处理方法繁琐、耗时、溶剂用量大。但在 UV 印刷实际的工艺中，常需要多种光引发剂配合使用，因此，急切需要一种快速、高通量的分析方法用于光引发剂的检测。

李中皓等建立了一种 QuEChERS 技术的气相色谱 - 质谱联用法（GC - MS）检测纸质包装材料中 18 种光引发剂（PIs）（表 7 - 1）的分析方法。

表 7 - 1　　18 种光引发剂物质信息

序号	化合物	名称缩写	CAS 号	分子式
1	2 - 羟基 - 2 - 甲基 - 1 - 苯基丙酮 2 - Hydroxy - 2 - methylpropiophenone	1173	7473 - 98 - 5	$C_{10}H_{12}O_2$
2	苯甲酰甲酸甲酯 Methyl benzoylformate	MBF	15206 - 55 - 0	$C_9H_8O_3$
3	二苯甲酮 Benzophenone	BP	119 - 61 - 9	$C_{13}H_{10}O$
4	2 - 甲基二苯甲酮 2 - Methyl Benzophenone	2 - MBP	131 - 58 - 8	$C_{14}H_{12}O$
5	1 - 羟基环己基苯基甲酮 1 - Hydroxycyclohexyl phenyl ketone	Irgacure 184	947 - 19 - 3	$C_{13}H_{16}O_2$

续表

序号	化合物	名称缩写	CAS 号	分子式
6	对 - *N*，*N* - 二甲氨基苯甲酸乙酯 4 - （Dimethylamino） - benzoicaciethylester	EDB	10287 - 53 - 3	$C_{11}H_{15}NO_2$
7	3 - 甲基二苯甲酮 3 - Methyl Benzophenone	3 - MBP	643 - 65 - 2	$C_{14}H_{12}O$
8	4 - 甲基二苯甲酮 4 - Methyl Benzophenone	4 - MBP	134 - 84 - 9	$C_{14}H_{12}O$
9	2，2 - 二甲氧基 - 2 - 苯基苯乙酮 2，2 - Dimethoxy - 2 - phenylacetophenone	BDK	24650 - 42 - 8	$C_{16}H_{16}O_3$
10	邻苯甲酰苯甲酸甲酯 *o* - Methyl - benzoyl Benzoate	OMBB	606 - 28 - 0	$C_{15}H_{12}O_3$
11	对二甲氨基苯甲酸异辛酯 2 - Ethylhexyl - 4 - dimethylamino Benzoate	EHDBA	21245 - 02 - 3	$C_{17}H_{27}NO_2$
12	2 - 甲基 - 1 - （4 - 甲硫基）苯基 2 - 吗啉基 - 1 - 丙酮 Methyl - 1 - （4 - methylthio） phenyl - 2 - morpholinopropan - 1 - one	Irgacure 907	71868 - 10 - 5	$C_{15}H_{21}NO_2S$
13	4 - 异丙基硫杂蒽酮 4 - Isopropylthioxanthone	4 - ITX	83846 - 86 - 0	$C_{16}H_{14}OS$
14	2 - 异丙基硫杂蒽酮 2 - Isopropylthioxanthone	2 - ITX	5495 - 84 - 1	$C_{16}H_{14}OS$
15	联苯基苯甲酮 4 - Benzoylbiphenyl	PBZ	2128 - 93 - 0	$C_{19}H_{14}O$
16	2，4 - 二乙基硫杂蒽酮 2，4 - Diethyl - 9H - thioxanthen - 9 - one	DETX	82799 - 44 - 8	$C_{17}H_{16}OS$
17	4，4 - 双（二甲基氨基）二苯酮 4，4′ - Bis（dimethylamino） - benzophenone	MK	90 - 94 - 8	$C_{17}H_{20}N_2O$
18	4，4 - 双（二乙基氨基）二苯酮 4，4′ - Bis（diethylamino） - benzophenone	DEAB	90 - 93 - 7	$C_{21}H_{28}N_2O$

1. 方法操作步骤

准确裁取 0.5dm^2包装样品，将其剪成 0.5cm × 0.5cm 的碎片，置于 50mL 具塞三角瓶中；准确加入 20mL 水，浸润 30min；加入 20mL 乙腈和 100μL 内标工作溶液，超声提取 40min；取 4mL 上清液于 15mL 离心管中，加入 3mL 正己烷 - 乙酸乙酯溶液（3∶7，体积比），涡漩 2min，取上层有机相溶液（1.5 ± 0.2）mL 于含有 150mg 无水 $MgSO_4$、50mg PSA 和 50mg C_{18}的 2mL 离心管中，涡旋 2min；以 5000r/min 离心 10min，取上清液供 GC - MS 分析。

空白实验：不加样品，重复以上步骤，进行 GC - MS 分析。

2. 结果与讨论

（1）提取溶剂的选择　根据光引发剂的性质（表 7 - 2），从正辛醇/水分配系数可知，18 种光引发剂在水中的溶解度较低。目前相关研究常用的光引发剂提取溶剂有乙腈、丙酮、乙醇和正己烷。为考查光引发剂的有效提取，实验选取已含有部分光引发剂的样品，同时，为考查提取过程中较困难情况，本实验选择的定量值较高的样品（320g/m^2）作为本实验方法前处理的考查对象，平行制备试样于 50mL 三角瓶中，采用添加标准溶液法制备含有 18 种光引发剂阳性样品，每份样品的加标量为 50μg 水平，避光敞口置于通风橱中，待溶剂挥发干后密封作为实验方法优化用阳性样品。

分别添加乙腈、丙酮、乙醇和正己烷各 20mL 和 100μL 内标溶液，经超声提取 60min 后进行 GC - MS 分析。将所测定各个光引发剂测定结果的最大值作为参照（相对回收率计为 100%），结果显示，不同溶剂的萃取能力：丙酮≈乙腈 > 乙酸乙酯 > 乙醇 > 正己烷。从实验中发现，丙酮、乙腈和乙酸乙酯对包装纸的印刷涂层和油墨具有较强的溶解能力，在 60min 的超声萃取过程中几乎能够完全将包装纸印刷涂层和油墨萃取出来，而正己烷萃取剂萃取效果最差，对包装纸印刷涂层和油墨溶解能力有限。与丙酮和乙酸乙酯相比，乙腈通用性更强，不容易提取色素和基质中的蜡质、脂肪等非极性成分，是常用的光引发剂残留提取溶剂。最终，本实验确定采用乙腈作为提取溶剂。

表 7 - 2　18 种光引发剂性质

序号	化合物名称	CAS 号	相对分子质量	lg P^*	沸点
1	1173	7473 - 98 - 5	164.2	1.485	260.8
2	MBF	15206 - 55 - 0	164.2	1.464	247.0
3	BP	119 - 61 - 9	182.2	3.214	305.0
4	2 - MBP	131 - 58 - 8	196.2	3.784	310.0
5	Irgacure 184	947 - 19 - 3	204.3	2.175	339.0

续表

序号	化合物名称	CAS 号	相对分子质量	lg P^*	沸点
6	EDB	10287-53-3	193.2	2.511	296.5
7	3-MBP	643-65-2	196.2	3.857	317.2
8	4-MBP	134-84-9	196.2	3.874	328.1
9	BDK	24650-42-8	256.3	3.622	371.1
ISTD	Anthracene-d_{10}	1719-06-8	188.3	4.545	337.4
10	OMBB	606-28-0	240.3	2.608	351.6
11	EHDBA	21245-02-3	277.4	5.412	382.9
12	Irgacure 907	71868-10-5	279.4	2.439	420.1
13	4-ITX	83846-86-0	254.3	5.048	391.0
14	2-ITX	5495-84-1	254.3	5.113	398.9
15	PBZ	2128-93-0	258.3	5.142	419.1
16	DETX	82799-44-8	268.4	5.673	427.9
17	MK	90-94-8	268.4	3.870	427.7
18	DEAB	90-93-7	324.5	5.908	475.7

注：*正辛醇/水分配系数，数据来源于 http://www.chemspider.com/。

（2）水浸润预处理对提取效果的影响　对于干性样品，由于残留物与样品结合较为紧密，因此常用水对样品进行浸泡，促进样品基质的分散与剥离，从而提高样品的提取效率。实验选取已含有部分光引发剂的样品，并同时采用添加标准溶液法制备含有 18 种光引发剂阳性样品，加标浓度为 2μg 水平，分别采用 20mL 水浸泡样品 1h 和未采用水浸泡两种方式，然后添加 20mL 乙腈和 100μL 内标溶液，经超声提取 60min 后进行 GC-MS 分析。结果显示，对于样品中未检出的 PIs 组分，各个光引发剂以及回收率和两种方式处理条件下的平均回收率总体相当，水浸润方式的提取效果略优于直接采用乙腈溶剂的提取方式；实验还发现，对于样品中已含有的 PIs 组分，水浸润方式对于部分光引发剂提取效果的优越性更加显著，如光引发剂 184 和 EDB，水浸润方式提取的含量比对照高 23.5% 和 17.8%。

实验结果表明，30min 水浸泡预处理样品能够促使复合纸质材料或纸板材料黏合的层与层之间剥离，从而可以更好地保证样品内部残留物的提取，大大提高了样品中光引发剂的提取效率。此外实验还发现，当样品的乙腈/水提取液与正己烷-乙酸乙酯溶液（3:7，体积比）进行液液分配过程中，所萃取出的油墨染料多被分散在水相，减少了有机相中的共提取物质，从而对样品提取溶液具有一定的净化作用。

最终，本实验确定采用水浸润预处理方式对样品进行提取。

（3）提取方式的选择　目前国内外相关标准和文献对纸和再生纤维材料的提取方法有索氏抽提法、超声波提取法和振荡提取法。由于索氏抽提法处理繁琐、周期长，不利于大量样品的日常检测工作，同时大量文献标准表明，在选择优化好正确的萃取溶剂后，纸质样品在超声与振荡条件下能够达到较好的提取效果。实验考查了超声与振荡条件下的萃取效果。实验选取所制备的光引发剂阳性样品，样品经水浸泡 1h，用 20mL 乙腈超声和振荡 60min 后进行 GC－MS 分析。从实验结果发现，对于样品中未检出的 PIs 组分，超声提取与振荡提取的回收率没有显著性差异；对于样品中已含有的 PIs 组分，超声抽提的效率优于振荡抽提，光引发剂 184、4－MBP、907 和 DEAB 在超声提取条件下比振荡提取条件下高 18.6%、24.9%、26.2% 和 30.0%。

超声波产生的强烈振动、较高的加速度、强烈的空化效应、搅拌作用等，能够加速有效成分进入溶剂，另外，超声波的次级效应，如机械振动、乳化、扩散、击碎效应等也能加速有效成分的扩散释放。超声提取具有简便、批处理能力强的特点，是近年来光引发剂残留量检测中常用的提取方法之一。

因此，为保证样品的提取效率，本方法最终确定采用超声抽提方法对卷烟条与盒包装纸中光引发剂进行抽提。

（4）盐析作用的影响　研究发现，水和乙腈萃取液在与正己烷－乙酸乙酯溶液混合后会明显分层，从体积的变化来看，4mL 水和乙腈萃取液中的 2mL 乙腈基本分配到正己烷－乙酸乙酯溶液中，有机相的总体积为 5mL。为考查目标化合物是否全部转移到有机相中，研究考查了盐析作用对目前化合物在液液分配过程中的回收率变化。在 4 个 15mL 的离心管中分别添加 4mL 的水和乙腈萃取液（1∶1，体积比），加标浓度为 2μg 水平，然后添加 0，0.1，0.5，1g 氯化钠和 3mL 正己烷－乙酸乙酯溶液，振荡 10min 后取上层有机相溶液净化后进行 GC－MS 分析，结果显示，四个样品之间光引发剂的回收率不存在显著性差异，各个光引发剂在不同盐析作用条件下的平均回收率在 91%～110%，变异（RSD）小于 5%。

由于光引发剂疏水性的特点，光引发剂在液液分配过程中几乎全部转移到有机相中（乙腈和正己烷－乙酸乙酯溶液混合溶液），盐析作用对液液分配过程中的回收率影响不显著。因此本实验方法不再采用盐析步骤。

（5）萃取液净化方式的选择　研究发现，虽然乙腈的萃取能力较好，但是对于部分样品，提取溶液的颜色仍然较深，其含有大量的油墨杂质，必须进行进一步净化除杂处理。

目前，光引发剂测定的样品前处理方法主要为繁琐、耗时、溶剂用量大的液液萃取（LLE）和固相萃取（SPE）技术。经过实验发现，常规固相萃取仍然存在较大阻力而导致除杂效果差的现象，而稀释除杂方法却会大大降低检测方法的灵敏度。

近年来，样品前处理方法正朝着简单化、节约化和微型化发展。QuEChERS 技术核心是在样品提取液中加入除水剂和净化剂以除去多余的水分和杂质，净化液经离心后直接进行分析。QuEChERS 方法中，*N*－丙基乙二胺（PSA）、C_{18}和 GCB 是常见的 3 种吸附剂。实验选取未含光引发剂的商标纸样品，采用添加标准溶液法制备含有 18 种光引发剂的阳性样品，加标浓度为 5μg 水平，样品经水浸泡 30min，添加 20mL 乙腈，然后超声提取 40min，取 4mL 样品溶液于 15mL 离心管中，添加 3mL 正己烷－乙酸乙酯溶液，振荡液液萃取 10min，取上层溶液进行 d－SPE 净化后进行 GC－MS 分析。d－SPE 吸附剂分别采用 Ⅰ：150mg 无水硫酸镁和 25mg PSA；Ⅱ：900mg 无水硫酸镁和 150mg PSA；Ⅲ：150mg 无水硫酸镁、25mg PSA 和 2.5mg GCB；Ⅳ：150mg 无水硫酸镁、50mg PSA 和 50mg C_{18}；CK：无净化。从净化的效果来看，GCB 和 C_{18}净化处理后的萃取溶液趋于无色透明状态，与未经净化处理的对照样（CK）相比，具有较好的净化效果。从回收率的实验结果可见，25mg PSA 净化样品的回收率在 89%～113%；150mg PSA 净化样品的回收率在 89%～121%；25mg PSA 和 2.5mg GCB 净化样品的回收率在 114%～164%；50mg PSA 和 50mg C_{18}净化样品的回收率在 89%～117%；未净化样品（CK）的回收率为 87%～117%。实验结果表明，PSA 吸附剂对目标化合物的吸附能力很小，且不同量 PSA 吸附剂对目标化合物的回收率影响不显著；C_{18}吸附剂净化处理的回收率与对照样品差异不显著；GCB 净化处理后的样品，4－ITX 与2－ITX 的回收率显著降低，这与二者分子结构的共平面性有关，对于其他光引发剂，GCB 净化处理后样品的光引发剂回收率普遍偏高，这是由于本实验方法的内标物（氘代蒽）具有共平面结构，导致 GCB 对内标有一定吸附作用。

因此，本实验方法采用 50mg PSA 和 50mg C_{18}作为分散固相萃取的吸附剂，同时添加 150mg 无水硫酸镁除去样品中的微量水分，以利于气相色谱的分析。

（6）方法评价　配制 0.01，0.02，0.04，0.1，0.2mg/L 的标准溶液，以标准系列峰面积与内标峰面积之比对其质量建立线性回归方程。采用 0.5dm^2 的空白基质（样品 B）加标方法进行回收率和精密度实验，按信噪比 $S/N=3$ 计算得到分析方法的检出限，加标水平分别为 0.5，2，10μg，每个加标水平重复测定 5 次。方法评价的结果表明，18 种 PIs 在 0.01～0.2mg/L 内线性关系良好（$R^2>0.997$），3 个加标水平的回收率在 81.6%～123.8%，精密度为 0.2%～9.6%，检出限为 0.007～0.023mg/m^2。

第三节

再生纸中二异丙基萘的检测

近年来，以废纸为原材料制成的再生纸被广泛用作包装纸进行食品的包装，如纸箱、纸板、餐盒、水杯等。再生纸产品因为低碳、节约资源等特点受到社会各界的广泛关注，但是近期的研究证明，再生纸比原木浆生产的纸能释放出更多的化学物质，如油墨、铅、苯、汞、增塑剂、双酚 A、二异丙基萘、荧光增白剂等。再生纸中遗留的化学物质主要来自印刷油墨、无碳复写纸、医用卫生纸张等，这些化学物质成分经再生纸产品的使用很可能进入人体，对人体健康产生一定的负面影响。

当再生纸用作与食品接触的材料时，其安全性受到了质疑，相关研究也广泛地开展起来。欧盟是较早的开展再生纸控制研究的国际组织，在 Resolution ResAP（2002）1《3 号技术文件— 关于再生纤维制造的拟与食品接触的纸和纸板材料及制品的指南》里对再生纸的使用和生产进行了详细的规范，并对其中有害化学物质进行了限定。之后，美国、日本和德国等多个国家也相继颁布相关法规对再生纸的生产和使用进行规范。2011 年，中国烟草总公司也发布了中烟办［2011］140 号文件《中国烟草总公司关于烟用接装纸和内衬纸质量安全性要求的通知》，文件对再生纸的使用范围进行了规范，要求烟用接装纸和烟用内衬纸所用原纸必须符合 GB 11680—1989《食品包装用原纸卫生标准》*，并禁止使用再生纸。

再生纸控制的一个重要研究内容是如何有效地区分再生纸。欧盟 2005 年发布了 DIN EN 14719—2005《纸浆、纸张和纸板溶剂萃取法测定二异丙基萘（DIPN）含量》，指出二异丙基萘可能是纸浆、纸和纸板的污染物，当使用再生纤维时，不可避免地会出现二异丙基萘。2009 年，Esther Asensio 和 Cristina Nerin 在 Packaging Technology and Science 上撰写文章介绍了一种基于顶空气相的再生纸鉴别方法，它大样本量地分析纸张中的有机化合物，然后利用统计学的方法筛选出再生纸中特有的有机化合物，并以此作为标志物用于区分原纸和再生纸。得出结论如下：DiPNs（二异丙基萘）、DBP（邻苯二甲酸正丁酯）和磷酸三丁酯是较好的标志物，其中 DiPNs 的区分效果最明显，是潜在的再生

* 该标准于 2017 年 4 月 19 日被 GB 4806.8—2016《食品安全国家标准　食品接触用纸和纸板材料及制品》代替。

纸鉴别的有效标志物。2011 年，中国国家质量监督检验总局在对我国纸质包装材料市场开展广泛调研的基础上，发布了 SN/T 2831—2011《出口食品接触材料 纸与纸板　二异丙基萘（DiPN）测定　气相色谱－质谱法》的出入境行业标准。在该标准中也提到了，当使用再生纸生产纸质包装材料时，不可避免地会出现二异丙基萘。基于以上相关标准以及研究表明，二异丙基萘可以作为一种化学标志物来有效地区分再生纸。

二异丙基萘是一种压敏性无碳复写纸的染料溶剂，具有高溶解能力、无气味、化学性质稳定的特点。在目前的再生纸生产工艺下，二异丙基萘难以有效地去除。在一定的条件下，它可以向食品或者卷烟产品中迁移。美国、英国、意大利以及德国开展了再生纸中二异丙基萘的含量以及向食品中迁移水平的调查，结果表明市场中在售的再生纸中二异丙基萘的含量高达 62.5mg/kg，而向食品中的迁移水平在 0.36～4mg/kg。相关毒理学数据表明二异丙基萘具有一定的生殖发育毒性，美国 FDA 的研究人员更进一步指出当 DiPN 的总量低于 20mg/kg 时不会向食品中迁移，这为提出 DiPN 的安全限量提供了一个参考。

范子彦等研究建立了烟用纸张中二异丙基萘含量的改进的 QuEChERS 测定方法，为烟草行业有效控制再生纸的使用提供技术支撑。

1. 方法操作步骤

将 5g 烟用纸张切割成 0.5cm × 0.5cm 的待测试样。准确称量（2.00 ± 0.01）g 待测试样，放入 50mL 三角瓶中，加入 25mL 丙酮和 100μL 内标，盖上筛子，以 200r/min 振荡 40min，然后超声萃取 30min，静置。

使用移液管将 2mL 提取液转移至含有 150mg 无水硫酸镁和 25mg PSA 的 2mL 离心管中，在涡漩振荡器上以 2000r/min 的转速漩涡振荡 60s，再以 10000r/min 的转速离心 5min，取上清液进行 GC/MS 分析。

2. 结果与讨论

（1）提取溶剂的选择　二异丙基萘（DiPN，CAS：38640－62－9）为无色无味液体，具有化学性质稳定、难以挥发的特点，其基本信息如表 7－3 所示。DiPN 在烟用纸张中的表面和里层均有分布，完全提取需要使用溶解性较强的溶剂。欧盟标准 DIN EN 14719—2005《纸浆、纸张和纸板溶剂萃取法测定二异丙基萘（DIPN）含量》和我国的出入境标准 SN/T 2831—2011《出口食品接触材料纸与纸板　二异丙基萘（DiPN）测定　气相色谱－质谱法》均采用丙酮作为萃取溶剂，并在标准文本中注明丙酮是完全萃取纸张表面和里层二异丙基萘残留的有效溶剂。通过文献调研还发现 FDA 的研究人员使用二氯甲烷作为二异丙基萘的提取溶剂。

表 7－3　　　　二异丙基萘同分异构体及内标的物质信息

序号	化合物名称	英文名称	化学文摘号	沸点/℃
1	1，3－二异丙基萘	1，3－Diisopropylnaphthalene	57122－16－4	203.1
2	1，7－二异丙基萘	1，7－Diisopropylnaphthalene	94133－80－9	305.8
3	2，6－二异丙基萘	2，6－Diisopropylnaphthalene	24157－81－1	279.3
4	2，7－二异丙基萘	2，7－Diisopropylnaphthalene	40458－98－8	305.8
5	1，6－二异丙基萘	1，6－Diisopropylnaphthalene	51113－41－8	305.8
6	1，4－二异丙基萘	1，4－Diisopropylnaphthalene	24157－79－7	307.5
7	1，5－二异丙基萘	1，5－Diisopropylnaphthalene	27351－96－8	305.8

为了比较萃取溶剂的提取效果，项目组选择已知含有 DiPN 的再生纸原纸作为试验对象，分别使用丙酮、二氯甲烷和弱极性的正己烷三种溶剂对再生纸原纸进行提取。具体做法是在制备好的 2g 再生纸原纸中分别加入丙酮、二氯甲烷或正己烷 25mL 和 100μL 内标溶液，然后在室温下静置 16h，超声萃取 15min，取上清液 GC－MS 分析，每种萃取溶剂制备 3 个平行样，以丙酮萃取测定的结果为基准，进行归一化处理。实验结果显示，丙酮和二氯甲烷的萃取效果比较接近，都比较好地萃取了纸张中的二异丙基萘，而正己烷萃取二异丙基萘的效果较差。比较丙酮和二氯甲烷萃取结果的标准方差可以发现，丙酮的萃取效果更加稳定。

欧盟标准 DIN EN 14719—2005 和 SN/T 2831—2011 两个现行有效的标准均推荐丙酮作为二异丙基萘的萃取溶剂，而且不同萃取溶剂萃取效果的比较也表明丙酮可以有效地萃取纸张表面以及里层中的二异丙基萘，故试验选取丙酮为提取溶剂。

（2）内标的选择　纸张中二异丙基萘的测定，文献报道采用内标方法的比较多，这是因为通过内标物的加入，利用组分的相对峰面积值进行一些量化数据的计算，可以不用定容，且可以减少因前处理方法的重现性和仪器精密度问题带来的误差。实验考察了分别以萘和二乙基萘作为内标的情况，结果表明这两种内标的出峰位置、分离度和稳定性情况都比较适合，但是二乙基萘含有二异丙基萘的本底，那么每次定量时均需扣除背景，使得分析过程变得繁琐，而萘则没有二异丙基萘的本底。因此，本方法确定萘为内标。

（3）萃取溶液净化方式的选择　欧盟标准 DIN EN 14719—2005 和 SN/T 2831—2011 均认为丙酮是完全提取两种形式的二异丙基萘的有效溶剂。但是烟用纸张表面一般都有印刷油墨，丙酮的强萃取能力会导致大量油墨的溶出，而油墨一旦进入仪器就会造成色谱柱和质谱的污染，因此在进色谱柱之前需要添加除杂程序。

二异丙基萘极性较弱，其结构与苯并［a］芘和多氯联苯比较类似，目前针对这类化合物的净化方法主要是固相萃取法。常规固相萃取成本高，溶剂消耗大，处理时间长。QuEChERS 方法中的分散固相萃取（d－SPE）是一种快速、简单、廉价、有效、可靠、安全的前处理净化除杂方法，近年来广泛应用于农作物以及土壤中农药残留的分析。项目组使用 *N*－丙基乙二胺（PSA）、PSA＋C_{18}和石墨化炭黑对丙酮萃取的 DiPN 溶液进行除杂处理。结果显示，经 PSA 和 PSA＋C_{18}分散固相吸附小柱的净化后，二异丙基萘的回收率分别为 97%和 96%，而石墨化炭黑的回收率为 124%。结果表明，商品化的 PSA 和 PSA＋C_{18}分散固相吸附小柱的净化效果接近，而石墨化炭黑回收率偏高，这可能是由于本实验所选择的内标萘具有平面刚性结构，而石墨化炭黑对这类化合物具有较强的吸附作用，从而对测定结果产生一定的影响。因此，本实验选择 PSA 作为分散固相吸附剂来净化萃取溶液。

（4）方法评价　对 2g 卷烟条盒包装纸、烟用内衬纸、烟用接装纸和烟用框架纸试样进行高、中、低不同浓度水平的标准溶液加标回收率试验，每个样品测定 5 次，回收率及日内精密度测定结果见表 7－4。实验结果表明，方法的平均回收率在 94.1%～96.7%，相对偏差小于 6%。说明本法的回收率较高，重复性较好。

表 7－4　　烟用纸张回收率和重复性（$n=5$）

样品类型	加标量/μg	回收率/%	平均回收率/%	RSD/%	平均 RSD/%
卷烟条盒包装纸	1.02	91.0	96.7	5.2	3.6
	3.06	101.7		3.4	
	9.18	97.3		2.1	
烟用内衬纸	1.02	92.7	94.5	4.6	4.0
	3.06	94.2		4.7	
	9.18	96.6		2.8	
烟用接装纸	1.02	95.2	94.8	6.8	5.2
	3.06	93.4		5.7	
	9.18	95.7		3.2	
烟用框架纸	1.02	91.2	94.1	5.4	4.8
	3.06	93.7		4.7	
	9.18	97.5		4.3	

参考文献

[1] 谢剑平，刘惠民，朱茂祥，等．卷烟烟气危害性指数研究［J］．烟草科技，2009，2：5－15.

[2] World Health Organization. WHO technical report series; No. 951: The Scientific basis of tobacco product regulation［R］. Geneva: WHO, 2008.

[3] GB/T 21130—2007 卷烟烟气总粒相物中苯并［a］芘的测定［S］.

[4] 边照阳，唐纲岭，陈再根，等．全自动固相萃取－气相色谱－串联质谱法测定卷烟主流烟气中的 3 种多环芳烃［J］．色谱，2011，29（10）：1031－1035.

[5] CORESTA recommended method No 58. Determination of Benzo［a］pyrene in Cigarette Mainstream Smoke by Gas Chromatography－Mass Spectrometry (second edition, March 2013)［S］

[6] 吴平艳，段孟，郭婷婷，等．匀浆提取－气相色谱/质谱联用法测定卷烟主流烟气中的苯并［a］芘［J］．光谱实验室，2012，29（5）：2984－2987.

[7] 王春兰，汪军霞，胡静，等．加速溶剂/固液固萃取－气相色谱/质谱法分析卷烟烟气中苯并［a］芘［J］．分析化学，2013，41（7）：1069－1073.

[8] 段沅杏，王昆淼，刘志华，等．在线凝胶色谱－气质联用测定卷烟主流烟气中的苯并［a］芘［J］．烟草科技，2014，9：39－43.

[9] Anastassiades M., Lehotay S. J., Stajnbaher D., Schenck F. J., Fast and easy multiresidue method employing acetonitrile extraction/partitioning and "dispersive solid－phase extraction" for the determination of pesticide residues in produce［J］. J. AOAC Int., 2003, 86 (2): 412－431.

[10] Lehotay S. J., De K. A., Hiemstra M., Van Bodegraven P., Validation of a fast and easy method for the determination of residues from 229 pesticides in fruits and vegetables using gas and liquid chromatography and mass spectrometric detection［J］. J. AOAC Int., 2005, 88 (2): 595－614.

[11] Pareja L., Cesio V., Heinzen H., Fernández－Alba A. R., Evaluation of various QuEChERS based methods for the analysis of herbicides and other

commonly used pesticides in polished rice by LC – MS/MS [J]. Talanta, 2011, 83, 1613 – 1622.

[12] 关雅倩. 改良 QuEChERS 方法联合 LCMSMS 技术在茶叶中农药残留分析检测的应用研究 [M]. 北京化工大学，硕士学位论文，2013.

[13] 陈晓水，边照阳，唐纲岭，等. 气相色谱 – 串联质谱技术分析烟草中的 132 种农药残留 [J]. 色谱，2012，30 (10)：1043 – 1055.

[14] 陈晓水，边照阳，杨飞，等. 对比 3 种不同的 QuEChERS 前处理方式在气相色谱 – 串联质谱检测分析烟草中上百种农药残留中的应用 [J]. 色谱，2013，31 (11)：1116 – 1128.

[15] Kao T. H., Chen S., Chen C. J., Huang C. W., Chen B. H., Evaluation of analysis of polycyclic aromatic hydrocarbons by the QuEChERS method and gas chromatography – mass spectrometry and their formation in poultry meat as affected by marinating and frying [J]. J. Agric. Food Chem., 2012, 60, 1380 – 1389.

[16] Ramalhosa M. J., Paíga P., Morais S., Delerue – Matos C., Pinto Oliveira M. B. P., Analysis of polycyclic aromatic hydrocarbons in fish: evaluation of a quick, easy, cheap, effective, rugged, and safe extraction method [J]. J. Sep. Sci., 2009, 32, 3529 – 3538.

[17] Forsberg N. D., Wilson G. R., Anderson K. A., Determination of parent and substituted polycyclic aromatic hydrocarbons in high – fat salmon using a modified QuEChERS extraction, dispersive SPE and GC – MS [J]. J. Agric. Food Chem., 2011, 59, 8108 – 8116.

[18] 戴廷灿，李伟红，廖且根，等. 改进的 QuEChERS 一液相色谱法检测蔬菜中的苯并 (a) 芘 [J]. 分析测试学报，2011，30 (5)：570 – 572.

[19] 李中皓，唐纲岭，陈再根，等. 两种抽吸模式下吸烟机型对卷烟主流烟气总粒相物及 7 种化学成分检测结果的影响 [J]. 烟草科技，2015，49 (5)：55 – 61.

[20] 尉朝，孙海峰，陈嘉彬，等. 气相色谱一串联四极杆质谱法测定主流烟气中的苯并 [a] 芘 [J]. 质谱学报，2013，34 (2)：110 – 114.

[21] 刘建福，喻昕，刘德华，等. 固相萃取和气相色谱 – 质谱法测定主流烟气中苯并 [a] 芘的研究 [J]. 色谱，2002，20 (2)：187 – 189.

[22] 何智慧，练文柳，蒋腊梅，等. GPC – 气相色谱质谱法测定卷烟主流烟气中的苯并 [a] 芘. 湖南文理学院学报 (自然科学版)，2009，21 (1)：42 – 46.

[23] QuEChERS Products Fast, Simple Sample Prep for Multiresidue Pesticide

Analysis. [2015 - 12 - 12] . http://www.teknokroma.es/UserFiles/ Filtracion/quechers.pdf

[24] 李中皓，范子彦，边照阳，等. 分散固相萃取净化气相色谱 - 质谱联用法快速检测纸质包装材料中18种光引发剂 [J] . 分析化学，2013，41 (9): 1334 - 1340.

[25] Gil - Vergara A, Blasco C, Picó Y. Determination of 2 - isopropyl thioxanthone and 2 - ethylhexyl - 4 - dimethylaminobenzoate in milk: comparison of gas and liquid chromatography with mass spectrometry [J] . Analytical and Bioanalytical Chemistry, 2007, 389 (2): 605 - 617.

[26] Sagratini G, Caprioli G, Cristalli G, et al. Determination of ink photoinitiators in packaged beverages by gas chromatography - mass spectrometry and liquid chromatography - mass spectrometry. [J] . Journal of Chromatography A, 2008, 1194 (2): 213 - 220.

[27] Sagratini G, Mañes J, Giardina D, et al. Determination of isopropyl thioxanthone (ITX) in fruit juices by pressurized liquid extraction and liquid chromatography - mass spectrometry. [J] . Journal of Agricultural & Food Chemistry, 2006, 54 (20): 7947 - 7952.

[28] 张耀海，焦必宁，周志钦. 气相色谱 - 串联质谱法结合 QuEChERS 方法快速检测软包装饮料中 8 种光引发剂 [J] . 分析化学，2012 (10): 1536 - 1542.

[29] Koivikko R, Pastorelli S, Quirós A R B D, et al. Rapid multi - analyte quantification of benzophenone, 4 - methylbenzophenone and related derivatives from paperboard food packaging [J] . Food additives & contaminants. Part A, Chemistry, analysis, control, exposure & risk assessment, 2010, 27 (10): 1478 - 1486.

[30] Anastassiades M, Lehotay S J, Stajnbaher D, et al. Fast and easy multiresidue method employing acetonitrile extraction/partitioning and "dispersive solid - phase extraction" for the determination of pesticide residues in produce. [J] . Journal of Aoac International, 2003, 86 (2): 412 - 431.

[31] Nguyen T D, Ji E Y, Lee D M, et al. A multiresidue method for the determination of 107 pesticides in cabbage and radish using QuEChERS sample preparation method and gas chromatography mass spectrometry [J] . Food Chemistry, 2008, 110 (1): 207 - 213.

[32] Lehotay S J, De K A, Hiemstra M, et al. Validation of a fast and easy method for the determination of residues from 229 pesticides in fruits and vegetables

using gas and liquid chromatography and mass spectrometric detection [J]. Journal of Aoac International, 2005, 88 (2): 595-614.

[33] SN/T 2831—2011 食品接触材料 纸和纸板 二异丙基萘 (DIPN) 测定 气相色谱-质谱法 [S].